U0231949

国家自然科学基金（71503094）

华中农业大学自主创新基金（2662015QC059）

华中农业大学农林经济管理学科建设专项基金

环境政策与绿色技术进步

HUANJING ZHENGCE YU LÜSE JISHU JINBU

◆ 杨福霞/著

人 民 出 版 社

目　录

第一章　中国经济发展与资源环境约束概况

一、中国经济发展概况

（一）中国经济高速增长

中华人民共和国成立以来，在六十多年的现代化进程中取得了举世瞩目的辉煌成就。尤其是改革开放之后，中国经历了三十余年年均近 10% 的高速增长期。据世界银行公布数据显示，2010 年中国国内生产总值（GDP）总量已成为仅次于美国的世界第二大经济体，创造了世界经济增长史的奇迹。据国家统计局发布的数据，中国国内生产总值由 1978 年的 3645 亿元人民币，增长到 2014 年的 636138 亿元人民币。同期，按可比价格计算，2014 年国内生产总值总量增加为改革初期的 28 倍多（如图 1.1 所示），年均增长速度高达 9.8%。与此同时，固定资产投入总额从 1978 年的 668.72 亿元增加到 2014 年的 512020.7 亿元；财政收入和外汇储备分别从 1978 年的 1132.26 亿元、1.67 亿美元上升到 2014 年的 140350 亿元、38430 亿美元。

随着经济高速持续增长，人们生活水平显著提高，实现了从温饱不足到总体小康的历史性跨越。据国家统计局数据显示，实际人均国内生产总值从 1978 年的 382 元增加到 2014 年的 7559 元，增加了近 19 倍（如图 1.1 所示）。城乡居民收入大幅度提高，城镇居民人均可支配收入由 1978 年的 343.4 元增加到 2014 年的 29381.0 元。扣除价格因素，实现年均增长 6.8%。同期，农村居民人均纯收入由 133.6 元增加到 9892 元，实现年均增长 9.2%。人类发展指数从 1990 年的第 105 位跃居 2014 年的第 91 位。

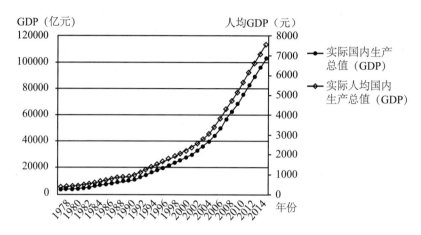

图 1.1　1978—2014 年中国实际国内生产总值和

实际人均国内生产总值（以 1978 年为基期）

随着城乡居民可支配收入水平大幅度提高，城乡居民消费水平进一步提升，消费结构不断优化升级。城镇居民人均消费性支出约由 1978 年的 311.16 元提高到 2014 年的 19968 元，增长了 8%，扣除价格因素，年均实际增长 5.8%。农村居民人均生活消费支出由 1978 年的 116.06 元提高到 2014 年的 8383 元，增长了 12%，实际年均增长 10%。与此同时，用于食品支出比重不断下降，用于改善生活质量的其他支出进一步提高，城镇居民家庭恩格尔系数由 1978 年的 57.5% 下降到 2014 年的 38.6%，下降了 18.9%。农村居民家庭恩格尔系数由 67.7% 下降到 43.3%，下降了 24.4%。城镇居民家庭拥有的现代化耐用消费者品不断增多，家用汽车、空调、电脑、移动电话等每百户拥有量不断增加。2012 年，城镇居民每百户拥有家用汽车 21.5 辆，比 2007 年增加了 15.5 辆。

（二）保持经济稳定增长仍然是中国社会经济发展的第一要务

尽管改革开放三十多年以来，中国经济实现了高速持续增长，2014 年人均国民总收入（GNI）达到 7380 美元。但按照世界银行划分标准，中国仍属于中等收入国家行列。与高等收入国家相比较，其人均收入水平低、消费能力差以及贫困仍然是中国经济社会发展中的主要问题。

首先，中国人均国民总收入不足世界平均水平的一半。按照世界银行2015 年公布的数据，2014 年中国的人均国民总收入为 7380 美元，不足美国（55200 美元）的七分之一，远低于世界平均水平。按照高收入（12276美元以上）、中高收入（3976—12275 美元）以及中低收入（1006—3975美元）国家的划分标准，中国仅属于中等收入国家。

其次，较低的收入水平决定了较弱的消费能力。根据世界银行发展数据显示，近十年来中国居民消费支出占国内生产总值的比重一直稳定于36.5% 左右，这一比重低于世界 59.5% 的平均水平。从消费结构看，食品仍是中国居民消费的主要部分。2014 年中国城镇居民的恩格尔系数为35.6%，而美国这一指标自 1980 年以来一直稳定在 16.45% 左右。

最后，贫困仍然是中国重要的社会问题。2015 年中国国务院扶贫办主任刘永富表示："按照世界银行每人每天消费 1.9 美元的贫困标准，截至2014 年年底，中国仍有七千多万的贫困人口。"因此，保持经济高速且平稳增长，不断改善人们生活水平，仍然是中国当前以及今后相当长一段时期内的主要任务。

二、中国经济发展中面临的资源约束状况

改革开放三十多年来，我国经济增长取得了举世瞩目的成绩。然而，长期以来，过多地依靠扩大投资规模和增加物质投入的粗放型的增长方式，导致经济增长与资源供给的矛盾越来越尖锐。特别是随着中国步入工业化与城市化加速发展时期，对各类资源的刚性需求不断增加，资源供需不平衡的矛盾日益加剧，以至自然资源耗竭已成为制约中国经济发展的主要障碍。

（一）中国经济发展中的土地资源约束现状

土地是人类一切生产的原初动力。英国古典政治经济学家的奠基人威廉·配第指出"劳动是财富之父，土地则为财富之母"，即道出土地对于经济增长的重要意义。然而，由于土地资源数量是固定的，随着社会生产的快速发展其需求将不断增加。据此，经济学家们相继提出土地资源稀缺论，并将土地资源看作重要的生产要素纳入经济增长模型中，讨论其对地区经济发展的影响。改革开放以来，伴随着我国经济三十多年的高速增长，社会经济发展对土地利用空间和土地产品的需求也不断扩大。土地供给的紧缺性与经济增长、城镇化发展对土地资源需求的无限性之间的矛盾更加凸显，土地资源短缺已成为制约中国经济可持续增长的重要"瓶颈"。

1. 我国土地资源丰富但人均占有量较少

据《2014 年中国国土资源公报》发布数据显示，截至 2013 年年底，全国共有农用地 64616.84 万公顷，占陆域面积的 68.2%。其中，耕地 13516.34 万公顷（20.27 亿亩），占陆域面积的 14.3%；林地 25325.39 万公顷，占陆域面积的 26.7%；牧草地 21951.39 万公顷，占陆域面积的 23.2%；建设用地 3745.64 万公顷，占陆域面积的 4%。如此丰富的土地资源为我国经济发展提供了广阔的土地空间。然而，由于我国人口数量众多，人均土地面积并不高。2013 年我国人均土地面积仅为 0.475 公顷，约为世界人均水平的 1/3、美国的 15.1%、加拿大的 7%；人均耕地 0.099 公顷，仅为世界人均耕地面积的 44%；人均林地 0.186 公顷，人均牧草地 0.161 公顷，均远低于世界平均水平。这一现实国情决定了我国是土地资源紧缺和人地矛盾突出的国家。

2. 土地资源空间分布不平衡，水土配合不协调

以大兴安岭——长城——兰州——青藏东南边缘为界，东部季风区气候湿润、水源充足、地势平坦、开发条件优越，但人多地少，土地占全国的 47.6%，拥有全国 90% 的耕地和 93% 的人口；西部干旱、半干旱或高寒区难利用的沙漠、戈壁、裸岩广布，交通不便，开发困难，相对人少地

多，土地占全国的 52.4%，耕地和人口分布只占 10% 和 7%。

区域水土资源匹配错位，以秦岭——淮河——昆仑山——祁连山为界，南方水资源占全国总量的 4/5，耕地不到全国总耕地面积的 2/5，水田面积占全国水田总面积的 90% 以上。而北方水资源、耕地资源分别占全国总量的 1/5 和 3/5，耕地以旱地居多，占全国总面积的 70% 以上，且水热条件差，大部分依赖灌溉。耕地资源分布不均衡和水土资源的严重错位，严重影响了我国土地资源利用效率和区域粮食安全。

林地资源则主要分布在东北和西南地区，主要包括三大片林区：大小兴安岭和长白山为主的东北林区，以四川、重庆、贵州为主的西南林区以及南方林区。80% 以上的草地主要集中在内蒙古、西藏、新疆、青海、甘肃等西北地区。

3. 土地资源质量欠佳，且后备资源有限

据统计，在 1.35 亿公顷耕地面积中，山地、丘陵、高原等地占 66%，中低产田占耕地总面积近 70%。全国连片集中分布的优质耕地只有 51 片，约 10 亿亩耕地，其中 6 亿亩可灌溉，4 亿亩不能灌溉。[①] 全国集中连片、具有一定规模的耕地后备资源少，且大多分布在生态脆弱地区。[②] 2001—2012 年，全国耕地面积净减少 0.861 亿亩（见图 1.2）。随着工业化进程加快，耕地减少还将不可避免，人地矛盾将更加突出。

同时，后备耕地资源严重不足。在未利用地中，沙漠、戈壁、寒漠等难以利用的土地所占比例较高。据国土资源部对耕地后备资源和可耕地资源的统计，按照现有的技术条件对耕地后备资源进行综合开发和全面治理，我国耕地面积增加的空间相当有限。另外，我国耕地后备资源大部分位于北方和西部干旱地区，存在干旱缺水、盐碱、风沙、低温严寒等潜在威胁，并且由于自然条件差，开发成本很大，其后备供给力有限。

---

① 杨邦杰：《我国耕地呈现"三少一差"特点亟须保护》，《经济日报》2013 年 8 月 26 日。
② 《中国耕地已到最危险时候，看数字背后的耕地国情》，《科学时报》2008 年 4 月 22 日。

全国耕地面积（亿亩）

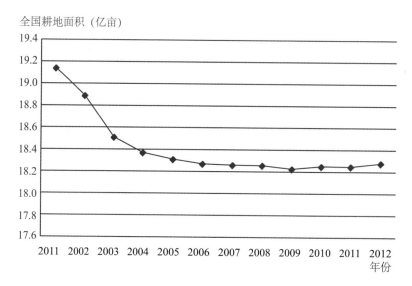

图1.2　2001—2012年全国耕地面积变化情况

资料来源：国土资源部《2012年国土资源公报》。

4. 土地资源短缺对中国经济增长的制约作用

随着土地资源短缺的日益严重，其对中国经济增长的约束影响日渐凸显。为此，国内学者们陆续借用"增长尾效"的概念评估土地资源短缺对我国经济增长的制约作用。该概念由美国经济学家诺德豪斯（Nordhaus，1992）最早提出。[①] 之后，罗默（2003）认为基于科布—道格拉斯生产函数可对该指标进行具体的测算。[②] 对于土地资源对中国经济增长的"尾效"，学者们基于不同样本得出了相对一致的结论。薛俊波等（2004）在对罗默模型进行简化的基础上，将土地要素纳入生产函数模型，最早测算了中国经济增长的土地资源"尾效"，大约为每年1.75%。[③] 谢书玲等（2005）估算发现土地资源对我国经济增长的"尾效"稍小，为1.32%。并预测只

---

① Nordhaus W. D., *Lethal Model 2: The Limits to Growth Revisited*, The Brookings Institution, 1992.

② 罗默：《高级宏观经济学》，上海财经大学出版社2003年版。

③ 薛俊波、王铮等：《中国经济增长的"尾效"分析》，《财经研究》2004年第9期。

需经过 10 年，受水土资源耗竭的影响，中国经济增长率会降低到现在的84%；到 2030 年则降低 35% 左右。[1] 崔云（2007）研究发现在 1978—2005 年期间，由于土地资源的消耗中国的经济增长速度平均每年降低了1.26%，并推算到 2030 年和 2050 年中国经济年均增长率将分别降低到当前水平的 74% 和 57%。[2] 聂华林等（2011）在对相关变量进行质量调整后估算了土地资源对农业经济增长的"尾效"，其值相对较小，仅为 0.0322%。[3]

（二）中国经济发展中的水资源短缺现状

水资源是基础性的自然资源和战略性的经济资源，是人类生产和经济社会发展不可替代的基本要素，是实现可持续发展的重要物质基础。某种意义上，人类最赖以生存的资源不是土地或食物，而是水资源。然而，随着人口的持续增加，工业化和城市化的快速发展以及经济的快速增长，水资源需求量不断增加，加之我国淡水资源本身较少且利用率相对低的现实状况，水资源短缺已经成为制约国民经济可持续发展的重要障碍。

1. 水资源总量丰富但人均量严重不足

从总量上看，我国水资源相对比较丰富（见表 1.1）。据统计，2014年我国可通过水循环更新的地表水和地下水资源总量为 27266.9 亿立方米，平均地下水资源量为 7775 亿立方米，重复计算水量为 6772 亿立方米。与世界其他国家相对比，中国水资源总量居世界第 6 位，仅次于巴西、俄罗斯、加拿大、印度尼西亚等水资源丰富的国家。

然而，由于人口基数大，我国仍是全球人均水资源最贫乏的国家之一。据统计，1997—2014 年，我国人均淡水资源量从 2200 立方米持续降低到 1900 立方米，仅为同期世界平均水平的 1/4，不到美国的 1/5、俄罗

---

[1]　谢书玲、王铮等：《中国经济发展中水土资源的"增长尾效"分析》，《管理世界》2005 年第 7 期。

[2]　崔云：《中国经济增长中土地资源的"尾效"分析》，《经济理论与经济管理》2007 年第 11 期。

[3]　聂华林、杨福霞等：《中国农业经济增长的水土资源"尾效"研究》，《统计与决策》2011年第 15 期。

斯的1/7、加拿大的1/50。华北地区缺水最为严重，人均水资源占有量仅357立方米，比国际公认的重度缺水标准500立方米还少。据预测，中国缺水量将在2030年达到峰值，届时人均水资源量约1760立方米，按照联合国的相关标准，我国将步入中度缺水国家的行列。

表1.1　中国水资源概况

年份	水资源总量（亿立方米）	地表水资源量（亿立方米）	地下水资源量（亿立方米）	人均水资源量（立方米）
2000	27700.8	26561.9	8501.9	2193.9
2001	26867.8	25933.4	8390.1	2112.5
2002	28261.3	27243.3	8697.2	2207.2
2003	27460.2	26250.7	8299.3	2131.3
2004	24129.6	23126.4	7436.3	1856.3
2005	28053.1	26982.4	8091.1	2151.8
2006	25330.1	24358.1	7642.9	1932.1
2007	25255.2	24242.5	7617.2	1916.3
2008	27434.3	26377.0	8122.0	2071.1
2009	24180.2	23125.2	7267.0	1816.2
2010	30906.4	29797.6	8417.0	2310.4
2011	23256.7	22213.6	7214.5	1730.2
2012	29526.9	28371.4	8416.1	2186.1
2013	27957.9	26839.5	8081.1	2059.7
2014	27266.9	26263.9	7745.0	1998.6

资料来源：《中国统计年鉴2014》《中国统计年鉴2015》。

2. 水资源地区分布不均衡

从区域上看，我国水资源的地区分布不均匀，呈现"南多北少、西多东少"的分布状况。以长江为分界线，从南北来看，长江流域以南国土面积、农用耕地及总人口数分别占全国的36.5%、36%、54.7%，而水资源却占全国的81%，人均占有量达3258立方米。然而，北方人均占有量只有923立方米。东西部比较来看，无论是水资源总量、地表水量、地下水量还是人均水资源量，西部地区均高于东部地区。

3. 利用效率低加剧水资源短缺

首先，农业是用水大户，中国农业用水占全国用水总量的比重较大（见表1.2）。以2014年为例，全国总用水量6095亿立方米，其中农业用水占63.5%，全国用水消耗总量为3222亿立方米，其中农业耗水量为2094.3亿立方米，占65%（见表1.2）。从用水效率上看，农业水资源有效利用率很低。如灌溉用水是农业主要的用水方式，而我国目前有7.5亿亩灌溉面积，其中5.8亿亩为渠灌。渠灌是水资源浪费最严重的。一方面，灌溉方法粗放，灌溉技术落后，造成灌水量超过作物实际需水量；另一方面，我国85%的灌溉渠道没有防渗衬砌，每年渠系渗漏水量占引水量的30%—40%。除此之外，工业水资源的重复利用率和有效利用率也相对低下。我国的工业用水占总取水量的24%，平均重复利用率只有40%，而发达国家达到了75%—85%。我国水的生产率为3.60美元/立方米，远低于高收入国家的35.80美元/立方米，甚至比中等收入国家的4.8美元/立方米还要低。

表1.2　2001—2014年中国水资源总量与利用情况

年份	水资源总量（亿立方米）	全国总用水量（亿立方米）	全国用水消耗总量（亿立方米）	农业耗水量（亿立方米）	农业耗水占全国耗水量比重（%）	农业用水占比（%）
2001	26868	5567	3052	1953.28	64	62.6
2002	28255	5497	2985	1910.4	64	61.4
2003	27460	5320	2901	2242.473	77.3	64.5
2004	24130	5548	3001	2310.77	77	64.6
2005	28053	5633	2960	2255.52	76.2	63.6
2006	25330	5795	3042	2302.794	75.7	63.2
2007	25255	5819	3022	2254.412	74.6	61.9
2008	27434	5910	3110	2323.17	74.7	62
2009	24180	5965	3155	2378.87	75.4	62.4

续表

年份	水资源总量（亿立方米）	全国总用水量（亿立方米）	全国用水消耗总量（亿立方米）	农业耗水量（亿立方米）	农业耗水占全国耗水量比重（%）	农业用水占比（%）
2010	30906	6022	3182	2341.952	73.6	61.3
2011	23257	6107.2	3201.8	2074.766	64.8	61.3
2012	29529	6132.2	3244.5	2044.035	63	63.6
2013	27958	6183.4	3263.4	2121.21	65	63.4
2014	27267	6095	3222	2094.3	65	63.5

资料来源：根据中华人民共和国水利部发布的历年《中国水资源公报》整理。

4. 水资源短缺制约中国经济增长

随着水资源短缺问题日益凸显，其对经济增长的制约作用也逐渐显现。诺贝尔经济学奖获得者罗伯特·福格尔（Robert Fogel，2010）认为，解决水资源短缺制约是中国再实现20—30年快速经济增长的必要前提。商业见地（Bwchinese）中文网（2011）也发文指出，水资源匮乏成为制约中国发展的首要问题。为此，国内学者借用经济增长中由于资源耗费所引起的"增长尾效"的概念，评估水资源对经济增长的阻尼作用。谢书玲等（2005）测算发现水资源对我国经济增长的"尾效"为0.14%。[1] 杨杨（2007）将建设用地加入土地资源数据中，发现水土资源对中国经济的"增长阻尼"为1.18%，并推断水土资源对中国经济增长的制约作用至多是中度的。[2] 后来，孟晓军（2008）系统梳理了有关国内外区域经济增长和水资源相关研究进展，着重考察水资源对经济增长的制约作用，提出了水资源约束力的概念。结合乌鲁木齐市的相关数据研究发现，长期来看水

---

[1] 谢书玲、王铮等：《中国经济发展中水土资源的"增长尾效"分析》，《管理世界》2005年第7期。

[2] 杨杨、吴次芳等：《中国水土资源对经济的"增长阻尼"研究》，《经济地理》2007年第4期。

资源损耗导致该地区经济增长的年均增长速度降低 1.51%。[①] 考虑到水资源是农业发展的关键资源之一，水资源的丰歉和分布直接决定了农业发展的规模、类型和水平。韩学渊、韩洪云（2008）又评估了水资源的供给不足对农业经济增长的影响，结果发现，受制于水资源短缺，1997—2006 年期间我国单位面积农业产值增长速度平均每年要比上一年降低 0.11%。按照这一结果推算，与 2006 年水平相比，到 2030 年我国农业单位面积产值增长率将降低 2.66%，到 2040 年和 2050 年将分别降低 3.74% 和 4.82%。[②] 随后，聂华林等（2011）对相关数据进行质量调整的基础上，发现水资源对农业经济增长的"尾效"稍小，约为 0.075%。[③]

（三）中国经济发展中的能源短缺现状

能源是人类社会赖以存在和发展的物质基础，是现代文明的基础，是社会进步、经济发展的重要支撑性因素。世界近现代史的发展实践表明，国家或地区经济发展速度的快慢和发达程度与现代能源供应保障系统的能力和建设状态密切相关。[④] 当然，作为世界上最大的发展中国家，中国在近年来所取得的举世瞩目的经济社会发展成绩与能源系统发展的强有力支撑休戚相关。能源资源的充足供应是保证其国民经济持续、稳定、健康发展的重要基础之一。[⑤] 然而，随着中国步入工业化和城市化加速发展时期，生产生活对能源的消费及依赖度日趋增强，经济社会发展对能源资源的刚性需求不断增加，导致其供需不平衡矛盾日益加剧（林柏强、牟敦国，

① 孟晓军：《西部干旱区单体绿洲城市经济增长中的水资源约束研究——以乌鲁木齐市为例》，博士论文，新疆大学，2008 年。
② 韩学渊、韩洪云：《水资源对中国农业的"增长阻力"分析》，《水利经济》2008 年第 3 期。
③ 聂华林、杨福霞等：《中国农业经济增长的水土资源"尾效"研究》，《统计与决策》2011 年第 15 期。
④ 赵芳：《基于 3E 协调的能源发展政策研究》，博士论文，中国海洋大学，2008 年。
⑤ 刘金朋：《基于资源与环境约束的中国能源供需格局发展研究》，博士论文，华北电力大学，2013 年。

2008）。① 近年来，国家及各地区的经济发展水平均不同程度地受到能源制约影响，能源节约使用已成为我国当前及未来较长一段时期内发展规划的重要组成部分。

1. 能源短缺问题日趋严重

一方面，能源消费总量将持续增加。21 世纪以来，中国能源消费总量由 2001 年的 15.5 亿吨标准煤增长到 2014 年的 42.6 亿吨标准煤，年均增长率高于 8%（见图 1.3）。不仅如此，中国正处于工业化、城市化快速发展阶段，未来一段时期大规模的基础设施建设仍将持续进行，各地区以全面建设小康社会为目标、致力于改善和提高十三亿人民生活水平的发展愿望强烈。因此，即使能源利用效率有较快的提高，能源消费需求也将会持续增加。据预测，在现有发展方式下，中国经济中长期发展仍能保持较快速度，"十三五"规划期间国内生产总值增速可保持在 7%，2030 年前保持在 6%。随之，能源消费总量也将持续增加，2030 年可能达到 84 亿吨标准煤。②

另一方面，能源可持续供给压力加大。从 2001 年到 2014 年，能源生产总量由 14.7 亿吨标准煤增长到 36 亿吨标准煤，年均增长率仅为 7%。按照 2010 年的化石能源生产规模计算，我国煤炭、石油和天然气的资源保有储量只能分别开采 50 年、15 年和 40 年，③ 该三种能源品种产量的峰值将出现在 2050 年之前。④ 因此，我国能源供应保障将面临巨大的压力，能源供给约束将对中国中长期经济的发展空间起重要作用。据预测，受制于化石能源供给约束，与基准情景相比，2020 年后国内生产总值增速将降低 0.7% 左右，2050 年国内生产总值总量减少 17%。⑤

当前，我国能源供需缺口日益加大。从 2001 年以来，能源短缺量由

① 林伯强、牟敦国：《能源价格对宏观经济的影响——基于可计算一般均衡（CGE）的分析》，《经济研究》2008 年第 11 期。

② 李善同、何建武：《中国可计算一般均衡模型及其应用》，经济科学出版社 2010 年版。

③ 中华人民共和国国土资源部：《中国矿产资源报告》，地质出版社 2011 年版。

④ 路守彦：《中国石油和天然气生产峰值的研究现状》，《炼油技术与工程》2009 年第 8 期。

⑤ 石敏俊等：《能源约束下的中国经济中长期发展前景》，《系统工程学报》2014 年第 5 期。

0.81 亿吨标准煤飙升到 2014 年的 6.6 亿吨标准煤，年均增长率高达
17.5%。尤其是从 2001 年到 2007 年和 2011 年到 2014 年两个时间段，能
源短缺量基本呈现指数增长趋势（见图 1.3）。能源短缺的另一种表现是石
油净进口量逐年攀升。据国土资源部发布的公告，自 1993 年中国成为石油
净进口国以来，净进口量由当年的 988 万吨，持续增加到 2014 年的 3 亿多
吨，年均增速高达 18.6%。2014 年石油对外依存度高达 59.5%，自 2010
年以来持续在 50% 的国际警戒线以上。因此，能源短缺问题已对中国经济
的持续快速增长造成了严重威胁。

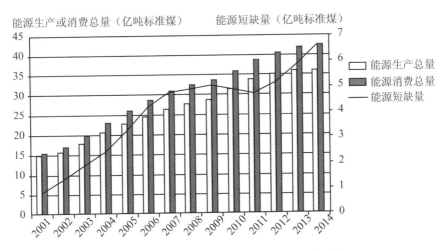

图 1.3　2001—2014 年中国能源生产和消费总量

资料来源：《中国统计年鉴 2015》。

　　尽管能源总量供需缺口可能威胁中国经济发展，然而，随着勘探技术
的创新以及能源结构的多元化，尤其是天然气、水力发电在一次能源中份
额增加，风能、太阳能、地热能及核能的快速发展，从总量上看，能源约
束对经济发展的影响并不构成真正意义的约束。与此相对应，能源结构性
矛盾将是中国未来经济社会发展的主要障碍。

　　2. 能源供需间的结构性矛盾逐渐凸显

　　从能源各品种的供需情况看，我国能源消费结构中煤炭、石油、天然

气三大化石能源在一次能源消费总量中的比重居高不下，能源结构优化相对缓慢（见图1.4）。从1990年到2013年，煤炭消耗量占总消费量比重一直保持在71%左右。近年来，随着节能减排工作的推进，消费者环保意识的增强，清洁能源需求将持续增加。与此相反，风能、太阳能等清洁能源目前由于受制于技术障碍、高成本等因素的限制，其发展相对缓慢。可再生能源消费比重仅从2005年的6.8%增加到2013年的9.8%。因此，中国短期内以煤炭等化石能源为主的消费结构仍将持续。然而，随着国际能源低碳化趋势日益明显，应对气候变化将成为国际能源技术进步和低碳化的长期驱动力，能源消费结构逐渐向着清洁、高质量的方向发展将成为中长期能源发展规划的重要内容之一，必定导致短期内能源供需的结构性矛盾日益凸显。

各种能源占能耗总量的比重（%）

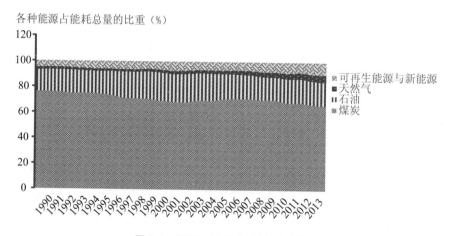

图1.4　1990—2013年中国能源结构

资料来源：《中国统计年鉴2014》。

从区域分布上看，能源资源分布地区与需求地区存在严重不均衡。经济发达的东部地区是能源消费的主要集中地但其能源资源相对贫乏。以2014年为例，该地区能源消费总量为23亿吨标准煤，占全国能源消费量的54.9%，而该地区的能源资源储量仅为全国的39.2%。与此相反，经济欠发达的中西部地区能源资源丰富，但能源消费相对较低，从而导致我国能源生产与消费在空间上呈"逆向分布"。具体来看，东部地区是煤炭调入地区，中西部地区是煤炭调出区；石油总体上消费量大于生产量，各区域都需要调入石油，东部地区和中部地区石油调入量比较大；中部地区和东部地区是天然气调入区，西部地区是调出区；东部地区是电力调入区，中西部地区是送出区。

　　3. 能源短缺对中国经济增长的制约作用

　　随着工业化和城市化进程的逐步推进，能源已逐渐成为经济增长的重要投入要素之一，而能源短缺对经济增长的抑制作用则也是近些年才引起学者们的密切关注。庞丽（2006）从经济发展的超长程角度出发，考察了水资源、土地资源和能源对经济增长的制约作用，认为能源对经济增长产生的尾效为0.68%。[①] 雷鸣、杨昌明等（2007）基于柯布—道格拉斯生产函数所测算的"尾效"值与庞丽（2006）的相等。[②] 李影、沈坤荣（2010）在借鉴罗默的经济增长"尾效"假说的基础上，放宽了其关于经济规模不变的假定，对我国经济增长的能源结构性约束进行了量化。结果显示从阻碍经济增长的角度来看，各能源品种的尾效值从大到小的排序依次是石油（0.0648）、天然气（0.0324）、水电风电核电（0.0275）、煤炭（0.0096）。[③] 除此之外，考虑到城镇化的快速发展，刘耀彬、杨新梅（2011）以江西省城市化进程为例研究发现，能源短缺对城市化进程的阻尼作用也较为显著。[④]

三、中国经济发展中的环境问题

　　人类社会与自然环境是一个相互作用的过程。人类利用周围可获得的

---

　　① 庞丽：《经济增长中能源政策的计算分析》，博士论文，华东师范大学，2006年。

　　② 雷鸣、杨昌明等：《我国经济增长中能源尾效约束的计量分析》，《能源技术与管理》2007年第5期。

　　③ 李影、沈坤荣：《能源结构约束与中国经济增长——基于能源"尾效"的计量检验》，《资源科学》2010年第11期。

　　④ 刘耀彬、杨新梅：《基于内生基尼增长理论的城市化进程中资源环境"尾效"分析》，《中国人口资源与环境》2011年第2期。

自然资源从事生产或直接消费，满足自身生存需要，而该生产或消费过程中不可避免地产生废弃物。如果废弃物未经回收再利用又重新回归自然环境系统，且其存量超出自然界的净化能力，造成废弃物的持续积累，最终会产生严重的环境污染问题。改革开放以来，加大要素投入对驱动我国经济高速增长作出重要贡献。然而，其粗放型增长方式中过量的资源消耗，导致环境污染问题越来越严重，给我国环境保护以及中国经济持续增长带来了巨大挑战。

（一）土地利用与生态退化

随着人类需求的日益增多，土地资源压力日趋加大，由此而产生的生态环境问题日益突出，其主要表现为土地退化、荒漠化及土壤污染等多种形式。

1. 土地退化

土地退化是指土地资源质量降低。通常土地资源质量是以生物生产力大小衡量。根据土地用途的不同，土地退化一般表现为农田产量的下降或作物品质的降低，牧场产草量下降和优质草种的减少，而林地、草原或自然保护区则表现为生物多样性的减少。而依据土地退化性质，可将土地退化为水土流失、风沙侵蚀、物理退化和化学退化。其中水土流失是我国生态退化的主要类型。

根据全国第二次水土流失遥感调查，20 世纪 90 年代末，我国水土流失面积 356 万平方千米，其中水蚀面积和风蚀面积分别为 165 万平方千米和 191 万平方千米。在所有水蚀面积中，轻度、中度、强度、极强与剧烈的分别为 83 万平方千米、55 万平方千米、18 万平方千米、6 万平方千米、3 万平方千米。在风蚀面积中上述各类程度的面积依次为 79 万平方千米、25 万平方千米、25 万平方千米、27 万平方千米、35 万平方千米。1999—2008 年，全国累计实施退耕护岸林面积 26.87 万平方千米，其中退耕地造林 9.27 万平方千米，坡耕地面积减少，水土流失状况有所改善。据 2012 年《中国水土保持公报》统计，截至 2012 年年底，全国累计完成水土流失综合治理面积 102.95 万平方千米。如不考虑新增水土流失面积,我国尚有水土流失面积 253 万平方千米,相当于陆域总面积的 26.4%。

2. 土地荒漠化

土地荒漠化是指由于气候和人类活动等因素造成的干旱、半干旱和亚湿润地区的土地退化。国家林业局联合相关部门于 2013 年 7 月至 2015 年 10 月底开展了第五次全国荒漠化和沙化监测工作,依据其所发布的《中国荒漠化和沙化状况公报》显示,截至 2014 年,全国荒漠化土地总面积 261.16 万平方千米,相当于国土总面积的 27.2%,分布于北京、天津、河北、山西、内蒙古、辽宁等 18 个省(自治区、直辖市)的 528 个县(旗、区)。其中,干旱区荒漠化土地面积为 117.16 万平方千米,占全国荒漠化土地总面积的 44.86%;半干旱区荒漠化土地面积 93.59 万平方千米,占 35.84%;亚湿润干旱区荒漠化土地面积 50.41 万平方公里,占 19.3%(如图 1.5 所示)。与 2009 年相比,5 年间全国荒漠化土地面积净减少 12120 平方千米,年均减少 2424 平方千米。

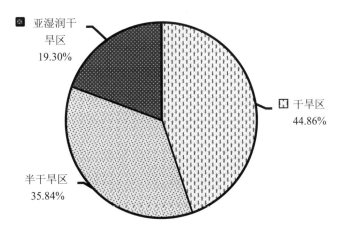

图 1.5　不同气候类型去荒漠化土地比例

资料来源:2015 年 12 月发布的《中国荒漠化和沙化状况公报》。

3. 土壤污染加剧

土地污染是指由于各种有机物、污染物通过不同方式进入土地并在土壤中积淀，从而破坏土壤生物群体组成、土壤结构，进而导致土地生产率下降。土地污染大致可以分为：矿业污染、重金属污染、农药和有机物污染、放射性污染、病原菌污染、酸雨以及核污染等多种类型。

根据 2014 年环保部和国土资源部联合发布的首次《全国土壤污染状况调查公报》显示，全国土壤环境状况总体不容乐观，部分地区土壤污染较重，耕地土壤环境质量堪忧，工矿业废弃地土壤环境问题突出。全国土壤总的点位超标率为 16.1%，其中轻微、轻度、中度和重度污染点位比例分别为 11.2%、2.3%、1.5% 和 1.1%。从土地利用类型看，耕地、林地、草地土壤点位超标率分别为 19.4%、10.0%、10.4%。从污染类型看，以无机型为主，有机型次之，复合型污染比重较小，无机污染物超标点位数占全部超标点位的 82.8%。从污染物超标情况看，镉、汞、砷、铜、铅、铬、锌、镍八种无机污染物点位超标率分别为 7.0%、1.6%、2.7%、2.1%、1.5%、1.1%、0.9%、4.8%；六六六、滴滴涕、多环芳烃三类有机污染物点位超标率分别为 0.5%、1.9%、1.4%。从污染分布情况看，南方土壤污染重于北方；长江三角洲、珠江三角洲、东北老工业基地等部分区域土壤污染问题较为突出，而这些地区正是我国主要的粮食产区。

（二）中国水污染现状

1. 水污染总体情况

近年来我国废水排放量不断增加。从 2000 年的 415.1 亿吨增加到 2014 年的 716.2 亿吨。与此同时，随着环境治理力度的加大，污水收集率、达标排放率不断提高，废水中的污染物排放率呈现出一定程度的下降趋势，化学需氧量（COD）排放总量从 2000 年的 1445.5 万吨下降到 2010 年的 1238.1 万吨（如表 1.3 所示）。但目前我国水污染负荷仍大大超过水环境容量，全国 1/3 的水功能区现状污染物的入河量已超过其纳污能力的 3—4 倍，最高的达 13 倍。

表1.3　2000—2014年中国废水排放总量及主要污染物排放总量

年份	废水排放总量（亿吨）	化学需氧量排放总量（万吨）	氨氮排放总量（万吨）
2000	415.1	1445.5	
2001	432.9	1404.8	125.2
2002	439.5	1366.9	128.8
2003	460.0	1333.6	129.7
2004	482.4	1339.2	133.0
2005	524.5	1414.2	149.8
2006	536.8	1428.2	141.3
2007	556.8	1381.8	132.3
2008	572.0	1320.7	127.0
2009	589.2	1277.5	122.6
2010	617.3	1238.1	120.3
2011	659.2	2499.9	260.4
2012	684.8	2423.73	253.59
2013	695.4	2352.72	245.66
2014	716.2	2294.59	238.53

注：从2011年环保部相关统计指标进行了修订，其中，主要污染物排放总量统计范围包括工业源、生活源、农业源和集中式污染治理设施，2010年及以前公报中发布的主要污染物排放总量统计范围包括工业源和生活源。

资料来源：2000—2014年《中国环境状况公报》。

2. 水体污染主要表现形式

地表水质状况总体为中等污染。2014年全年符合《地表水环境质量标准》的Ⅳ类、Ⅴ类和劣Ⅴ类水河长占评价河段长度的27.2%。从水资源分区看，海河区水质最差，为劣等。从行政分区看（不含长江干流、黄河干流），西部地区的河流水质好于中部地区，中部地区好于东部地区，东部地区水质相对较差。

地下水水质总体较差。2014年，对主要分布在北方17省（自治区、直辖市）平原区的2071眼水质监测井进行了监测评价，发现水质较差和极差的测井占评价监测井总数的84.8%，水质优良的仅占0.5%。

湖泊水质不容乐观。2014年对全国开发利用程度较高和面积较大的121个主要湖泊共2.9万平方千米水面进行了水质评价，证实全年总体水质为Ⅳ—Ⅴ类和劣Ⅴ类湖泊分别为57个和25个，占评价湖泊总数的67.8%。对上述湖泊进行营养状态评价，发现处于富营养状态的湖泊有93个，占评价湖泊总数的76.9%。

水库水质的污染状况堪忧。2014年对全国661座主要水库进行了水质评价，发现全年总体水质为Ⅳ—Ⅴ类和劣Ⅴ类水库共127座，占评价水库总数的19.2%。对635座水库的营养状态进行评价，其中，处于富营养状态的水库237座，占评价水库总数的37.3%。

（三）中国大气污染现状

总体来看，我国大气环境质量不容乐观。2013年，京津冀、长三角、珠三角等重点区域及直辖市、省会城市和计划列市共74个城市按照新标准开展大气环境监测。依据《环境空气质量标准》（GB3095—2012）对二氧化硫、二氧化氮、小于10微米的颗粒物（PM10）、小于2.5微米的颗粒物（PM2.5）年均值，一氧化碳日均值和臭氧日最大8小时均值进行空气质量评价：74个城市仅海口、舟山和拉萨3个城市空气质量达标，达标率仅为4.1%。74个城市平均达标天数比重为60.5%，平均超标天数比重为39.5%。10个城市达标天数比重为80%—100%，47个城市达标天数比重为50%—80%，17个城市达标天数比重低于50%。具体分污染物种类来看：

1. 二氧化硫排放量保持在较高水平

早在1991年，我国二氧化硫（Sulfur Dioxide，SO_2）排放总量便达到1622万吨。从"九五"时期开始，国家重点对二氧化硫、烟尘、工业粉尘等污染物排放实行了总量控制措施。但随着社会经济发展对化石能源消耗的依赖程度不断增加，导致二氧化硫排放总量仍然呈现快速上升趋势。截至2005年，我国二氧化硫排放总量达到2549.4万吨（见表1.4），比1991年增加了57.18%。为有效控制以二氧化硫为代表的主要污染物排放总量，国务院提出在"十一五"期间促进二氧化硫排放总量减低10%的目标，并将其作为一项约束性指标纳入国民经济与社会发展规划纲要。随后，一系列旨在推进能源节约与污染物减排的政策措施密集出台，使得我国二氧化硫排放总量得以有效控制。截至2013年，其排放总量为2043.9万吨，比2005年降低了19.8%。其中，工业二氧化硫排放量由2005年的2168.4万吨降低到2013年的1835.2万吨，减少15.4%。尽管如此，我国二氧化硫排放总量仍高居世界第一位。

表1.4　中国2000—2013年主要大气污染物排放量

年份	工业废气排放总量（亿立方米）	二氧化硫排放总量（万吨）	烟（粉）尘土排放总量（万吨）
2000	138145	1995.1	2257.4
2001	160863	1947.2	2060.4
2002	175257	1926.6	1953.7
2003	198906	2158.5	2069.7
2004	237696	2254.9	1999.8
2005	268988	2549.4	2093.7
2006	330990	2588.8	1897.2
2007	388169	2468.1	1685.3
2008	403866	2321.2	1486.5
2009	436064	2214.4	1370.8
2010	519168	2185.1	1277.8
2011	674509	2217.9	1278.8
2012	635519	2117.6	1235.8
2013	669361	2043.9	1278.1

资料来源：2000—2010年《中国环境状况公报》和《2014中国环境统计年鉴》。

2. 氮氧化物排放总量迅速增加

自20世纪80年代以后，随着经济快速增长，人们生活水平明显提高，我国机动车数量迅速增加。2009年我国机动车保有量接近1.7亿辆，首次成为世界汽车产销第一大国。截至 2014 年年底，该指标数据高达 2.64 亿辆。机动车发动机燃烧所排放出的氮氧化物已逐渐成为大气污染的又一难题。根据中国环境监测总值的监测数据表明，进入 1990 年以来，某些城市的氮氧化物环境质量不容乐观，特别是 1995 年以来，氮氧化物已成为少数大城市空气中的首要污染物。截至 2010 年，我国氮氧化物排放总量达到 2273.6 万吨，成为空气质量日益退化的又一重要威胁。比如，我国酸雨形成正由过去的硫酸型向硫硝酸混合型转变。为此，国务院在"十二五"节能减排综合性工作方案中指出，促进我国氮氧化物排放总量在"十二五"期间降低 10% 以上，并结合各地区经济发展水平、产业结构、能源结构等具体情况将这一目标分配到省级层面，具体分配方案如表 1.5 所示。

表 1.5　"十二五"各地区氮氧化物排放总量控制计划

地区	2010 年排放量（万吨）	2015 年控制量（万吨）	2015 年比 2010 年（%）
北京	19.8	17.4	-12.3
天津	34	28.8	-15.2
河北	171.3	147.5	-13.9
山西	124.1	106.9	-13.9
内蒙古	131.4	123.8	-5.8
辽宁	102	88	-13.7
吉林	58.2	54.2	-6.9
黑龙江	75.3	73	-3.1
上海	44.3	36.5	-17.5
江苏	147.2	121.4	-17.5
浙江	85.3	69.9	-18
安徽	90.9	82	-9.8
福建	44.8	40.9	-8.6
江西	58.2	54.2	-6.9
山东	174	146	-16.1
河南	159	135.6	-14.7
湖北	63.1	58.6	-7.2

地区	2010 年排放量（万吨）	2015 年控制量（万吨）	2015 年比 2010 年（%）
湖南	60.4	55	-9
广东	132.3	109.9	-16.9
广西	45.1	41.1	-8.8
海南	8	9.8	22.3
重庆	38.2	35.6	-6.9
四川	62	57.7	-6.9
贵州	49.3	44.5	-9.8
云南	52	49	-5.8
西藏	3.8	3.8	0
陕西	76.6	69	-9.9
甘肃	42	40.7	-3.1
青海	11.6	13.4	15.3
宁夏	41.8	39.8	-4.9
新疆	58.8	58.8	0
新疆生产建设兵团	8.8	8.8	0
合计	2273.6	2021.6	-11.1

注：全国氮氧化物排放量削减 10% 的总量控制目标为 2046.2 万吨，实际分配给各地区 2021.6 万吨，国家预留 24.6 万吨，用于氮氧化物排污权有偿分配和交易试点工作。

资料来源：《"十二五"节能减排综合性工作方案》。

3. 总悬浮颗粒物浓度普遍超标

安俊岭、张仁健等（2000）对 1998 年 7 月至 1999 年 6 月北方 15 个大型城市空气质量监测结果进行了分析，结果发现：北方大型城市（北京除外）大气中的首要污染物是总悬浮颗粒物，年平均发生频数在 70%—100% 之间。总悬浮颗粒物主要来自尘暴和本地粉尘污染，本地尘即施工扬尘占 30% 以上，主要来自拆迁工地、建筑工地和市政管线工地。[1] 近几

---

① 安俊岭、张仁健、韩志伟：《北方 15 个大型城市总悬浮颗粒物的季节变化》，《气候与环境研究》2000 年第 1 期。

年来，我国沙尘暴呈现增加之势。2008 年，我国北方共发生 6 次大规模的沙尘天气。81 个环保重点城市的空气质量受到了影响，重于 2007 年；累计造成空气质量超标 283 次，重污染 34 次，给交通运输、人民生活环境带来了不利的影响。

2010 年，中国疾病控制中心和环保组织绿色和平联合发布报告指出，煤炭燃烧会产生多种污染物，主要包括总悬浮颗粒、氮氧化物、硫氧化物、重金属元素（如镉、汞、铅）及氟等，其中所排放的大气污染物占到中国烟尘排放的 70%、二氧化硫排放的 85%、氮氧化物排放的 67%。我国以煤炭为主的能源消费结构，导致大气污染主要表现为以二氧化硫、烟气、粉尘等污染源为主的煤烟型特征。当人体接触污染物的浓度持续达到一定剂量时，会诱发呼吸系统疾病、心脑血管系统疾病等，导致过早死亡。该报告称，2003 年，中国由于空气污染所遭受的经济损失高达 1573 亿元，占当年国内生产总值的 1.16%。2007 年，美国能源基金会发布研究报告显示，煤炭给中国造成的社会、经济、环境等外部损失达 17450 亿元。2012 年，麻省理工学院新发布的研究成果再次表明，2005 年，仅臭氧和微粒污染导致的疾病就给中国带来 1120 亿美元的经济损失。

第二章　绿色技术进步

　　为促进中国经济增长、资源节约和环境保护三者协调发展，各领域学者对此展开了广泛而深入的讨论。目前，他们普遍认为，开发与采用先进的绿色生产技术是实现上述目标的最有效途径之一（史丹、张金隆，2003；李廉水、周勇，2006；廖华、范英等，2007；何小刚、张耀辉，2012）。① 同时，2012 年年底召开的党的十八大明确提出"科技创新是提高社会生产力和综合国力的战略支撑，必须摆在国家发展全局的核心位置"，并强调"要坚持走中国特色自主创新道路、实施创新驱动发展战略"。由此可见，推动科技进步，坚持创新驱动已成为新时期我国经济社会发展的客观要求。

一、技术进步的内涵

（一）技术创新的理论渊源

　　创新驱动的本质是指依靠自主创新，充分发挥科技对经济社会的支撑和引领作用，大幅度提高科技进步对经济的贡献率。其大体可区分为知识创新、文化创新、技术创新、制度创新、金融创新、管理创新以及商业模式创新等几种类型，这些创新活动相互依存、相互影响，其中技术创新和

---

　　① 李廉水、周勇：《技术进步能提高能源效率吗？——基于中国工业部门的实证检验》，《管理世界》2006 年第 10 期。Liao H.，FanY.，Wei Y. M.，"What Induced China's Energy Intensity to Fluctuate：1997 - 2006？"，*Energy Policy*，No. 6，2007. 史丹、李金隆：《产业结构变动对能源消费的影响》，《经济理论与经济管理》2003 年第 8 期。何小刚、赵耀辉：《技术进步、绿色与发展方式转型——基于中国工业 36 个行业的实证考察》，《数量经济技术经济研究》2012 年第 3 期。

制度创新是其核心内容。

技术创新思想最早可追溯到熊彼特（Schumpeter，1942）在《资本主义、社会主义与民主》一书中系统阐述的创新理论。他认为"创新"是"一种新的生产函数的建立，将原材料和生产要素的新组合引入生产体系"，其主要包括以下五种情形：一是引进新产品或使现有产品产生某种新的特性，即产品创新；二是引进新的生产方法或工艺，即生产技术（或工艺）创新；三是开发一个新的市场，即市场创新；四是控制原材料的新供应来源，即材料创新；五是实现新的组合形式，即组织管理创新。他还认为企业家是能够实现"生产要素重新组合"的创新者，通过创造性地破坏（即创新活动）市场均衡而不断获得超额利润，直到下次创新活动开始导致此次创新利润消失，而新创新活动的获利行为再次轮回，即创造性破坏创新理论。该理论不同于非古典经济学家所主张的均衡状态，认为这一动态失衡是经济的"常态"。

熊彼特还进一步将创新过程区分为三个阶段：首先，技术发明，即科技新产品或生产过程的开发，是现实不存在而被重新创造出来的新产品或生产工艺。这些技术发明可能会申请专利，也可能不申请。如果技术发明不能降低生产成本或增加产出，在经济上没有意义，即不属于此次技术创新的内容。其次，技术发明之后将步入技术创新阶段，即技术发明的首次商业化过程，使得该新产品或生产工艺在市场上可以购买到。当然，当期内的技术创新可能并非来自于该时期的技术发明，也有可能源自先前已经存在很久但一直未被商业化的技术新创意。技术发明和技术创新一般基于科技和发展基金投资（R&D投资）在某创新企业内部完成。最后，随着该新技术的在个别企业或区域内试用的日渐成熟，将不断被其他企业模仿或购买使用，即新技术的推广使用阶段，也就是通常所说的技术扩散。直到此技术被所有相关企业普遍使用，技术创新随即结束。通常，此次新技术使用的累积经济效益来源于上述三个阶段，即有些学者称其为综合技术进步。

（二）技术进步的内涵

技术是改造世界的手段，直接与生产力提高相联系。因此，所谓技术进步，是指通过开发或采用新技术、消费新产品而改善社会福利的一种活动，它是一个经济学范畴。其最具影响力的定义是由施莫克勒（Schmookler，1966）和曼斯菲尔德等（Mansfield et al.，1981）提出的，指固定投入下可以生产更多产出，或用较少的投入量生产固定产出。也就是说，经济福利增长是技术进步的最终目标，可以通过成本节约或产出扩张的方式实现。[①]

通常，技术进步有狭义和广义两种内涵。狭义的技术进步是指人类在社会生产实践中运用科学知识所形成的物质改造能力、劳动经验、知识和操作的技巧。一般是指在生产、流通和信息交流方面所使用的供给和程序水平的提高，即在"硬技术"应用方面所取得的进步，如采用新工艺、开发新产品、提高劳动者技能等。广义技术进步是指"产出增长中扣除劳动力和资本投入增加的作用之后所有其他因素作用的总和"。除涵盖狭义技术进步所述内容外，还包括管理水平的提高、新组织和管理方法的改善、新决策方法的采用、资源配置方式的优化等"软技术"方面。从技术的开发使用过程来看，和熊彼特的技术创新理论所涉内容吻合，包括技术发明、技术创新和技术扩散整个过程。但与熊彼特的创新内容着重关注创新过程不同，该含义更多聚焦于此技术进步对整个经济体福利提升与否。技术进步的广义内涵正是本书所关注的内容。同时，需要特别指出，在实际分析中，技术创新和技术扩散的边界很难确定，部分学者通常会用技术创新来描述技术进步的整个过程（斯通曼，Stoneman，1983）。[②]

---

① Schmookler J., *Invention and Economic Growth*, Harvard University Press, 1966. Mansfield E., Schwartz M., Samuel W., "Imitation Costs and Patents: An Empirical Study", *The Economic Journal*, No. 364, 1981.

② Stoneman P., *The Economic Analysis of Technological Change*, Oxford University Press, 1983.

（三）技术进步的分类

技术进步是通过引进新的生产要素组合而实现经济福利提升，而依据新组合产生方式、引入程度的差异，可以区分为不同类型。

按照技术应用对象不同，技术进步可分为产品创新、工艺创新和管理创新。产品创新是指生产出新产品的创新活动，而工艺创新则指企业生产过程中的工艺流程及制造技术改善或变动的技术创新活动。管理创新是指在产生新的组织管理方式而进行的技术创新活动，涉及企业性质、治理结构、组织结构、人事制度、分配制度、管理方式等多个方面。这三种创新方式均是为了提高企业的经济效益，但三者途径不同，作用方式也有区别。产品创新侧重于活动的最终结果，体现在具体物质形态的产品上，最终目的是为用户提供具有新功能的产品。工艺创新则注重活动过程，其成果既可以渗透于劳动者、生产资料之中，也可以渗透在各种生产力要素的组合方式上。管理方式创新则是为了激活各生产要素的功能最大化发挥而改善的外部环境，主要包括宏观管理层面的制度创新和微观层面管理方式、管理手段以及管理模式的创新。

依据创新程度，可以分为渐进性和突破性创新两种。渐进性技术创新又称改进型技术创新，是指应用新技术原理、新设计构想，对现有产品或技术在结构、材质、工艺等一个或几个方面进行改进，并显著提高产品性能或生产效率。突破性创新又称全新型创新，是指采用新技术原理、新设计构想，研制生产全新型产品的技术创新活动，它常常伴随着一系列渐进性的产品创新和工艺创新，并在一段时间内引起产业结构的变化。

按照节约资源的种类，英国著名经济学家希克斯（John Richard Hicks，1932），将技术创新区分为劳动节约型、资本节约型和中性技术三种。[1] 其中，劳动节约型技术创新是指相对于劳动边际产品而言，增加了资本的边际产出，即能够使总成本中劳动力投入比重降低的技术创新。资本节约型

---

[1]　Hicks J. R. , *The Theory of Wages*, Macmillan, 1932.

技术创新是指增加了劳动力的边际产品，也就是降低总成本中劳动力比重的技术创新。中性技术创新指能够同比例增加资本和劳动的边际产品，即无任何偏向性的技术创新类型。近年来，随着能源短缺和环境污染对经济增长的制约作用日益凸显，能源节约型和环境友好型技术创新也成为学术界广泛关注的焦点。能源节约型技术进步，又称能源偏向型技术进步，是指在保持固定产出条件下，使得能源相对其他生产要是有更大程度节约的技术进步活动（波普，Popp，2002；王班班、齐绍洲，2014；何小钢、王自力，2015）[1]，此类技术关注是否更多地减少能源消耗。环境友好型技术创新是指能够进一步减少生产生活中污染物排放的新技术或产品，通常包括能效提高技术、污染物减排新技术等。与能源节约技术不同，此类技术更多关注污染物排放量的降低以及所带来环境问题的改善。然而，由于某些环境问题（如气候变化）与能源消耗，特别是化石能源燃烧存在密不可分的联系，两类技术创新的具体类型有些许重合的部分，如化石能源效率提升技术。

二、绿色技术进步的界定与特点

从 20 世纪 40 年代开始，发达国家先后出现了一系列因水体、大气污染而引发的公害事件，即著名的八大公害事件。包括 1930 年马斯河谷烟雾事件、1948 年多诺拉烟雾事件、1952 年伦敦烟雾事件、20 世纪 40 年代洛杉矶光化学烟雾事件、1953—1956 年的日本水俣事件、1955—1972 年的日本富山事件、1961—1972 年的日本四日事件和 1968 年的日本米糠油事件。这些由工业污染物排放所导致的环境污染，严重影响了当地居民的健康和生命，并持续了相当长的时间。20 世纪 70 年代至 80 年代，发达国家的公

　　① Popp D. , "Induced Innovation and Energy Price", *The American Economic Review*, No. 1, 2002. 王班班、齐绍洲：《有偏技术进步、要素替代与中国工业能源强度》，《经济研究》2014 年第 2 期。何小刚、王自力：《能源偏向型技术进步与绿色增长转型——基于中国 33 个行业的实证考察》，《中国工业经济》2015 年第 2 期。

害事件有增无减，严重恶化了当地的生态与环境，造成了巨大的经济损失。在此背景下，重视技术的环境效应，发展一种新的技术体系，实现人类的可持续发展成为历史必然，绿色技术应运而生。

（一）绿色技术进步的内涵

由于污染治理成为首要的关注点，早期的"绿色技术"又被称作环境友好技术，包括一系列减少环境污染、改善生态的技术。后来，人们逐渐意识到大部分环境问题的产生，尤其是大气污染问题的出现主要源自于化石能源的过量燃烧。绿色技术的内涵被进一步拓展，包括能源节约技术。因此，概括而言，绿色技术是指节约利用自然资源、减少环境污染的一系列技术、工艺或产品的总称，主要包括资源节约技术和污染物减排技术。

绿色化实践不仅是一个技术进步作用逐渐凸显的过程，也是绿色技术进步相关概念不断涌现的过程。据不完全统计，与绿色技术进步相关的术语包括：环境技术创新（诸大建，1998；Skea，1995）[1]、绿色技术创新、环境创新（Kemp and Arundel，1998；Rennings and Zwick，2003）、[2] 绿色创新（Carla and Philip，2008；袁庆明，2003）、[3] 可持续创新和生态创新等。依据各自的研究目的，国内外学者从不同侧面对相关术语的内涵进行了广泛探讨，本部分对其进行简要阐释。

1. 环境技术创新与绿色技术创新

环境技术创新作为一种特定形式的技术创新，通常指的是以环境保护为目的所进行的新产品、技术、生产工艺的开发或使用。布朗和维尔德

---

① 诸大建：《可持续发展呼唤循环经济》，《科技导报》1998 年第 9 期。Skea J.，"Environmental Technology：Principles of Environmental and Resource Economics"，in Folmer，H. and Cheltenham，H. G.（Eds.），*A Guide for Students and Decision - Makers*，（Second Edition），Edward Elgar，1995.

② Kemp R.，Arundel A.，"Survey Indicators for Environmental Innovation"，*IDEA Paper Series*，1998. Rennings，K.，Zwick T.，"Employment Impacts of Cleaner Production"，*ZEW Economic Studies* 21，Heidelberg，2003.

③ Carla D. L.，Philip C.，"Green Innovation and Policy：A Co - evolutionary Approach"，DIME International Conference on "Innovation，Sustainability and Policy"，Gretha University Montesquieu Bordeaux IV，France，2008. 袁庆明：《技术创新的制度结构分析》，经济管理出版社 2003 年版。

（Brawn and Wield，1994）[①] 最早讨论了环境技术创新的含义，将其定义为一系列新的或改进的生产方法、工艺、产品的总称，它们有利于避免或降低环境污染，节约资源和能源消耗，降低经济生产的生态负效应。主要包括污染控制和预防技术、净化技术、循环再生技术、清洁生产工艺等。相似地，什里瓦斯塔瓦（Shrivastava，1995）认为环境技术创新包括保存能量和自然资源，使人类活动施以环境的承载量最小化的生产设备、生产方式、生产设计以及生产运输器械工具等。[②] 国内学者对环境技术创新也进行了相关论述，如诸大建（1998）认为环境技术的特征是污染排放量少、合理利用资源和能源、更多地回收废弃物和产品，并以环境可接受的方式处置残余的废弃物。许健、吕永龙等（1999）将环境技术创新理解为：能节约或保护能源等自然环资源、减少人类活动的环境负荷，从而保护环境的新的或修正的生产设备、生产方法和规模、产品设计以及产品发送方法等。[③] 沈斌、冯勤（2004）把环境技术创新看作是一个从新产品或工艺的设想产生到市场应用的完整过程。在这一过程中，任何一个实现了资源节约、环境污染减少、环境质量改善等的环节都属于环境技术创新的范畴。[④] 沈小波、曹芳萍（2010）将环境技术创新定义为污染治理技术和预防技术上的创新。[⑤]

部分学者也提出一个与环境技术创新类似的概念，即绿色技术创新。如杨发明、吴光汉（1998）认为绿色技术创新包含末端治理技术创新、绿色工艺创新和绿色产品创新。[⑥] 袁凌等（2000）绿色技术包括清洁生产技

---

① Brawn E.，Wield D.，"Regulation as a Means for the Social Control of Technology"，*Technology Analysis and Strategic Management*，No. 3，1994.

② Shrivastava P.，"Environmental Technologies and Competitive Advantage"，*Strategic Management Journal*，No. SI，1995.

③ 许建、吕永龙等：《我国环境技术产业化的现状与发展对策》，《环境科学进展》1999 年第 2 期。

④ 沈斌、冯勤：《基于可持续发展的环境技术创新及其政策机制》，《科学学与科学技术管理》2004 年第 8 期。

⑤ 沈小波、曹芳萍：《技术创新的特征与环境技术创新政策——新古典和演化方法的比较》，《厦门大学学报（哲学社会科学版）》2010 年第 5 期。

⑥ 杨发明、吴光汉：《绿色技术创新研究述评》，《科研管理》1998 年第 4 期。

术创新和绿色产品开发技术创新两个层次。① 钟晖、王建锋（2000）将绿色技术创新分为绿色产品创新和绿色工艺创新。② 甘建德、王莉莉（2003）认为降低污染的绿色工艺创新、节约能源的绿色产品创新和保护环境的绿色意识创新三大类均属于绿色技术创新的内容。③ 万伦来、黄志斌（2004）则提出绿色技术创新是政府、企业、社会机构等创新主体，以绿色技术发明为基础，重视绿色技术成果商品化和绿色技术成果公益化，符合可持续发展要求、追求经济效益和社会效益统一的技术创新。④ 杨发庭（2014）认为不同于传统技术创新的发展模式，绿色技术创新是指无污染、低能耗、可循环、清洁化，促进人与自然核心的绿色技术快速发展，而开展的各种更有价值的创造性活动。⑤

2. 环境创新、绿色创新与生态创新

上述两个概念着重关注与环境有关的技术上的创新，部分学者认为与环境有关的制度创新也同样能产生环境改善的效果，并基于不同视角分别提出环境创新、绿色创新、可持续创新和生态创新的概念。

早期，肯普、阿伦德尔（Kemp and Arundel，1998）和瑞宁、兹维克（Rennings and Zwick，2003）均将环境创新理解为可以避免或减少有害环境影响的工艺、设备、产品、技术和管理制度的创新和改良。⑥ 随着认知的不断深入，环境创新的内涵也在不断扩展和延伸，现在比较一致的观点是由肯普和皮尔森（Kemp and Pearson）于 2008 年提出的，他们将环境创新定义为：企业对新接触的产品、生产过程、服务或企业管理方法的吸收

① 袁凌、申颖涛等：《论绿色技术创新》，《科技进步与对策》2000 年第 9 期。
② 钟晖、王建锋：《建立绿色技术创新机制》，《生态经济》2000 年第 3 期。
③ 甘建德、王莉莉：《绿色技术和绿色技术创新——可持续发展的当代形式》，《河南社会科学》2003 年第 2 期。
④ 万伦来、黄志斌：《绿色技术创新：推动我国经济可持续发展的有效途径》，《生态经济》2004 年第 6 期。
⑤ 杨发庭：《绿色技术创新的制度研究——基于生态文明的视角》，博士论文，中共中央党校，2014 年。
⑥ Kemp R., Arundel A., "Survey Indicators for Environmental Innovation", *IDEA Paper Series*, 1998, 8. Rennings K., Zwick T., "Employment Impacts of Cleaner Production", *ZEW Economic Studies* 21, Heidelberg, 2003.

和开发使用，与正在使用的替代技术方法相比，此次活动从全生命周期来看，减少了环境危害、污染物或其他资源消耗的负作用。①

　　绿色创新是继环境创新、可持续创新概念之后，成为各类社会组织或环境研究中心所普遍接受的主要认知。但是，至今学术界尚未给出一个能被大众所理解并广泛接受的定义。自2005年以后，绿色创新研究才逐渐并呈现快速增加趋势出现在各类科学杂志上。而对其内涵的界定，不同学者基于不同研究视角提出不同的内容，其大致可归为三类：一是绿色创新是旨在通过技术创新等降低对环境的消极影响，从而实现生态上的可持续发展；二是在原有经济绩效的基础上引入环境绩效，是一种新视角的企业可持续发展战略考量；三是等同环境创新或环境绩效的改进，这种创新包含所有能对环境产生有利影响的创新。在综合分析上述三类含义的基础上，李巧华、唐明凤（2014）将绿色创新定义为企业在实现自身可持续发展目标的过程中，无论有意识的还是无意识的，在产品设计、生产、包装、使用和报废环节节能、降耗、减少污染，旨在改善环境质量和提升产品性能，兼顾经济效益和环境效益的创造性活动。② 该概念界定对技术创新最初的设计不做严格要求，可以是环境技术，也可以是提高环境绩效的非环境技术；且创新目标更加明确，并要求创新效果经济和环境效益"双赢"。但该定义仍然强调技术上的创新，而对能够产生环境绩效改善的制度上或体制上的创新关注不足。

　　生态创新的概念最早由弗斯勒和詹姆斯（Fussler and James，1996）提出，并于次年将其明确界定为"显著减少环境影响并能给顾客和企业增值的新产品和工艺"。刘思华（1997）根据中国的现实情况，认为生态创新包括生态系统本身的变革、创造新的人工系统和经济社会系统，即社会生产、分配、流通、消费、再生产各个环节生态化过程的创新活动。③ 克莱

---

① Kemp R. , Pearson P. , "Policy Brief about Measuring Eco - innovation and Magazine/Newsletter Articles", Measuring Eco - innovation Project, 2008.

② 李巧华、唐明凤：《企业绿色创新：市场导向抑或政策导向》，《财经科学》2014年第2期。

③ Fussler C. , James P. , *Driving Eco - innovation: A Break thorough Discipline for Innovation and Sustainablity*, Pitman, 1996.

默、莱尔（Klemmer and Lehr，1999）将生态创新理解为相关行为主体
（工厂、政客、联盟、协会、教堂、家庭）的所有能有助于减少环境负荷、
达成生态上的可持续性目标的新观念、行为、产品和过程，以及实施和推
广的创新活动。① 瑞宁（Rennings，2000）将其定义为有利于缓解和促进
环境可持续性的新的或改良的过程、做法、系统和产品，包括技术的、组
织的、社会的和制度的创新，积极的环境影响是核心要素。② 肯普和皮尔
森（2008）认为生态创新是生产、同化或开发一个新颖的产品、生产过程、
服务或管理和商业模式，目的是在其整个生命周期内防止或大大减少环境
风险、污染及其他资源使用（包括能源使用）的负面影响。③ 并指出新颖
性和环境质量改善是其两个显著特征。经济合作发展与组织（OECD，
2009）将生态创新理解为：新的或显著改善的产品（或服务），生产过程、
市场方面、组织结构和制度安排的创造或实施行为，这些行为不管是有意
还是无意的，与其他替代方案比较都能够显著带来环境的改善。④ 欧洲委
员会（European Commission）成立的生态创新观测站（Eco‐innovation Ob-
servatory）于 2010 年撰写的研究报告，将生态创新定义为：在整个生命周
期内减少自然资源（包括材料、能源、水、土地）消耗并降低有害物质排
放的任意新的或显著改善的产品（商品或服务）、生产过程、组织形式改
变与市场环境的引进。⑤

　　综上所述，就内涵而言，上述这些术语无论由哪个机构出于何种目的
而提出，其本质并没有太大的差别，基本都是指以改善环境绩效为导向或

---

① Klemmer P. , Lehr U. , *Environmental Innovation*, *Incentives and Barriers*, German Ministry of Research and Technology (BMBF), Analytica‐Verlag, 1999.

② Rennings K. , "Redefining Innovation—Eco‐innovation Research and the Contribution from Eco-logical Economics", *Ecological Economics*, No. 2, 2000.

③ Kemp R. , Pearson P. , "Policy Brief about Measuring Eco‐innovation and Magazine/Newsletter Articles", Measuring Eco‐innovation Project, 2008.

④ OECD, *Sustainable Manufacturing and Eco‐Innovation*：*Framework*, *Practices and Measurement Synthesis Report*, OECD, 2009.

⑤ EIO, "Europe Intransition：Paving the Way to a Green Economy through Eco‐innovation", Eco‐Innovation Observatory, Funded by the European Comission , DG Environment, Brussels, 2013, Available at：http：//www. eco‐innovation. eu/images/stories/Reports/EIO_ Annual_ Report_ 2012. pdf.

能够带来显著环境绩效改善效果的创新活动。早期文献主要从纯技术角度阐释了环境技术进步的涵义，即一切有利于污染物排放量减少的新产品、技术、工艺的开发或使用。随着研究及认识的逐步深入，近期的研究将其拓展到制度、管理等软环境的创新方面。此外，尽管都是以"创新"冠名，但在具体论述时都包含相关技术的推广使用，从作用过程上来，其内涵与技术进步的内容一致。

3. 绿色技术进步

绿色技术进步是一种特定方向上的技术进步，从作用效果看，包括所有有利于资源节约和环境保护的技术或管理方式的创新或改进。现有大量研究主要详细论述了专门以资源节约尤其是能源节约或削减污染物为目的的生产技术的创新或使用，如发展或采用清洁生产、治理污染及替代化石能源技术。但这类定义对不以资源节约和污染物减排为目的但又实现了相应效果的技术或制度创新活动关注不足。实际上，非专注于绿色的技术进步也可能产生资源节约或环境效益。据估计，在荷兰60%技术创新提高了环境绩效，创新企业55%的一般性创新项目都利于可持续发展（肯普和皮尔森，2008）。[1] 其次，由于生产系统中各因素相互影响导致技术使用效果具有不确定性，以污染物减排为目的的技术创新在实际生产中可能并不改善环境质量或减少化石能源消耗量（甘斯，Gans，2011）。[2] 同时，以能源节约为目的的能源效率提高的技术创新经常存在"回弹效应"，即化石能源效率的提高一定程度上降低其服务价格，促使化石能源服务需求增加，从而使能源需求量不降反升（杨冕，2012）。[3] 此外，如前所述，现有相关定义，只有生态创新和环境创新的概念明确关注与现有绿色技术有关的使用习惯、管理方式、组织结构等制度上的改进或创新，大部分对这类内容

---

[1] Kemp R., Pearson P., "Policy Brief about Measuring Eco - innovation and Magazine/Newsletter Articles", Measuring Eco - innovation Project, 2008.

[2] Gans J. S., "Innovation and Climate Change Policy", *American Economic Journal*：*Economic Policy*, No. 4, 2011.

[3] 杨冕:《生产要素/能源品种替代对中国节能减排的影响研究》，博士论文，兰州大学，2012 年。

关注不足。

基于上述考虑，同时适应于中国当前及未来较长一段时期内的基本国情，本书将绿色技术进步定义为：与正在使用的技术或管理方式相比，在其整个生命周期内，显著提高了某组织单位（开发或使用它）资源效率或（和）环境绩效的一系列新产品、生产过程或工艺、管理方式、制度设计的创新或推广使用。

显然，该定义与先前已存在的相关概念相互联系，它与先前的概念一脉相承，关注新技术或制度的资源效率提升或环境绩效改善效果的获得。同时，也与相关概念相互区别，该定义认为与现有技术或制度设计相比，只要能获得更多资源节约或污染物减排效果，就认为属于绿色技术进步的范畴。而不关注该技术或组织形式的使用是专门为实现该目的而设计的，还是一般意义上经济活动方式改进而附带产生资源节约或环境改善效果。因此该含义与现有相关定义相比具有明显的特征。

（二）绿色技术进步的特征

1. 涵盖内容的广泛性（或综合性）

首先，从技术进步内容上看，它包括纯技术进步和制度或体制创新两个层面。其中纯技术的包括新产品、生产过程、工艺等看得见的"硬"技术，而制度层面包括新的管理方式、组织形式、制度设计、体制建立等。其次，新颖性（Novelty），该定义的新颖性是针对使用此类技术或管理制度的企业或用户而言的，而并非针对市场或全球范围内首次出现。也就是说，只有对使用组织单位而言，该技术或管理方式是第一次使用，即可认为它属于该绿色技术进步的范畴。当然，其可以是该企业新开发的，也可以是从其他企业购买或引进的，只要对于使用者是"新颖的"即可。最后，从技术或制度的整个生命周期来看有利于实现资源节约或环境绩效改善。例如，对某一产品而言，其产品设计和原材料选择可能消耗较多资源，但在其销售和使用阶段却节约了更多材料，那么总体而言该新产品的使用提高了资源效率，仍旧属于绿色技术进步的范畴。

2. 强调技术进步的资源效率提升或环境绩效改善效果

首先，对于绿色属性而言，该技术进步概念只关注结果而不问动机。也就是说，绿色技术进步并不局限于那些专门以资源节约或环境绩效改善为目的的创新活动，也包括那些为其他目的的创新活动而偶然或附带产生资源节约或环境改善效果的"无心插柳"的创新行为，这就有效解决了因创新动机调查而带来的模糊性问题。同时，如果一些明确以资源节约或环境改善为目的的创新行为并未能够如愿产生相应的效果，它仍然不属于该绿色技术进步的范畴。因此，该技术进步内涵与应用型技术进步内涵一致，只注重效果，而不问初衷。当然，这样为如何判定资源效率提升和环境绩效改善提出更高要求，其评判方法一定要科学，而评判系统空间边界及时间边界务必要明确。

3. 最终实现经济增长、资源效率提升和环境质量改善"三重"收益

与中国当前及今后相当长一段时期内保持经济增长、资源节约和环境改善三者协调发展的最终目标一致，本书将绿色技术进步的最终目标定义为提高了使用者的资源效率（单位国内生产总值资源消耗）或（和）环境绩效（如单位国内生产总值污染物排放量）。在实际经济中表现为多种形式：即非资源投入不变时，资源投入和污染物排放量减少，经济产出增加；资源投入和污染物排放量的增加比例小于经济产出的增加比例；或经济产出不变，资源投入或（和）污染物排放量减少；或资源投入或（和）污染物排放量不变，经济产出增加。因此，绿色技术进步可实现经济增长、资源效率和环境绩效提高三方面收益，其最不理想的情景是经济产出保持不变时，资源投入量和污染物排放量的减少，而最优情景即是非资源投入不变时，经济高速增长、资源消费量和污染物排放量大幅度下降。

三、绿色技术进步的具体表现形式

（一）绿色技术进步的分类

在界定相关概念时，学者们还对其所涉及的技术进行分类。如阿伦德

尔、肯普等（2007）将环境技术创新分为六类：清洁产品、清洁生产过程、污染控制技术、循环利用、废物处理技术以及净化技术。① 德米尔和卡斯多（Demirel and Kesidou, 2011）将环境技术创新分为末端治理新技术、综合清洁生产过程。② 然而，大部分分类主要关注直接或间接的污染物削减技术，很少讨论与环境投入（如资源消费量）有关的技术。众所周知，大气中的污染物主要来自化石资源的燃烧，那么用清洁资源替代化石资源技术同样能够实现污染物排放量减少。此外，在其他条件不变下，资源效率提高会减少资源消费量，与此相关的技术也同样可实现环境质量改善。事实上，马丁、沃雷尔等（Martin et al., 2000）通过对175个工业部门的能源效率技术研究发现，大多数能源效率技术都具有提高环境绩效的特性。③ 甘斯（2011）考察了三类更广意义的环境技术创新分类：污染物削减技术类，主要指直接减少污染物排放量的技术创新，如脱硫设施效率提高、更清洁生产过程；化石资源节约技术类，指进一步提高化石资源利用效率，如高效燃煤锅炉改造技术；化石资源替代技术类，直接减少化石资源消耗量，如可再生资源开发技术创新。④ 综上所述，从作用目标上看，绿色技术创新主要可归纳为两大类，直接的污染物减排类技术创新和化石资源节约技术创新，如表2.1所示。前者主要是指以直接减少污染物排放量为目的，如环保产业所开发或使用的新产品、生产过程和技术等，主要包括污染物末端治理和控制技术及清洁生产过程或工艺。后者是指以提高资源利用效率，减少资源消耗的新的或改进的产品、生产工艺、技术等，该类技术进步间接减少污染物排放量，主要包括化石资源效率提高技术及可再生

① Arundel A., Kemp R., Parto, S., "Indicators for Environmental Innovation: What and how to Measure", *The International Handbook on Environmental Technology Management*, Cheltenham: Edward Elgar Publishing, 2007.

② Demirel P., Kesidou E., "Stimulating Different Types of Eco-innovation in the UK: Government Policies and Firm Motivations", *Ecological Economics*, No. 2008.

③ Martin N., Worrell E., et al., "Emerging Energy-efficient Industrial Technologies", Working Paper, 2000.

④ Gans, J. S., "Innovation and Climate Change Policy", *American Economic Journal: Economic Policy*, No. 4, 2011.

资源替代技术两种，如高效锅炉的改造、风电及太阳能开发技术创新等。当然，两类技术之间并未有明确的界限。

表2.1 绿色技术创新

技术分类		举例
污染物减排技术创新	污染物减排技术	脱硫设施效率提高
	清洁生产过程或工艺	碳回收利用技术
化石资源节约技术创新	化石资源效率提高技术	更高效的燃煤锅炉改造
	化石资源替代技术	风电、太阳能开发技术创新

资料来源：Martin N., Worrell E., et al., "Emerging Energy – efficient Industrial Technologies", Working Paper, 2000. Gans J. S., "Innovation and Climate Change Policy", *American Economic Journal：Economic Policy*, No. 4, 2011。经笔者整理。

（二）绿色技术进步的具体表现形式

由于技术进步是一个无形变量，需要依附一定的技术或管理方式进行，此处详细阐释绿色技术进步的具体形式。为了更形象地描述，绘制坐标轴图2.1，其中，纵轴表示技术进步的作用对象，包括最终产品（商品和服务）、生产过程（生产方法或工艺）、营销方法（产品的促销和定价方法以及其他营销战略）、组织管理方式（管理结构及相关责任分配等）、制度体系（单个组织之外整个社会层面的制度安排、社会规范以及文化价值观等）。一般来说，产品和生产过程的改进属于纯技术性进步范畴，而营销管理方式、组织以及制度体制的变革大多属于非技术性创新（经济合作与发展组织，2010）。① 横轴表示技术进步的四种作用方式，依据对现有技术的改变程度依次为：修正，即产品某一特性的局部改善或生产工艺部分调整；重新设计，主要指对现有的产品、生产过程或组织结构进行显著调整；替代，即发展一种功能上能够替代现有产品的清洁商品或服务；创新，介绍或设计一个全新的产品、生产过程、组织结构或制度体系。上述

---

① OECD, "Taxation, Innovation and the Environment", Working Paper, 2010.

四种作用方式与五种标的物的任一组合都可能产生一类技术进步类型。

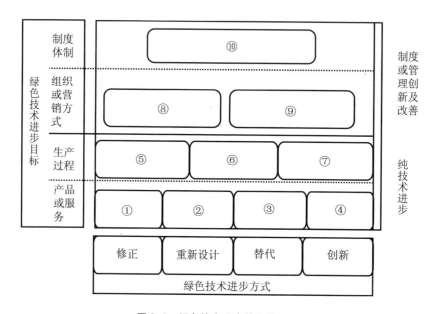

图2.1　绿色技术进步的具体形式

　　依据最终作用效果,绿色技术进步可分为资源节约型和污染物减排技术进步。由于绝大部分资源节约型技术进步都具有环境效益(马丁、沃雷尔等,2000),此处以污染物减排类技术进步(简称"减排技术进步")为例详细说明技术进步的各类具体形式。假设一个封闭系统内的污染物排放量来自产品生产和消费两个领域,其中前者等于生产过程中排放总量减去末端治理量。那么该污染物排放总量的分解公式如图2.2所示。

　　图2.2表明,污染物减排技术进步包括制度和技术的创新或改进两方面内容,而制度创新贯穿于纯技术进步的整个过程中。纯技术进步是指能够实现污染物减排的新产品或生产过程的创新或改进。顺沿产品整个生命周期,本书将其归类为三种具体形式:

　　一是综合清洁生产过程,主要指通过改造或创新方式提高生产设备的技术效率,降低环境性投入的消耗(如化石资源投入),实现污染物排放量减少。该类技术进步形式更多对应于图2.1中的⑤⑥⑦,实例有燃煤锅炉改造、淘汰落后设备等。同时，生产过程中污染物排放量的减少也可源自于某种管理方式或营销方式的改变，也就是说此类技术进步还可能体现在图2.1中的⑧⑨中，如企业层面的污染物减排规划、[1] 绿色供应链管理等。[2] 综上所述，综合清洁生产技术进步大多发生在生产过程中，主要依靠事前预防方式减少污染物排放（瑞宁、安德里亚斯等，2006）。[3] 由于此技术通常可能引致要素使用效率提高，因此，此类技术的使用一般附带产生成本节约和技术水平提高效应，最终可能改善企业的综合生产效率。

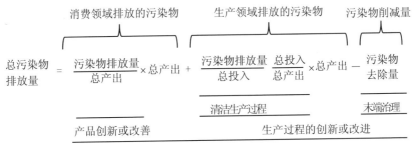

图2.2　污染物减排技术进步的具体形式

资料来源：OECD, "Taxation, Innovation and the Environment", Working Paper, 2010。

　　二是污染物控制和治理技术，主要用于削减已产生的污染物，通常需要生产者额外安装新设备。此类技术的使用一般发生在生产领域末端，不需要改变生产过程，通常被称为额外创新。对应于图2.1中的④⑤⑥⑦，如脱硫设备安装、碳封存技术等。然而，由于添置额外设备或技术需要花费成本，企业会认为末端治理措施增加其生产成本，降低其综合竞争力（经济合作与发展组织，2010）。

---

① 目的是通过投入替代，提高操作效率以及生产车间规模的小的改变实现污染物防治。

② 主要通过加强企业之间合作实现原材料循环利用，形成从"摇篮—摇篮"的闭合生产系统。

③ Rennings K., Andreas Z., et al., "The Influence of Different Characteristics of the EU Environmental Management and Auditing Scheme on Technical Environmental Innovations and Economic Performance", *Ecological Economics*, No. 1, 2006.

三是产品或服务创新，主要发生在消费领域，指由于使用了新的或改进的产品或服务导致污染物排放量减少，更多对应于图2.1中的①②③④，如吸收式冰箱、节能灯、绿色金融产品和服务。同时，消费领域污染物排放量的减少也可资源自消费方式或习惯的改变，对应于图2.1的⑧⑨，如拼车或选择公共交通。

有利于污染物减排的宏观制度的创新，主要指为了处理生产过程或产品的环境问题而引入的新的组织管理方法和制度设计，包括污染物防治规划、环境管理和审计系统、供应链管理、提供环境服务（主要包括环境咨询、检验以及分析服务等）等，对应于图2.1中的⑧⑨⑩。

总之，依托中国经济发展的现实情况，本书以实现经济增长、资源效率提高和环境保护三者协调发展为最终目标，将绿色技术进步定义为：在整个生命周期内，提高了使用者资源效率和（或）环境绩效的各种形式知识的积累或改进，包括新产品、生产过程或工艺、管理方式或制度设计的发明，也含有现有产品、技术或管理方式的推广使用。同时，考虑到作用效果的不确定性，技术进步成功的概念也包含在内。

第三章　中国资源节约与环境保护政策梳理

　　尽管开发和推广使用绿色技术缓解日趋严峻的资源和环境问题已成为学术界和政策制定者的共识。然而，与传统技术进步不同，绿色技术进步具有"双重"市场失灵的特征。一是环境外部性。环境作为一个典型的公共品，私人企业使用新技术改善环境质量会产生正外部性，导致其成本无法全部收回。二是新技术的外溢性。技术或制度创新后，容易被同行企业模仿，造成新知识外溢。此"双重"正外部性的特性削弱了企业进行绿色技术创新活动的动力，导致企业自发从事这类创新或技术采用活动的动力严重不足。因此，单纯依靠市场"看不见的手"的力量激励企业进行绿色技术开发和使用的作用有限，需要政府这只"看得见的手"进行积极干预。为此，各个国家和地区推行实施了一系列资源节约和环境保护政策。

　　1972 年联合国人类环境会议之后，中国政府依据自身国情逐步开始资源节约和环境保护政策（简称"资源环保政策"）的制定和实施。经过三十多年的发展历程，中国的资源环保政策随着不同时期的发展重点在逐步演变并不断深化。其在国民经济发展中的地位经历从基本国策逐步上升到国家发展战略；重点内容从偏重污染控制逐渐向污染控制与生态保护并重转移；具体方法从末端治理到源头控制；控制范围从点源治理到流域与区域的综合治理；政策手段从以行政命令为主导到以法律、经济手段为主导。

一、中国资源节约与环境保护政策的历史演变

（一）中国资源节约政策的历史演变

1. 土地资源节约政策的历史演变

改革开放以来，我国土地利用理念由初期的节约利用土地资源到后期节约、集约并重；土地利用管理上由指标管制向规划管制转变；土地资源配置机制经历了政府计划管理模式到市场机制配置模式的演变；土地使用目标上由追求单一的经济效益到追求生态、经济、社会效益的有机统一。本书以农村土地节约集约利用政策演变历程为例，呈现我国土地资源节约政策的演变特征，其大体经历了五个发展阶段。

（1）农村土地集约利用的序幕（1978—1984 年）

农业集体化时期，按人口平均分配生活资料的利益机制压抑了农村的劳动投入，农业的劳动生产率不仅没有增加，反而有所下降。20 世纪 80 年代初，农村以恢复农民地权为实质内容的产权制度改革，推动了农村土地利用政策的调整。特别是当土地承包期被延长到十五年以上，农民实行集约经营的动力更大。一系列相关政策的实施，拉开了我国农村土地集约利用的序幕。农民重获土地经营权的短期制度收益明显。据统计，1982—1984 年这三年粮食总产量年均增长率高达 7.83%，骤然打破当时粮食产量低迷徘徊、农产品供给长期匮乏的局面。

（2）积极推进土地有偿使用制度，贯彻节约用地方针（1985—1991 年）

随着 20 世纪 80 年代"撤社改乡镇、撤队改村"的农村行政体制改革的完成和"分级包干"的财税体制改革的推行，1984—1986 年因地方政府"以地兴企"而出现了第一轮土地征占高峰，大量土地被近乎零成本的征用来开办低端制造业企业。为此，1986 年国家出台了第一部《土地管理法》，重点放在严格保护耕地，规定国家和乡村建设必须节约使用土地，但对土地使用制度条款并没有明确的涉及。1987 年 4 月国务院随后提出使用权可以有偿转让。在农村土地利用方面，江苏省南通市率先采取以收取

土地使用费的方式对乡镇企业用地试行有偿使用。次年，山东德州地区首先试行农村宅基地有偿使用办法。1988年，《宪法》修正案规定了土地使用权可以依照法律的规定转让，至此，土地入市流转以法律的形式确定下来。因此，在这一阶段内土地使用制度由无偿、无限期、无流动使用，改革为有偿、可流动使用，土地有偿使用和出让极大地促进了土地资源的配置和集约利用。

（3）依托全局规划，贯彻土地节约利用的基本国策（1992—2003年）

土地有偿使用制度使得土地的商品属性逐渐确立，土地资源资本化的机制被改变，政府成为土地资源资本化的主导者。"以土生财"的"开发区热"便应运而生。据统计，截至1992年年底，各省、地（市）和县、乡自办的开发区面积达1900多平方公里，被占用的耕地达1400万亩（约计93.33万公顷）。为了遏制乱占耕地、浪费土地的行为，从1993年到1998年几乎每年都有保护耕地的政策甚至法规出台。比如1993年出台的《1986—2000年全国土地利用总体规划纲要（草案）》，是我国第一部土地利用总体规划。1997年《中共中央、国务院关于进一步加强土地管理切实保护耕地的通知》发布，对农地和非农建设用地实行严格的用途管制。1998年修订的《土地管理法》明确规定了"十分珍惜、合理利用土地和切实保护耕地是我国的基本国策"。这些政策和法规一定程度上遏制了建设占用耕地行为，促进了土地的节约利用。市场经济条件下，农业与工商业的生产能力存在显著差异，农村劳动力、土地等基础资源借助于城镇化、工业化的平台在特定区域形成聚集。而同时，随着新一轮经济高速增长，国家整顿开发区，设立综合配套改革试验区，"新区热"建设迅速发展。

（4）强调宏观调控，土地节约集约制度逐步建立（2004—2008年）

从2003年开始，党中央和国务院正式提出运用土地政策参与宏观调控。这期间分别发布了《国务院关于深化改革严格土地管理的决定》（国发〔2004〕28号）、《国务院关于加强土地调控有关问题的通知》（国发〔2006〕31号）、《关于促进土地节约集约用地的通知》（国发〔2008〕3号）以及2008年召开的党的十七届三中全会所确立的"坚持最严格的耕地保护制度"和"实行最严格的节约用地制度"。2004 年以后,农地和非农建设占用耕地均得到有效控制;在土地节约利用方面,注重提高土地利用效益,增加农民收入。从 2004 年到 2008 年,中央连续颁发了五个"一号文件",旨在通过资金和技术等要素的作用提高土地使用的效益,促进农民增收。

(5)贯彻节约优先战略,健全土地节约集约制度(2009 年至今)

党的十七届三中全会以后,地方各级国土资源管理部门积极探索农村土地登记和流转制度,推进农村土地规模化和集约化经营。2012 年国土资源部发布了《关于大力推进节约集约用地制度建设的意见》(国土资发〔2012〕47 号),提出了大力推进节约集约用地制度的原则和基本内容。党的十八届三中全会提出健全土地节约集约使用制度,并通过健全土地资源资产产权制度和用途管制制度两个方面着手来促进和体现土地资源的效率和公平。2014 年国土资源部发布实施了《节约集约利用土地规定》,土地节约集约利用制度逐步纳入法治化轨道。

2. 水资源节约政策的历史演变

水资源节约政策是指为缓和或减轻水资源短缺和污染而制定的用水节约措施和制度。在计划经济时代,由于水资源使用主要受开发能力和取用成本制约,其稀缺性尚未显现,基本上不存在用水竞争和经济配给问题,水资源是一种"开放可获取资源",以致人们节水意识相对比较薄弱。改革开放之后的相当长一段时期内,水资源的利用是计划经济的延续,基本上仍处于开放状态,排他性很弱,用水仍呈现粗放增长。随着我国市场化进程化的加快,水资源逐渐成为稀缺性的经济资源,用水竞争性日益显现,强化的节水意识也开始在国家政策规划中得以体现(见表3.1)。

表3.1　20世纪80年代以来水资源管理法规条例

年份	政策名称
1985	《水利工程水费核定、计收和管理办法》
1988	《中华人民共和国水法》

续表

年份	政策名称
1993	《取水许可证制度实施办法》
1997	《水利产业政策》
1998	《城市供水价格管理办法》
2002	《中华人民共和国水法》（修订版）
2003	《水利工程供水价格管理办法》
2004	《关于推进水价改革促进节约用水保护水资源的通知》《关于内蒙古宁夏黄河干流水权转换试点工作的指导意见》
2005	《水权制度建设框架》《关于水权转让的若干意见》
2006	《取水许可和水资源费征收管理条例》
2007	《水量分配暂行办法》
2008	《取水许可管理办法》
2012	《国务院关于实行最严格水资源管理制度的意见》

21 世纪初，水利部明确提出要从水资源可持续利用的角度加强水资源的节约使用。[①] 强调对水资源的商品性和有限性的重新认识；强调对水资源的配置、节约和保护；强调科学管理和水资源的统一配置、统一调度和统一管理等。2000 年发布的《中共中央关于制定国民经济和社会发展第十个五年计划的建议》首次提出了建立节水型社会的目标。此后，2002 年重新修订的《中华人民共和国水法》（简称《水法》）明确规定："国家厉行节约用水，大力推进节水措施，发展节水型工业、农业和服务业，要全面建设节水型社会。"为指导节水技术开发和推广应用，推动节水技术进步，提高用水效率和效益，促进水资源的可持续利用，2005 年制订的《中国节水技术政策大纲》将节水放在更加突出的位置，指出"国家鼓励节水新技术、新工艺和重大装备的研究、开发与应用。大力推行节约用水措施，发展节水型工业、农业和服务业，建设节水型城市、节水型社会"，并提出"争取在 2005—2010 年间实现工业取水量'微增长'，农业用水量'零增

[①] 汪恕诚：《资源水利的理论内涵和实践基础》，《中国水利》2000 年第 5 期。

长',城市人均综合用水量实现逐步下降"的节水目标。2006 年 3 月召开的十届人大四次会议通过了《国民经济和社会发展第十一个五年规划纲要》,提出要建设资源节约型和环境友好型社会。2009 年,水利部又进一步明确提出要实行以"用水总量控制、用水效率提高和排污总量控制"(简称"三条红线")为核心的最严格水资源管理制度,以加快节水型社会建设,促进水资源可持续利用和经济发展方式转变。2012 年国务院也为此颁布了《关于实行最严格水资源管理制度的意见》(简称《意见》);为贯彻落实此《意见》的精神,把节水灌溉作为经济社会可持续发展的一项重大战略任务,全面做好农业节水工作,同年国务院办公厅进一步发布了《国家农业节水纲要(2012—2020 年)》。这些法律法规的出台有力地促进了水资源节约的法制化,水资源利用也开始走上可持续发展的道路。

我国现有的水资源节约制度,其主要包括水价制度、水权制度、取水许可制度、水资源总量控制和定额管理制度等。此处简要阐述水价制度和水权制度的发展历程。

(1)水价制度的发展历程

中华人民共和国成立之后三十多年的时间里,我国用水实行福利性低价供应制度。直到 1985 年 7 月国务院发布《水利工程水费核定、计收和管理办法》,明确规定"水价标准应在核算成本的基础上加适当盈利"之后,水价体制改革才不断被推进。尤其是 1988 年我国第一部有关供水管理和水价制定的法律《中华人民共和国水法》的颁布实施,预示着一套科学合理的水价制度正逐步建立。1997 年颁布的《水利产业政策》提出"国家实行水资源有偿使用制度",标志着我国水资源收费制度正式建立。随后,1998 年原国家计委和建设部颁布了《城市供水价格管理办法》,进一步对城市供水价格进行了明确和完善,逐渐实现了水资源的完全成本定价。

进入 21 世纪之后,尤其 2002 年新修订的《水法》颁布以后,我国的水价体制改革明显加快,水价制度也在保本微利的原则下,逐步体现可持续发展的理念。2003 年国家发改委和水利部颁布了《水利工程供水价格管理办法》;2004 年国务院办公厅又印发了《关于推进水价改革促进节约用水保护水资源的通知》；2006 年初国务院颁布的《取水许可和水资源费征收管理条例》；2012 年国务院又颁布了《国务院关于实行最严格水资源管理制度的意见》，这些法律法规的出台有力地促进了水价管理的法制化，水资源利用开始走上可持续发展的道路。

（2）水权和取水许可制度的历史沿革

21 世纪以来，明晰水资源的用水权利和实行水权交易制度成为国内讨论的热点问题。为了促进水权制度建设，2004 年水利部发布了《关于内蒙古宁夏黄河干流水权转换试点工作的指导意见》，同年黄委会《黄河水权转换管理实施办法（试行）》，标志着黄河水权转换工作开始启动。2005 年水利部又进一步发布了《水权制度建设框架》和《关于水权转让的若干意见》，标志着我国水权制度的创新进入提速期。2006 年发布的《取水许可和水资源费征收管理条例》正式确立了取水许可制度和资源有偿使用制度，同时也完善了我国的水权制度。

随着相关法规的出台，黄河上游的宁蒙灌区也开始进行水权转换的试点和示范工程。水权制度的建设也引起了中央政府的关注，中央 2007 年的 1 号文件中提出了"深化农村综合改革，积极搞好水权制度改革，探索建立水权分配、登记、转让等各项管理制度"的要求。为了配合水权制度的建设，国家于 2007 年还颁布了《水量分配暂行办法》，实行总量控制与定额管理相结合的水资源管理体系，为水权制度的建设进一步铺平道路。在 2008 年颁布的《取水许可管理办法》中，进一步明确了"取水权"的概念。

3. 能源节约政策的历史演变

（1）计划经济时期的能源效率政策（1978—1991 年）

改革开放之初，受能源勘探条件相对落后、生产能力不足等诸多因素限制，我国能源资源供应难以满足快速的社会经济增长需求。在此背景下，中国政府依然采取了补贴终端消费者的"低价格"能源政策（郭琪，2009）。[①] 较低的能源供应价格，不仅抑制了能源供应，还在较大程度上刺

---

① 郭琪：《中国节能政策演变及能源效应评价》，《经济前沿》2009 年第 9 期。

激了消费需求，进而加剧了当时的能源供需矛盾（王延中，2001）。[①] 为有效缓解能源紧缺对社会经济发展所形成的制约，政府不得不采取一系列指令性措施来严格管控能源需求的过快增长。国务院于 1980 年颁布了《关于加强节约能源工作的报告》和《关于逐步建立综合能耗考核制度的通知》，将节能工作作为一项专门任务纳入国家宏观管理的范畴。同时，制定并实施了对能源资源实行"开发与节约并重，近期把节约放在优先地位"的长期指导方针。

在这一方针的宏观指引下，我国在计划经济时期还分别从工矿企业和城市能源节约、高耗能企业资源综合利用、民用建筑节能等方面制定相关政策（见表 3.2），以此来促进能源效率的不断改善。特别是国务院于1986 年初颁布的《节约能源管理暂行条例》，从能源供应管理、工业用能管理、城乡生活用能管理、节能管理体系建设等方面对能源节约提出了系统性举措，为提高能源利用效率提供了可靠的法律保障。

表 3.2　我国计划经济时期能源效率政策汇总

序号	政策名称	年份
1	《关于加强节约能源工作的报告》	1980
2	《关于逐步建立综合能耗考核制度的通知》	1980
3	《对工矿企业和城市节约能源的若干具体要求（试行）》	1981
4	《超定额耗用燃料加价收费实施办法》	1981
5	《关于按省、市、自治区实行计划用电包干的暂行管理办法》	1982
6	《节能技术政策大纲》	1984
7	《国家经委关于开展资源综合利用若干问题的暂行规定》	1985
8	《节约能源管理暂行条例》	1986
9	《民用建筑节能设计标准（采暖居住建筑部分）》	1987

资料来源：Yang M., Hu Z., Yuan J., "The Recent History and Successes of China's Energy Efficiency Policy", *WIREs Energy Environment*, doi：10. 1002/wene. 213, 2016。

---

① 王延中：《我国能源消费政策的变迁及展望》，《中国工业经济》2001 年第 4 期。

（2）确立社会主义市场经济体制时期的能源效率政策（1992—2002 年）

这一时期中国的能源效率政策主要体现在对化石能源价格的市场化改革方面。1992 年，中国共产党第十四次全国代表大会明确提出：中国经济体制改革的目标是建立社会主义市场经济体制。与之前的计划经济体制相比，社会主义市场经济体制的一个突出特点是充分发挥市场在资源配置过程中的基础性调节作用，通过价格机制来促进商品的供给与需求之间实现动态均衡。具体到能源资源配置问题上，在改革开放初期，中国化石能源（包括煤炭、石油、天然气等）价格长期处于政府较为严格的管控之下（Du et al.，2010），[①] 并且显著地低于市场均衡价格，导致各种化石能源价格存在不同程度的市场扭曲，进而对其配置效率乃至宏观经济的全要素生产率产生巨大影响（张曙光、程炼，2010）。[②] 随着中国特色社会主义市场经济体制目标的确立，我国政府于 20 世纪 90 年代初期开始推行能源价格的市场化改革，并逐步放松对能源价格的管控（林伯强、李爱军，2012）。[③] 随着这一系列改革的顺利推行，中国化石能源价格长期扭曲的现象得到了显著缓解，从很大程度上促进了其配置效率的提升。

此外，在经济转轨时期，中国政府还组织实施了一系列其他的能源效率政策，主要涉及可再生能源开发利用、节能产品认证管理、重点用能单位节能管理、节约用电等诸多方面（见表 3.3）。特别是《中华人民共和国节约能源法》的颁布，为推动各级政府采取技术上可行、经济上合理以及环境和社会可以承受的措施，减少从能源生产到消费各个环节中的损失和浪费，逐步提高能源利用效率提供可靠的法律保障。此外，国务院于 2000 年颁布的《当前国家重点鼓励发展的产业、产品和技术目录（2000 年修订）》，确定了一大批国家重点鼓励发展且有利于资源节约与生态环境保护

---

① Du L.，He Y.，et al.，"The Relationship between Oil Price Shocks and China's Macro-Economy: An Empirical Analysis"，*Energy Policy*，No. 8，2010.

② 张曙光、程炼：《中国经济转轨过程中的要素价格扭曲与财富转移》，《世界经济》2010 年第 10 期。

③ Lin Boqiang，Li Aijun，"Impacts of Removing Fossil Fuel Subsidies on China: How Large and how to Mitigate"，*Energy*，No. 1，2012.

的产业和产品，为我国产业结构优化调整打下了坚实的基础。

表 3.3 我国确立社会主义市场经济体制时期能源效率政策汇总

序号	政策名称	年份
1	《关于新能源和可再生能源发展报告》	1995
2	《新能源和可再生能源发展纲要（1996—2010）》	1995
3	《中华人民共和国节约能源法》	1997
4	《中国节能产品认证管理办法》	1999
5	《重点用能单位节能管理办法》	1999
6	《节约用电管理办法》	2000
7	《民用建筑节能管理规定》	2000
8	《当前国家重点鼓励发展的产业、产品和技术目录（2000 年修订）》	2000
9	《夏热冬冷地区居住建筑节能设计标准》	2001

资料来源：Yang M.，Hu Z.，Yuan J.，"The Recent History and Successes of China's Energy Efficiency Policy"，*WIREs Energy Environment*，doi：10.1002/wene.213，2016。

（3）新时期的能源效率政策（2003 年）

上述政策的实施对提高我国能源利用效率、促进能源节约发挥了至关重要的作用。尽管如此，与部分发达国家相比，中国能源利用效率仍远低于世界先进水平（见表 3.4）。2000 年，我国综合能源效率为 33%，比国际先进水平大约低 10 个百分点；同时，电力、钢铁、有色、石化、建材、化工、轻工、纺织等行业主要产品单位能耗比国际先进水平平均高 40% 左右（张娜等，2011）。[①]

另一方面，由于产业结构重型化过程明显加速，我国能源强度（单位国内生产总值能耗）结束了长期以来持续下降的趋势，并从 2003 年开始反向升高。据统计，2003—2005 年，我国能源强度年均增长率达到 3.8%；

[①] Zhang N.，Lior N.，Jin H.，"The Energy Situation and Its Sustainable Development Strategy in China"，*Energy*，No.6，2011.

特别是反映能源消耗和经济增长速度对比关系的能源消费弹性系数，于2004年飙升至创纪录的1.5以上（张娜等，2011），给中国能源供应安全敲响了警钟。[①] 为尽快扭转能源强度不降反升的势头，中国政府于2006年发布的《中华人民共和国国民经济和社会发展第十一个五年规划纲要》首次将"节约资源与保护环境"确定为我国的一项基本国策，并将"十一五"期间中国单位国内生产总值能耗降低20%左右作为一项约束性指标予以重视；且这一雄心勃勃的节能目标在国务院于2007年发布的《节能减排综合性工作方案》中得到了进一步明确。

表3.4　2000年中国能源效率水平及其与国际先进水平对比

相关指标		中国能效水平	与国际先进水平的差距
单位产值能耗（吨标准煤/百万美元）		1274	比日本高8.7倍
单位产品能耗	火电供电煤耗（克标准煤/千瓦时）	392	高22.5%
	吨钢可比能耗（千克标准煤）	784	高21.4%
	水泥综合能耗（千克标准煤/吨）	181	高45.3%
	合成氨综合能耗（千克标准煤/吨）	1273	高31.2%
主要耗能设备	燃煤工业锅炉平均运行效率	65%	低15%—20%
	中小电动机平均效率	87%	低5%
	机动车燃油经济性水平	NA	比欧洲低25%
	载货汽车百吨公里油耗（升）	7.6	高一倍以上
	内河运输船舶油耗	NA	高10%—20%
单位建筑面积能耗		NA	是发达国家2—3倍
综合能源效率		33%	低10个百分点

资料来源：《节能中长期专项规划》（国家发改委，2004）。

为有效缓解我国日趋严峻的能源供应安全形势、促进"十一五"节能目标顺利实现，2003年以来，中国能源效率政策主要围绕产业结构优化升

---

① Zhang N., Lior N., Jin H., "The Energy Situation and Its Sustainable Development Strategy in China", *Energy*, No. 6, 2011.

级、先进节能技术推广、能源价格调节等几个方面共同展开。

(二) 中国环境保护的历史演变

我国环境保护工作起步于 20 世纪 70 年代、奠基于 80 年代、成长于 90 年代，并于 21 世纪发展壮大。在三十多年的发展历程中，社会公众对环境保护重要性的认识不断提高和深化。但与西方国家自下而上的环境保护之路不同，伴随着全国环境保护工作会议的陆续召开，我国环境政策的演变是一个自上而下的过程。每项环境政策的制定和实施，均与环境保护的重要会议休戚相关。因此，本部分首先简要展示截至 2016 年初的所有全国环境保护会议的主要内容。

1. 七次全国环境保护会议摘要

联合国人类环境会议后，中国第一次全国环境保护会议随即于 1973 年随即在北京召开，自此拉开了中国环境保护事业的序幕。环保事业的发展史，也是中国环境政策逐步演变并不断深化的历史。截至 2016 年年初，中国已召开了七次全国环境保护会议。

1973 年 8 月 5 日至 20 日，第一次关于全国环境保护由国家计划委员会组织召开。这次会议针对我国长期只重视工农业建设，忽视废水、废气、废物（统称"三废"）的治理，导致环境污染日益严重的现实情况，在认真分析环境保护重要性的基础上，讨论并制定了《关于保护和改善环境的若干规定》（试行草案）确定了"全面规划、合理布局、综合利用、化害为利、依靠群众、大家动手、保护环境、造福人民"的"三十二字"方针。该会议报告于同年 11 月 13 日受到国务院批转，并规定自该规定执行之日起，新建设项目必须把"三废"治理设施与主体工程同时设计、同时施工、同时投产，否则不准开工建设，要求各级领导要把环境保护工作认真抓起来。自此之后，国务院和各省市、自治区均成立了环境保护机构。因此，此次会议揭开了中国环境保护事业的序幕，是我国第一个关于环境保护的战略方针。

时隔十年之后，第二次全国环境保护会议于 1983 年 12 月 31 日至 1984

年1月7日在北京召开。此次会议制定了经济建设、城乡建设和环境建设同步规划、同步实施、同步发展，实现经济效益、社会效益、环境效益相统一的"三同步、三统一"的方针，并提出"预防为主，防治结合""谁污染，谁治理"和"强化环境管理"三大政策。其具体内容包括如下五个方面：第一，总结了中国环保事业的经验教训，从战略上对环境保护工作在社会主义现代化建设中的重要位置做出了重大决策。时任国务院副总理李鹏在会议上宣布：保护环境是我国必须长期坚持的一项基本国策。环境保护确立为基本国策，极大地增强了全民的环境意识，并把环境意识升华为国策意识。第二，制定了中国环境保护的总方针、总政策，即"经济建设、城乡建设、环境建设，同步规划、同步实施、同步发展，实现经济效益、社会效益和环境效益相统一"。这一方针政策的确立，奠定了一条符合中国国情的环境保护道路的基础。第三，提出要把强化环境管理作为环境保护工作的中心环节，长期坚持抓住不放。第四，推出了以合理开发利用自然资源为核心的生态保护策略，防治对土地、森林、草原、水、海洋以及生物资源等自然资源的破坏，保护生态平衡。第五，建立与健全环境保护的法律体系，加强环境保护的科学研究，把环境保护建立在法制轨道和科技进步的基础上。此外，初步规划出到本世纪末中国环境保护的主要指标、步骤和措施。此次会议具有鲜明的中国特色，为我国环境保护事业长足发展奠定了基础。

1989年4月28日至5月1日，第三次全国环境保护会议在北京召开。此次会议在认真总结了实施建设项目环境影响评价、"三同时"、排污收费三项环境管理制度的成功经验的基础上，提出要加强制度建设、深化环境监管、向环境污染宣战，促进经济与环境协调发展，并提出了环境管理的新五项制度。会议通过了两份重要文件和两个指导性的工作目标。两份文件分别是：《1989—1992年环境保护目标和任务》和《全国2000年环境保护规划纲要》。两个指导性的工作目标是：在治理整顿中建立环境保护工作新秩序；努力开拓有中国特色的环境保护道路。会议形成了"三大环境政策"，即环境管理要坚持预防为主、谁污染谁治理、强化环境管理三项政策。其中，

"预防为主"的指导思想是指在国家的环境管理中，通过计划、规划及各种管理手段，采取防范性措施，防止环境问题的发生。"谁污染谁治理"原则是指对环境造成污染危害的单位或者个人有责任对其污染源和被污染的环境进行治理，并承担治理费用。"强化环境管理"的主要措施包括：制定法规，使各行各业有所遵循，建立环境管理机构，加强监督管理。

1996年7月，国务院召开的第四次全国环境保护会议，提出保护环境是实施可持续发展战略的关键，保护环境就是保护生产力。并通过了《关于加强环境保护若干问题的决定》的文件，明确了跨世纪环境保护工作的目标、任务和措施。这次会议确定了坚持污染防治和生态保护并重的方针，实施《污染物排放总量控制计划》和《跨世纪绿色工程规划》两大举措。全国开始展开了大规模的重点城市、流域、区域、海域的污染防治及生态建设和保护工程。环境保护工作进入了崭新的阶段。

第五次全国环境保护会议于2002年1月8日在北京召开，会上提出了环境保护是政府一项重要职能。会议主题是贯彻落实国务院批准的《国家环境保护"十五"计划》，部署"十五"期间环境保护工作。要按照社会主义市场经济的要求，动员全社会的力量做好这项工作，本次会议的意义在于提出了必须把环境保护放在更加突出的位置。时任国务院总理朱镕基在会上指出，保护环境是我国的一项基本国策，是可持续发展战略的重要内容，直接关系现代化建设的成败和中华民族的复兴。并强调"十五"期间，环境保护既是经济结构调整的重要方面，又是扩大内需的投资重点之一。要明确重点任务，加大工作力度，有效控制污染物排放总量，大力推进重点地区的环境综合整治。凡是新建和技改项目，都要坚持环境影响评价制度，不折不扣地执行国务院关于建设项目必须实行环境保护污染治理设施与主体工程"三同时"的规定。要注意保护好城市和农村的饮用水源。决不允许再发生工厂污染江河、水库的事情。要切实搞好生态环境保护和建设，特别是加强以京津风沙源和水源为重点的治理和保护，建设环京津生态圈。要抓住当前有利时机，进一步扩大退耕还林规模，推进休牧还草，加快宜林荒山荒地造林步伐。在大力发展旅游业的同时，千万要注意加强风景名胜区和旅游点的环境保护，绝不能破坏自然景观、人文景观。

第六次全国环境保护会议于 2006 年 4 月 17—18 日在北京召开，会上提出了推动经济社会全面协调可持续发展的方向。此次会议在总结"十五"期间的环保工作的基础上，提出必须把环境保护摆在更加重要的战略位置。时任国家总理温家宝总理强调，做好新形势下的环保工作，要加快实现三个转变：一是从重经济增长轻环境保护转变为保护环境与经济增长并重，在保护环境中求发展。二是从环境保护滞后于经济发展转变为环境保护和经济发展同步，努力做到不欠新账，多还旧账，改变先污染后治理、边治理边破坏的状况。三是从主要用行政办法保护环境转变为综合运用法律、经济、技术和必要的行政办法解决环境问题，自觉遵循经济规律和自然规律，提高环境保护工作水平。明确三个转变是对我国经济与环境关系的根本性调整，是环境保护道路的重大创新，是优化资源配置的重大改革；明确三个转变的核心就是要坚决摈弃以牺牲环境换取经济增长的做法，坚持以保护环境优化经济增长，促进环境与经济相互促进、相互协调、内在统一；明确三个转变无论是从经济与环境的关系来看，还是从人与自然的关系来看，无论是从环境保护的发展模式来看，还是环境保护的资源配置来看，都是全局性、整体性、战略性、方向性、根本性的变化，是历史性的转变。

2011 年 12 月 20—21 日，在加快转变经济发展方式的攻坚时期，在系统总结"十一五"环保工作的基础上，为全面部署"十二五"环境保护工作任务在北京召开了第七次全国环境保护大会。会议期间李克强总理在系统分析当前环境保护工作存在突出问题和深层次矛盾的基础上，明确提出要坚持在发展中保护、在保护中发展，积极探索代价小、效益好、排放低、可持续的环境保护新道路，切实解决影响科学发展和损害群众健康的突出环境问题，全面推进我国环保事业新发展。为此，时任环保部部长周生贤强调，当前环保大政方针已定，任务措施明确，关键是心无旁骛狠抓落实，并作出六个方面的指示：一是在统一思想认识上抓落实。牢固树立不以牺牲环境为代价换取一时一地的发展和繁荣，不单纯追求经济增长无视资源环境的瓶颈约束的发展理念，积极探索走出一条代价小、效益好、排放低、可持续的环保新道路。二是在组织实施环保规划上抓落实。各地区要制定"十二五"环境保护重点工程项目实施计划，建立项目责任制，明确各项工程的责任单位、进度要求和资金来源，确保领导到位、措施到位、投入到位。三要在实现"十二五"良好开局上抓落实。正确处理好经济发展与环境保护的关系，切实解决影响科学发展和损害群众健康的突出环境问题，继续抓好污染减排，不断推动环保事业迈上新台阶。四要在着力解决突出问题上抓落实。优先解决大气、重金属、化学品、土壤、持久性有机物等污染问题，力求尽早取得突破。进一步深化"以奖促治"和"以奖代补"政策，大力推进农村环境综合整治。继续加强环境监测、监察、应急、信息、宣教等基础能力建设，有效防范环境风险和妥善处置突发环境事件，切实保障环境安全。五要在提高环保监管水平上抓落实。严格执行环境影响评价制度，科学设定环境准入门槛，制定实施分区域分阶段的环境保护标准，加强对产业布局、结构和规模的统筹。强化环境执法监管，继续开展环保专项行动和日常执法检查，严格依法办事，坚决清理地方土政策，严厉查处环境违法行为。六要在加强组织领导和部门协作上抓落实。各有关部门要按照职责分工，各司其职，各负其责，出台有利于环境保护的政策措施，将环保任务完成情况纳入绩效考核，实行环境保护"一票否决"制。

2. 中国环境保护政策的演变

三十多年来，围绕七次环境保护会议，中国制定了《中华人民共和国环境保护法》一部，形成有关环境保护的重大决策和行动达130余项，为加强环境保护工作国务院先后发布五个《决定》，这些成果表明环境保护在国家经济和社会发展中的战略地位逐步提升。本书依据不同时期所发展的环境保护政策大事记将我国环境政策历程划分为起步、发展、完善和深入四个阶段。

（1）环境保护政策的起步阶段（1973—1978 年）

中华人民共和国成立之初，由于经济发展水平尤其是工业化程度相对较低，环境并未成为社会发展中的问题。之后，随着"一五"计划时期重工业优先发展战略的实施，环境污染和生态恶化开始出现，但仅表现为局部个别现象，仍未形成真正意义上的"环境问题"。因此，直到1972年之前，我国并未制定和实施具体的环境保护政策，只在相关法规中提出了一些环境保护的职责和内容。直到1972年参加完第一次人类环境会议之后，中央开始逐步认识到环境保护的重要性，并于次年召开第一次全国环境保护会议，审议通过了中国第一个具有法规性质的环境保护文件——《关于保护和改善环境的若干规定》，标志着严格意义上的中国环境保护事业开始兴起。

该《规定》作出十个方面环保政策规定：做好全面规划；工业要合理布局；逐步改善老城市环境；综合利用、化害为利；加强对土壤和植物的保护；加强水系和海域的管理；植树造林、绿化祖国；认真开展环境监测工作；大力开展环境保护的科学研究工作，做好宣传教育；环境保护所必要的投资、设备要安排落实。这一规定在1973—1978年期间起到了临时环保法的作用。

1978年3月5日，五届人大一次会议通过了《中华人民共和国宪法》，明确规定："国家环境保护和自然资源，防止污染和其他公害"，并首次将环境保护确定为国家的一项基本职责，将自然保护和污染防治确定为环境保护和环境法关注的两大领域。因此，我国环境法律体系的建立也起步于此。同年年底，中共中央批准国务院环境保护领导小组的《环境保护工作汇报要点》，首次对环保工作作出批示："我国环境污染在发展，有些地区达到了严重程度，影响广大人民的劳动、工作、学习和生活，危害人民群众的健康和工农业生产的发展，群众反映强烈。"同时指出："消除污染、保护环境，是进行经济建设、实现四个现代化的一个重要组成部分。"这项政策定位使环境保护由一项临时性工作转变为长期性工作。最后，中共中央特别指出："我们绝不能走先建设后治理的弯路，我们要在建设的同时就解决环境污染问题。"

（2）环境保护政策的发展阶段（1979—1990年）

改革开放之后，随着以市场化为导向的经济改革的逐步实施，我国经济发展战略从重工业化优先发展转向现代化。同时，社会发展也从片面追求经济增长战略向经济兼顾社会发展的方向转型，与经济发展和居民生活有着密切联系的环境保护也逐渐引起更多重视。

首先，环境政策发展阶段的一个重要变化就是将环境保护真正纳入法制轨道，开始强调运用法律手段防治污染。1979 年颁布了《中华人民共和国环境保护法（试行）》。该法确立了"谁污染，谁治理"的原则；并规定了环境影响评价制度，要求某些有可能破坏环境的经济建设项目必须事先经由环境部进行环境影响评估，其建设必须征得环境部门的同意。同时，该法明确规定中央政府设立环境保护机构，省级政府设立环境保护局，各市州县根据需要设立环境保护局。另外，它系统地提出"保护自然环境"的要求并把它置于"防治污染"之前，在当时重视防治污染轻视生态保护的氛围中显示出对生态保护的高度重视，是中国环保思想的重大发展。

随着第二次全国环境保护会议的召开，环境保护被确立为一项基本国策。自此之后，环境保护作为一项重要内容被写入历年政府工作报告。也就是说，环境保护被正式纳入国民经济和社会发展计划之中。届时，环境保护三大政策和八项制度的政策体系逐步形成。其中，三大政策包括预防为主，防治结合；谁污染，谁治理；强化环境管理。五项制度是指：环境保护目标责任制；城市环境综合整治定量考核制度；排污许可证制度；污染集中控制；限期治理制度。

在对《环境保护法（试行）》进行修改和总结的基础上，1989 年年底颁布《中华人民共和国环境保护法》。该法正确地界定了"环境"的定义、范围，明确了环境法的调整对象，确立了"环境保护与经济、社会发展相协调"的原则。随后，1990 年年底《国务院关于进一步加强环境保护工作的决定》发布。该《规定》针对当前环保工作的实际提出八项基本要求：严格执行环境保护法律法规；依法采取有效措施防治工业污染；积极开展城市环境综合整治工作；在资源开发利用中重视生态环境的保护；利用多种形式开展环境保护宣传教育；积极研究开发环境保护科学技术；积极参与解决全球环境问题的国际合作；实行环境保护目标责任制。至此，中国环境政策的基本地位、战略目标、战略步骤、制度框架等都得以确立，开始形成一个比较严密完整、具有较强力量的政策体系，从而为之后中国环境保护政策发展完善奠定了基础。

（3）环境保护政策的完善阶段（1991—2002年）

20世纪90年代开始，在现代化战略的基础上，中国逐步形成强调环境与经济同步、协调、持续发展的可持续发展战略，环境政策进入完善阶段。

首先，继联合国环境与发展会议之后，于1992年8月中国依据国情制定了第一份环境与发展方面的纲领性文件——《环境与发展十大对策》，提出中国环境与发展的"十大对策"。主要包括：①实施持续发展战略：走可持续发展道路，是加速我国经济发展，解决环境问题的正确选择；重申"三同步"战略方针和坚持"三同时"制度两个内容。②四项重点战略任务：采取有效措施，防治工业污染；深入开展城市环境综合整治，认真治理城市"四害"；提高能源利用效率、改善能源结构；推广生态农业，坚持不懈地植树造林，切实加强生物多样性保护。③四项战略措施：大力推进科技进步，加强环境科学研究，积极发展环保产业；运用经济手段保护环境；加强环境教育，不断提高全民族的环境意识；健全环境法制，强化环境管理。此外，参照环境和发展大会精神，制定中国的行动计划。如《中国环境保护战略》《中国逐步淘汰破坏臭氧层物质的国家方案》《中国21世纪议程》《中国生物多样性保护行动计划》《中国温室气体排放控制问题与对策》等。

其次，借用第四次全国环境保护会议召开契机，将可持续发展战略同科教兴国战略摆在现代化建设的重要位置。随后，通过发布《国务院关于环境保护若干问题的决定》，提出实施一系列比以往更加严格的环保措施，包括：坚持环境与发展综合决策，加强环境法制建设；采取《污染物排放总量控制计划》和《中国跨世纪绿色工程规划》等重大举措，遏制环境恶化趋势；拓宽环保资金渠道，增加环保投入；坚持污染防治与生态保护并举，全面推进环保工作；贯彻科教兴国战略，提高环境科学技术水平，认真实施科教兴国战略，提高科技进步在环境保护中的贡献率，有效遏制环境污染和生态恶化；加强环境宣传教育，提高全民族的环境意识；加强环境领域的国际合作与交流。

最后，在第五次全国环保会议召开期间，时任国家总理朱镕基强调环境保护在结构调整中大有可为，要求严格执行环境影响评价和"三同时"制度；并着重指出加强生态建设和生态保护的重要性，特别要加强西部地区生态环境保护，保障国家环境安全，要求继续开展生态环境警示教育，树立忧患意识，增强保护环境的责任心和紧迫感；同时，强调加强环境保护队伍和制度建设，要求各级环保部门严格执法，提高素质，兢兢业业，奉公守法。至此，环境保护已成为政府的一项重要职能，环境保护也不仅仅是环保部门的事情，要求各个有关部门密切配合，各负其责，动员全社会力量做好这项工作。

（4）环境保护政策的深化阶段（2003—2016 年）

经过前期的发展和积累，我国环境政策框架已基本确立。进入 21 世纪以来，我国经济社会发展强调走新型工业化道路，优化产业结构，发展循环经济，建设资源节约型和环境友好型社会。因此，之后环境政策变革的方向，就是根据新时期要求，不断完善环境管理体制、机制和法制，加强环境立法，促进环境资源保护与合理开发利用，保障经济社会全面协调可持续发展。以科学发展观为契机，进一步丰富和深化环境保护政策。

首先，随着国务院《关于落实科学发展观加强环境保护的决定》的发布，我国环境保护工作进入了以科学发展观引领的新阶段。之前四个《决定》中，涉及环境保护与经济发展的关系时，我们始终贯穿"环境保护与经济和社会发展相协调"的指导思想，且把经济建设放在环境保护的前面，而在这次《决定》明确提出要"促进地区经济与环境协调发展"，并首次提出在一定的地区"坚持环境优先""保护优先""禁止开发"。表明我国的环境保护指导思想和环境政策已经有了重大的战略性转变，它对我国今后一个时期正确处理环境与经济、保护与发展的关系及其环境保护立法将产生深远影响。

之后，2006 年 4 月 17 日召开的第六次全国环境保护会议，提出要从主要用行政办法保护环境转变为综合运用法律、经济、技术和必要的行政办法解决环境问题。以此会议为标志，中国环保工作进入了以保护环境优化经济增长的新阶段，主要目标是建设资源节约型、环境友好型社会，主要任务是推进历史性转变。另外，我国环境政策深化阶段的另一个重要标志，就是 2008 年国家环境保护总局升格为环境保护部。

2011 年发布的《国务院关于加强环境保护重点工作的意见》针对环境保护中存在的产业结构和布局仍不合理、污染防治水平仍较低、环境监管制度尚不完善等问题，提出从全面提高环境保护监督管理水平，着力解决影响科学发展和损害群众健康的突出环境问题，改革创新环境保护体制机制三个方面，进一步深化环境保护工作，不断提高生态文明建设水平。党的十八届三中全会进一步将生态文明建设提高到中国特色社会主义事业总体布局的高度加以阐述和部署，对环境保护工作提出更高的要求。

二、中国资源节约与环境保护政策工具

中国环境政策历史演变过程的总体趋势是：从末端治理到清洁生产，发展循环经济；从污染控制到生态保护，再到生态文明；从点源治理到流域与区域环境管理；从以行政命令为主导的环境管理到利用技术、经济、法律、教育等多种手段的环境管理，全方位建设资源节约型和环境友好型社会；从强调国家在环境管理中的作用到强调政府、企业、公民在环境保护过程中的综合作用。在此过程中，基于要实现的环境目标，中国政府设计了各种类型的环境政策工具。本节从环境政策的基本作用机理出发，依据作用方式，对我国各类环境政策工具进行系统梳理。

（一）环境政策及其主要政策工具

环境政策根植于负外部性理论，作为公共政策的一部分，是政府干预

经济的一种方式。由于最初的环境政策以行政控制手段为主，环境政策在早期又称环境规制。如马乔纳（Majone，1976）阐释了环境规制的具体调控范围，即为了阻止企业在经济生产中忽视公共利益，政府所采取的控制私人企业的价格、产出、产品质量的一系列措施，主要包括价格管制、环境健康和安全标准、企业生产许可证等手段。[①] 后来，随着政府干预经济方式的多样化，弗朗西斯（Francis，1993）拓宽了环境管制的最初含义，从更广泛的角度定义了环境管制，即为实现公共目的政府对私人经济活动的所有干预方式。[②] 它不仅包括控制措施也涉及激励措施。其中，激励政策又称间接管制或隐性管制，主要指通过税收减免、补贴、押金退还、经济刺激等手段激励企业进行环境保护。目前，关于环境政策的研究，大部分都采用弗朗西斯的表述。如国内学者赵玉民等（2009）将环境规制重新界定为，以环境保护为目的，以个体、组织为对象，以有形制度或无形意识为存在形式的一种约束性力量，其可以分为显性环境规制和隐性环境规制。[③] 前者主要是指以环保为目标、个人和组织为规制对象的各种有形的法律法规、协议等，而后者则主要指嵌入在个体或组织内部的无形的环保思想、理念、意识和态度等。

由此可以看出，环境政策的本质是赋予环境质量以经济价值或纠正被低估的环境投入要素的市场价格，进而将环境成本内部化。在实践中存在两种广泛采用的方式：一是设置能源使用技术标准或污染物排放标准，禁止能源资源过度消耗或削减已排放的污染物，从而限定污染物排放水平；二是给污染物赋予合适的经济价值，通过价格机制引导污染者去决定是否继续排放污染物。自 20 世纪 60 年代以来，为缓解日益严重的环境问题，遵循上述两种思路，世界各国依据自身国情发展了不同形式的环境政策工具。依据实施方式，这些政策工具可归为四大类：命令—控制型工具（也

---

① Majone G., "Choice among Policy Instruments for Pollution Control", *Policy Analysis*, No. 4, 1976.

② Francis J., *The Politics of Regulation: A Comparative Perspective*, Blackwell, 1993.

③ 赵玉民、朱方明等：《环境规制的界定、分类与演进研究》，《中国人口·资源与环境》2009 年第 6 期。

称管制手段)、市场基础型工具、自愿协议、环境管理系统和信息服务。
其中，每大类又包括多种具体的工具形式，如表3.5所示。

表3.5　环境政策工具分类

命令—控制型	市场基础型	自愿协议	环境管理系统和信息服务
产品标准	环境税	技术条约	环境标志
市场准入	鼓励金	建立网络	污染物清单（英国）
产品禁令	能源税	环境协议	绿色评价项目（印度）
技术标准	环境补贴	环境认证	有毒物质排放清单（美国、韩国）
限期治理	押金返还	环境审计	污染物排放和转移登记（日本、欧盟）
环境绩效标准	排污权交易	生态标签	
生产工艺的管制	可贸易许可证	创新弃权书	

资料来源：赵细康：《引导绿色创新——技术创新导向的环境政策研究》，经济科学出版社 2006 年版。

命令控制型手段是指行政部门制定的，直接约束经济主体使其作出利于环境保护选择的法规和政策制度。主要包括技术标准、排污总量控制标准、能耗标准（单位产值能耗、单位产品能耗）、限期治理等。这类政策工具能迅速改善环境质量，但其执行成本较高。同时，政策制定者在对各经济主体的环境危害度缺乏充足信息的情形下，对所有主体实行统一标准，限制了个体在环境保护方面的灵活性，进而损失环保效率。

为了弥补命令—控制型工具的不足，市场基础工具主要通过市场机制利用价格手段约束或激励生产者行为或改变消费者偏好，使经济主体在选择环境技术时有一定的自主性和灵活性，一定程度上提高环境保护的效率（奥姆斯特德，Olmstead，2010）[1]。主要工具包含环境税、能源税、环境补贴、排污权交易、拍卖、税收返还或减免等。然而，该政策工具的有效性严重依赖于成熟的市场经济体系，对于市场体系不健全的经济体而言，

---

[1]　Olmstead S. M., "Applying Market Principles to Environmental Policy", in Vig N. J., Kraft M. E. (Eds.), *Environmental Policy: New Directions for the Twenty-First Century*, CQ Press, 2010.

其效用受到较大限制。另外，作为一种间接的调控手段，此类政策工具的效应具有时滞性，对于急需解决的环境问题将不太适用。

环境管理和信息服务系统，又称信息提供工具，主要是指通过减少信息不对称，加强关于环境保护信息的披露，它是消费者参与环境保护行动的重要依据。正如联合国欧洲经济委员会发言人斯坦利·琼斯在 2009 年《污染物排放与转移登记制度议定书》签署发布会上所指出的："在环境问题上，公众享有知情权、参与权和监督权。公众只有及时获取准确的环境信息，才能有效地参与环境政策的制定和监督企业的污染行为。"目前，在各个国家存在不同形式的环境管理和信息服务系统，如欧盟和日本的污染物排放与转移登记系统，美国与韩国的有毒物质排放清单系统以及印度的绿色评价项目等。

近年来，为了克服污染物减排方面的信息不对称和复杂的委托—代理问题，依据激励相容机制，政策制定者还设计了自愿式的政策工具。作为一种非强制性手段，此类政策工具有效地弥补行政手段或市场调节机制的不足，激励生产者和消费者主动减少"逆向选择"和"道德风险"，进而提高企业环境保护的自主性和灵活性。其基本程序是工业企业在政府的引导下，自愿地签定环保协议，政府则为其提供相应的优惠措施。在实施过程中需要第三方对企业的环境保护潜力和目标进行科学的评估。以自愿协议的方式完成环境保护目标，已成为许多发达国家广泛采用的措施，如荷兰、美国、加拿大、日本等国家已逐渐以各种形式开展了类似的环境保护自愿协议活动，如技术条约、建立网络、创新弃权书、环境协议、生态标签等。

（二）中国命令—控制型资源环保政策工具

由于命令—控制型政策工具能够较快地产生效果，其成为我国资源环保政策制定者的首选。包括制定修订相关法律法规、完善资源环保技术标准体系等。

1. 资源节约和环境保护的法律法规

法律法规是资源节约和环境保护的重要保障。1979 年颁布的《中华人民共和国环境保护法（试行）》标志着我国环境法体系开始建立。随后，不同环保领域的法律规范相继制定，包括《海洋环境保护法》（1982 年）、《水污染防治法》（1984 年）、《大气污染防治法》（1987 年）、《森林法》（1984 年）、《草原法》（1985 年）、《渔业法》（1986 年）、《矿产资源法》（1986 年）、《土地管理法》（1986 年）、《水法》（1988 年）、《野生动物保护法》（1988 年）等。

之后，随着 1989 年《环境保护法》在第七届全国人大常委会第十一次会议通过，去掉"试行"二字的新环境保护法问世，标志着我国环境法制进入了一个新阶段。我国环境法的发展明显加快，出现了又一个立法高潮。全国人大常委会相继制定、修订了《大气污染防治法》（1995）、《固定废物污染环境防治法》（1995 年）、《水污染防治法》（1996 年修订）、《环境噪声污染防治法》（1996 年）、《水土保持法》（1991 年）、《矿产资源法》（1996 年修订）、《煤炭法》（1996）、《能源节约法》（1997）等。同时，国务院和有关部门也制定了大量环境方面的行政法规和部门规章。也就是说，到 20 世纪末，我国资源环境法的体系已经初步形成。

进入 21 世纪以来，国家对资源环保法更加重视。一方面依据现实发展要求，对先前的法律进行修订，包括《土地管理法》（1998 年和 2004 年分别修订）、《渔业法》（2000 年修订）和《大气污染防治法》（2000 年修订）；另一方面针对新时期的现实问题，陆续颁布新法律，如全国人大常委会共制定《海域使用管理法》（2001 年）、《防沙治沙法》（2001 年）、《环境影响评价法》（2002 年）、《清洁生产促进法》（2002 年）、《放射性污染防治法》（2003 年）等。值得一提的是，2003 年党中央提出了科学发展观的重大主张。这对我国的环境立法是极大的支持和推动。在此之后，全国人大常委会再次修订了《固体废物污染防治法》（2004 年修订）、《能源节约法》（2007 年修订）、《水污染防治法》（2008 年修订）。同时，新制定了《可再生能源法》（2005 年），初次审议了《循环经济法（草案）》（2006 年）。此处对修订的《能源节约法》《水污染防治法》中的新规定及《可再生资源法》的内容进行简要论述。

《能源节约法》是中国节约能源的一部综合性法律，涵盖了能源管理诸多方面的重要内容，同时也是中国开展能源管理的重要法律依据。2007年修订后的《能源节约法》自 2008 年 4 月 1 日开始执行，其中新增内容主要包括：①强调能源节约的战略重要性。修改后的《能源节约法》第四条明确规定："节约资源是中国的基本国策，国家实施节约与开发并举、节约是能源发展战略的首位。"②拓宽该法律调控范围，新增建筑节能、交通运输节能、公共机构节能，并专门规定了钢铁、有色、煤炭、电力、化工等重点用能单位的节能义务。③健全了节能标准和监管制度，包括节能评估、能源审计等。④新增能源节约的多项激励措施，包括安排节能专项资金，实施税收优惠，鼓励先进节能技术、设备的进口，控制高耗能、高污染产品出口。同时引导金融机构增加对节能项目的信贷支持，并实施有利于能源节约的价格政策等。⑤明确了节能管理和监督主体。明确了国家和地方各级政府及有关部门对节能工作的领导、监督检查及管理的职责，并实施节能目标责任制，将节能目标作为地方政府及其负责人考核评价内容。⑥强化了节能工作的法律责任，对私人或公共机构违反能源法律法规提供了法律依据。如明确房地产开发企业违法建筑能效标准的处罚规定，规定了从事节能咨询、评估、检测、审计、认证等服务的提供虚假信息者的法律责任。

《水污染防治法》是为了防治水污染，保护和改善环境，保障饮用水安全，促进经济社会全面协调可持续发展而制定的法规。2008 年修订后的《水污染防治法》自 2008 年 6 月 1 日开始施行，其中新增内容主要包括：①从立法目的、水污染防治的指导原则、在结构上加设"饮用水水源保护"专章、加重危害饮用水行为的法律责任等方面突出饮用水安全，完善饮用水源保护区管理制度。②明确违法界限。新修订后的《水污染防治法》第九条规定："排放水污染物，不得超过国家或者地方规定的水污染物排放标准和重点水污染物排放总量控制指标。"同时，第四十五条第一款规定，向城镇污水集中处理设施排放水污染物，应当符合国家或者地方规定的水污染物排放标准。③拓展重点水污染物排放总量控制的适用水体。不再局限于排污达标但质量不达标的水体，要求地方政府将总量控制指标逐级分解落实到基层和排污单位，并强调除国家重点水污染物外，允许省级政府确定本行政区域实施总量控制的"地方重点水污染物"。④全面推行排污许可证制度，规范企业排污行为。⑤将生态补偿机制写进法律。第七条规定"国家通过财政转移支付等方式，建立健全对位于饮用水水源保护区区域和江河、湖泊、水库上游地区的水环境生态保护补偿机制。"⑥关注农业和农村水污染防治。第四十九条和第五十条分别规定："国家支持畜禽养殖场、养殖小区建设畜禽粪便、废水的综合利用或者无害化处理设施。畜禽养殖场、养殖小区应当保证其畜禽粪便、废水的综合利用或者无害化处理设施正常运转，保证污水达标排放、防止污染水环境"；"从事水产养殖应当保护水域生态环境、科学确定养殖密度，合理投饵和使用药物，防止污染水环境"。

《可再生能源法》是针对风能、太阳能、水能、生物质能、地热能、海洋能等非化石能源而制定的，主要包括：资源调查与发展规划；产业指导与技术支持；推广与应用；价格管理与费用分摊；经济激励与监督措施。尤其强调与可再生能源发电有关的规定，即电网企业与合法的可再生能源发电企业签订并网协议，全额收购其电网覆盖范围内可再生能源并网发电项目的上网电量，并为可再生能源发电提供上网服务。除此之外，国家还针对相关领域制定了一些具体规定。例如，土地节约条例、节水条例、节能条例，为批复的新工程设置能源效率和污染物排放标准。

2. 资源节约和环境保护相关的技术标准体系

（1）水资源节约技术标准

为促进节水型产品的发展以及推广使用，国家相关部门根据企业和社会发展的需要，针对不同产品或技术制定了一系列标准。据统计，截至2012年8月以前批准发布的有关节水型产品的测试和管理等标准52项，其中国家标准44项、城镇建设行业标准6项、建筑行业标准2项（如表

3.6所示）。

表3.6 节水技术标准体系

标准名称	标准适用目标	执行标准号
《节水型产品技术条件和管理通则》	农业灌溉与城市园林绿化灌溉、工业及民用冷却塔、生活洗衣机、卫生间便器系统和水嘴（水龙头）等产品的生产企业	GB/T 18870 – 2002
《节水型产品通用技术条件》	灌溉设备、生活节水型用水器具、节水型冷却塔及塔芯部件、塑料输水管材与管件、量水设备等设备基于产品及其生产企业和相关认证机构	GB/T 18870 – 2011
《节水型企业评价导则》	节水型企业	GB/T 7119 – 2006
《取水定额》	火力发电、钢铁、石油、纺织、造纸、啤酒、酒精、合成氨、味精、医药产品、选煤、氧化铝、乙烯、毛纺织、白酒、电解铝等	GB/T l8916
《节水型卫生洁具》	节水型坐便器、蹲便器、淋浴花洒等8类产品	GB/T 31436 – 2015

资料来源：笔者依据国标委发布的相关文件整理而得。

  针对大多数用水产品的节水水平低以及节水型产品数量少、技术含量低、质量稳定性差等现象，水利部、国家标准化委员会（简称"国标委"）、国家认证认可监督管理委员会于2002年3月25日联合发布了《节水型产品技术条件和管理通则》。该通则对涉及灌溉设备、冷却塔、洗衣机、卫生间便器系统、水嘴（水龙头）五大类产品节水性能进行的技术规范。2011年，此通则被改名为《节水型产品通用技术条件》，增加了"节水技术""节水型家用洗衣机""节水型水嘴""节水型便器"和"节水型冷却塔"的术语与定义，并对"节水型产品"的定义进行了修订。同时，取消各类节水产品的"生产行为规则"条款并增加了"通则"一章。

  同时，为限制高耗水工业行业的用水量，国家在考虑现实生产技术和管理条件的基础上，对企业生产的单位产品或单位产值规定标准取水量，即取水定额标准。截至 2016 年年初，国标委已针对 23 个行业制定了取水定额国家标准（GB/Tl8916）共计 23 个。其中，正式发布且仍然有效的取水定额标准包括该国家标准的第 1—16、18、19 以及 23 等 19 个部分，而有四个部分分别是关于堆积铝矿生产的第 17 部分、化纤长丝织造产品的第 20 部分、长丝织造产品的第 21 部分、丝绸产品的第 22 部分的取水定额正在征求意见。同时，考虑到 2015 年发布的关于铜冶炼、铅冶炼生产以及柠檬酸制造的第 18、19 以及 23 三个部分的取水定额标准到 2016 年 5 月 1 日正式实施，此处仅列出前 16 部分的行业取水定额标准（如表 3.7 所示）。

表 3.7　16 个行业取水定额国家标准

行业	现有企业取水定额	新建企业取水定额	执行标准号
火力发电	根据不同冷却形式以及不同容量，取水定额标准不同	根据不同冷却形式以及不同容量，取水定额标准不同	GB/Tl8916.1 – 2012
钢铁	普通钢厂取水定额≤4.9 立方米/吨，特殊钢厂 ≤7.0 立方米/吨	普通钢厂和特殊钢厂取水量定额均≤4.5 立方米/吨	GB/Tl8916.2 – 2012
石油炼制	原（料）油取水量定额≤0.75 立方米/吨	原（料）油取水量定额≤0.60 立方米/吨	GB/Tl8916.3 – 2012
纺织染整	棉纺化纤及混纺织物取水定额≤3 立方米/100 米，棉纺化纤及混纺织物及纱线≤150 立方米/吨，真绸机织物≤4.5 立方米/100 米，精梳毛织物≤22 立方米/100 米	棉纺化纤及混纺织物取水定额≤2 立方米/100 米，棉纺化纤及混纺织物及纱线≤100 立方米/米，真绸机织物≤3.0 立方米/100 米，精梳毛织物≤18 立方米/100 米	GB/Tl8916.4 – 2012
造纸	根据不同产品，取水量定额不相同	根据不同产品，取水量定额不相同，详见附录 2	GB/Tl8916.5 – 2012
啤酒制造	千升啤酒取水量≤6 立方米/千升	千升啤酒取水量≤5.5 立方米/千升	GB/Tl8916.6 – 2012

续表

行业	现有企业取水定额	新建企业取水定额	执行标准号
酒精制造	以谷类、薯类为原料的千升酒取水量≤25立方米/千升，以糖蜜为原料的≤30立方米/千升	以谷类、薯类为原料的千升酒取水量≤15立方米/千升，以糖蜜为原料的≤15立方米/千升。规定对于先进企业而言，上述两类原料的取水定额均为≤10立方米/千升	GB/T18916.7-2014
合成氨	以天然气为原料的合成氨单位取水量≤13立方米/吨，以渣油为原料的≤14立方米/吨，以煤为原料的≤27立方米/吨		GB/T18916.8-2006
味精制造	吨味精取水量≤50立方米/吨	吨味精取水量≤30立方米/吨；先进企业的取水定额标准为≤25立方米/吨	GB/T18916.9-2014
医药产品	单位化学原料药（维生素c）产品取水量定额不大于235立方米/吨，单位化学制药中间体（青霉素工业盐）≤480立方米/吨		GB/T18916.10-2006
选煤	根据不同年入洗原煤量，不同单位、不同上下限取水量定额不同		GB/T18916.11-2012
氧化铝生产	拜尔法单位取水量定额≤3.5立方米/吨，烧结法≤5.0立方米/吨，联合法≤4.0立方米/吨	拜尔法单位取水量定额≤2.5立方米/吨，烧结法≤4.0立方米/吨，联合法≤3.0立方米/吨；对先进企业而言，上述三类工艺的取水用额标准分别为小于等于1.5立方米/吨、3.0立方米/吨、2.0立方米/吨	GB/T18916.12-2012

行业	现有企业取水定额	新建企业取水定额	执行标准号
乙烯生产	单位产品取水量定额≤15立方米/吨	单位产品取水量定额≤12立方米/吨	GB/Tl8916.13－2012
毛纺织	洗净毛≤2.0立方米/吨，炭化毛≤25立方米/吨，色毛条≤140立方米/吨，白毛及其他纤维120≤立方米/吨，色纱≤150立方米/吨，毛针织品≤90立方米/吨，精梳毛织物≤22立方米/吨，粗梳毛织物≤24立方米/吨，羊绒制品≤400立方米/吨	洗净毛≤18立方米/吨，炭化毛≤22立方米/吨，色毛条≤120立方米/吨，白毛及其他纤维≤100立方米/吨，色纱≤130立方米/吨，毛针织品≤70立方米/吨，精梳毛织物≤18立方米/吨，粗梳毛织物≤22立方米/吨，羊绒制品≤350立方米/吨	GB/Tl8916.14－2014
白酒制造	千升原酒取水量定额≤51立方米/千升，千升成品酒取水量≤7立方米/千升	千升原酒取水量定额≤43立方米/千升，千升成品酒≤6立方米/千升	GB/Tl8916.15－2014
电解铝生产	电解原铝液取水量≤3.5立方米/吨，重熔用铝锭取水量≤4.0立方米/吨	电解原铝液取水量≤2.5立方米/吨，重熔用铝锭取水量≤3.0立方米/吨。对先进企业而言，上述两类产品的取水定额标准分别为≤1.3立方米/吨和≤1.7立方米/吨	GB/Tl8916.16－2014

资料来源：笔者依据国标委发布的相关文件整理而得。

　　此外，2015年5月15日国标委发布节水型卫生洁具国家标准。规定节水型坐便器用水量应不大于5升；高效节水型坐便器用水量不大于4升。节水型蹲便器大档用水量不大于6升，小档冲洗用水量不大于标称大档用水量的70%；高效节水型蹲便器大档冲洗用水量不大于5升。洁具用水占家庭生活用水的80%，新标准实施将节约厨卫用水量30%以上。

　　（2）能源节约标准

　　绿色标准既是企业实施绿色管理的基础，又是政府加强绿色监督的依据。自"十一五"节能减排工作方案实施以来，国家标准化委员会（简称"国标委"）在节能减排标准化领域共组织制定了 140 余项国家标准，包括 11 项经济运行标准、13 项工业通用设备节能监测标准、25 项强制性能效标准，以及 30 余项企业能源管理等综合性标准，120 余项涉及机械冶金等行业节能标准等（陈雯，2011）。其中，为了与新修订的《节能法》相配套，2008 年 4 月国标委又发布 46 项节能减排国家标准，包括 5 项交通工具燃料经济性标准、11 项终端用能产品（设备）能效标准、22 项高耗能产品单位产品能耗限额标准、8 项能源计量、能耗计算、经济运行等节能基础标准，本书仅对其中重要且应用范围广的上述三种技术标准作简要介绍，如表 3.8 所示。

表 3.8　能源节约技术标准体系

标准名称	标准适用目标	执行标准号
交通工具燃料经济性标准	三轮汽车与低速货车燃料消耗量及测量；载货汽车与载客汽车运行燃料消耗量以及轻型商用车燃料消耗量	GB 21377 - 2008；GB/T 4352 - 2007；GB 20997 - 2007
能源效率标识准则	家用电冰箱、房间空调器、家用电动洗衣机、单元式空气调节机、风管送风式和屋顶式空调机组、自镇流荧光灯、高压钠灯、中小型三相异步电动机、冷水机组、家用燃气快速热水器和燃气采暖热水炉、转速可控型房间空气调节器、多联式空调（热泵）机组、储水式电热水器、家用电磁灶、计算机显示器、复印机、自动电饭锅、交流电风扇、交流接触器、容积式空气压缩机、电力变压器、通风机	第一到第六批《中华人民共和国实施能源效率标识的产品目录》
高耗能产品能耗限额标准	粗钢生产主要工序、常规燃煤发电机组、水泥、建筑卫生陶瓷、烧碱、铜冶炼、锌冶炼、铅冶炼、镍冶炼、黄磷、焦炭、合成氨、铁合金、平板玻璃、电石、电解铝、锡冶炼、锑冶炼、镁冶炼、铝合金建筑性材料、铜及铜合金管材、碳素	GB 21256 - 2007 等 22 种标准

资料来源：笔者依据国标委发布的相关文件整理而得。

交通工具燃料经济性标准是指为了控制汽车行业的能源浪费现象，所规定的各重量段内汽车所要达到的"百公里燃料消耗量"标准。2005年中国首次针对汽车行业发布了《乘用车燃料消耗量限值》（GB19578－2004）标准，规定3.5吨以下的轻型载客车新开发车型两阶段的燃油消耗量限值。其中，一辆整车整备质量为1吨的乘用车在第一阶段的燃料消耗限值为8.3升/百公里，第二阶段限值为7.5升/百公里；两阶段内最大设计总质量为2吨的乘用车的燃料消耗量限值分别为12.8升/百公里和11.5升/百公里；总质量2.5吨以上并小于3.5吨的乘用车燃料消耗量限值分别为15.5升/百公里和13.9升/百公里。第一阶段限值标准从2005年7月1日开始执行，第二阶段标准从2008年1月1日开始执行，按规定未能达标车型将被禁止生产、销售和进口。同时，要求在产车型比新开发车型分别推迟一年执行该标准。"十一五"期间国标委发布的5项交通工具燃料经济性标准，包括3项国家强制性制定标准，分别为《轻型商用车辆燃料消耗量限值》（GB 20997－2007）、《三轮汽车燃料消耗量限值及测量方法》《低速火车燃料消耗量限值及测量方法》（GB 21377－2008）；2项推荐性标准，分别为《载货汽车运行燃料消耗量限值》、《载客汽车运行燃料消耗量限值》（GB/T 4352－2007），除《轻型商用车辆燃料消耗量限值》2008年2月1日开始实施外，其余四项标准均从2008年6月1日开始执行。

能源效率标识，是贴在用能产品上的一种信息标签，表明用能产品能源效率等级和能源效率消耗量、用水量等级等性能指标。一般来说，按照国家公布的能效标识的产品目录，如果指定产品达不到国家规定的能效等级，就不能在中国生产或销售。自2004年《能源效率标识管理办法》发布以来，截至2011年年底，国家发改委、国家质检总局和国家认监委已经组织制定并发布了八批《中华人民共和国实行能源效率标识的产品目录》共涉及家用冰箱等26项用能产品，其中，在"十一五"期间执行标准产品共有22种终端用能产品（设备），如表3.8所示。以家用洗衣机为例，根据《电动洗衣机能耗限定值及能源效率等级》（GB 12021.4－2004）规定，自2007年3月1日起，对额定洗涤容量为13千克及以下的电动洗衣机（不适用于1千克及以下的洗衣机）而言，波轮式和全自动搅拌式洗衣机的单位功效耗电量不得高于 0.032 千瓦时/转/千克，滚筒式的不得高于 0.35 千瓦时/转/千克。

工业生产是中国能源消耗的主体，据国家统计局发布的数据，工业消耗占全国能源消耗总量的 70% 左右，其中钢铁、建材、有色、化工和电力等行业的消耗量又占工业总能耗的近 70%，是工业行业能源消耗大户。为了遏制高耗能行业的发展，提高高耗能产品的能源效率，国标委针对钢铁、建材、有色、石油化工、电力等 22 项高耗能产品，规定了粗钢等 4 项钢铁行业、平板玻璃和水泥等 3 项建材行业、铜冶炼等 10 项有色行业、合成氨等 4 项化工行业和燃煤发电机组 1 项电力行业的企业单位产品的能耗限定值，新建企业单位产品能耗"准入值"和企业单位产品能耗"先进值"指标。以《粗钢生产主要工序单位产品能源消耗限额》（GB 21256 - 2007）标准为例，从 2008 年 6 月 1 日开始，对现有粗钢生产企业而言，其烧结工序单位产品限额限定值为 65 千克标准煤/吨钢；高炉工序单位产品能耗限额限定值为 460 千克标准煤/吨钢；高炉工序单位产品能耗限额限定值为 10 千克标准煤/吨钢。而对于新建企业而言，上述三种工序的能耗限额准入值分别为 60 千克标准煤/吨钢、430 千克标准煤/吨钢、0 千克标准煤/吨钢。上述三者工序的能耗限额先进值分别为 55 千克标准煤/吨钢、390 千克标准煤/吨钢、8 千克标准煤/吨钢。

（3）水污染物排放标准

为贯彻《环境保护法》和《水污染防治法》，控制水污染，保护江河、湖泊、运河、渠道、水库和海洋等地面水以及地下水水质的良好状态，环保部根据国家水环境质量标准和国家经济、技术条件制定，通过实行对浓度控制与总量控制相结合的原则制定排污浓度、数量的最高允许值。迄今环境保护行政主管部门已经颁布了一系列的水污染物排放标准，形成了包括国家污染物排放标准、行业水污染排放标准和地方污染物排放标准在内的中国比较完整的水污染物排放标准体系。①

---

① 冉丹等：《论中国水污染物排放标准的现状及特点》，《环境科学与管理》2012 年第 12 期。

　　国家排放标准是国家环境保护行政主管部门制定并在全国范围内或特定区域内适用的标准。1988年，随着排污收费制度的出台，水污染物排放标准的制定思路由以行业水污染物排放标准为主转变为综合排放标准与行业水污染物排放标准并行的局面，对《工业"三废"排放试行标准》（废水部分）进行了第一次修订，发布了《污水综合排放标准》（GB 8978－1988）。该标准适用范围从单一控制工业污染源改为适用于一切排污单位；增加了部分工业污染源的最高允许排水量，强调对污染源的总量控制；控制污染物由原来的19项增加到40项；配套了标准分析方法。1996年，国家对《污水综合排放标准》再次修订（GB 8978－1996）。新标准提出综合排放标准与行业排放标准不交叉执行的原则；增加了25项难降解有机物和放射性的控制指标，控制项目总数增加至69个；增加了浓度、水量、总量的计算方法。同时，对部分国家行业水污染物排放标准进行了修订，废止了一些排放标准，使水污染物排放标准总数达19个。目前，国家环保部已将《污水综合排放标准》列入第三次修订计划。

　　中国第一个污染物排放标准是行业排放标准，即1973年颁布实施的《工业"三废"排放试行标准》（GBJ 4－73），规定了工业废水、废气和固体废物的排放（控制）要求，其中主要控制的水污染物包括重金属、酚、氰等19项。该标准开启了全国部分行业和地区的水污染治理工作，对中国初期控制工业污染源的重金属污染和酚氰污染起了重要作用。随着1984年水污染防治法的颁布实施，中国对轻工、冶金、石油开发等三十多个主要行业逐步制定了行业水污染物排放标准。同时，针对综合水污染物排放标准不能反映行业污染物的特点，国家环保部门逐渐加快和完善行业水污染物排放标准的制定，逐渐调整为行业水污染物排放标准为主，综合排放标准为辅。到目前为止，国家已经发布行业水污染物排放标准达到63个之多（如表3.9所示）。

　　此外，为适应不同地区水环境保护需求，各地区针对不同污染源制定了更加严格的排放限值标准。目前，中国制定的水污染物排放的地方标准有四十多个，涉及四川、陕西、重庆、海南、广东、湖北、河南、山东、江西、江苏、上海、山西、天津、北京、辽宁、福建和浙江等多个省市。
地方水污染物排放标准体系大体分为"综合型""行业型＋综合型""行
业型＋流域型＋综合型"三种类型（如表3.9所示）。

表3.9 水污染物排放标准体系①

标准类别	标准名称	执行标准号
国家水污染物 排放标准	《污水综合排放标准》	GB/T8978 - 1988 GB/T8978 - 1996
行业水污染物 排放标准	合成树脂、石油炼制、再生铜、铝、铅、锌、无机化学、电池、制革及皮毛加工、合成氨、柠檬酸、麻纺、毛纺、缫丝、纺织染、炼焦化学、铁合金、钢铁、铁矿采选、弹药装药、橡胶制品、发酵酒精和白酒、汽车维修业等	GB 31572 - 2015； GB 31570 - 2015； GB 31574 - 2015； GB 31573 - 2015； GB 30484 - 2013； GB 30486 - 2013； GB 13458 - 2013； GB 19430 - 2013 等
	《城市污水处理厂污水污泥排放标准》《城镇污水处理厂污染物排放标准和管理通则》《天然橡胶加工废水污染物排放标准》《污水排入城镇下水道水质标准》《机械工业含油废水排放规定》等	CJ 3025 - 1993； GB/T 18918 - 2002 NY 687 - 2003； CJ 343 - 2010； JB/T 7740 - 1995 等。
地区水 污染物 排放标准	《辽宁省污水综合排放标准》《天津污水综合排放标准》《上海市污水综合排放标准》等；《渭河水系（陕西段）污水综合排放标准》《山东省半岛流域水污染物综合排放标准》《山东省小清河流域水污染物综合排放标准》等；《陕西省浓缩果汁加工业水污染物排放标准》《重庆市锶盐工业污染物排放标准》《广东省畜禽养殖业污染物排放标准》等	DB 21/1627 - 2008、 DB 12/356 - 2008、 DB 31/199 - 2009 等； DB 61/224 - 200、 DB 37/676 - 2007、 DB 37/656 - 2006 等； DB 61/421 - 2008、 DB 50/247 - 2007、 DB44/613 - 2009 等

资料来源：笔者依据国标委发布的相关文件整理而得。

---

① 环保部：《水污染排放标准》，见 http://kjs. mep. gov. cn/hjbhbz/bzwb/shjbh/swrwpfbz/index. htm。

（4）大气污染物排放标准

1973 年发布的《工业"三废"排放试行标准》规定了二氧化硫、二硫化碳、铅和烟（粉）尘等 13 种大气污染物的排放速率或浓度。但由于"一刀切"的标准无法做到对污染源科学、恰当的管理，1981 年开始，国家开始组织制定钢铁、化工等分行业排放标准。

为贯彻落实国务院《大气污染防治行动计划》，2015 年环境保护部制定并会同国家质检总局发布了关于石油炼制、石油化工、合成树脂、无机化学和再生铜、铝、铅、锌以及火葬场等 6 项国家大气污染物排放标准。到目前为止，已全部完成了"大气十条"要求制定的大气污染物特别排放限值的 25 项重点行业排放标准（如表 3.10 所示）。

（5）生态设计国家标准

2015 年国务院发布的《生态文明体制改革总体方案》提出建立统一的绿色产品体系。将目前分头设立的环保、节能、节水、循环、低碳、再生、有机等产品统一整合为绿色产品，建立统一的绿色产品标准、认证、标识等体系。《中国制造 2025》也提出支持企业开发绿色产品，推行生态设计，显著提升产品节能环保低碳水平，引导绿色生产和绿色消费。在此背景下，国家质检总局和国标委联合发布了《生态设计产品评价通则》（GB/T 32161 – 2015）、《生态设计产品标识》（GB/T 32162 – 2015），并基于产品生命周期评价理论发布家用洗涤剂、可降解塑料、杀虫剂、无机轻质板材 4 种产品的《生态设计产品评价规范》（GB/T 32163.1—4 – 2015）。

3. 淘汰落后产能

生产能力落后是中国能源效率低下和污染物大量排放的主要因素，淘汰落后产能成为节能减排主要措施之一。"十一五"节能减排综合性工作方案确定了包括电力、煤炭、钢铁、水泥、焦炭、有色金属、造纸等重点行业淘汰落后产能的具体目标任务。与此相比，节能减排"十二五"规划中新增加了铜冶炼、铅冶炼、锌冶炼、制革、印染、化纤、铅蓄电池等七个行业，其总淘汰目标如表 3.11 所示。

表 3.10 大气污染物排放标准

标准类别	标准名称	执行标准号
综合	《大气污染物综合排放标准》	GB 16297－1996
特定污染物设施和工艺	锅炉、工业炉窑大气污染物与电镀工业污染物排放标准	GB 13271－2014；GB 9078－1996；GB 21900－2008
特定污染物	恶臭大气污染物排放标准、硫酸工业污染物排放标准	GB 14554－1993；GB 26132－2010
重点行业污染物排放标准	石油炼制、石油化学、合成树脂、无机化学、再生铜、铝、铅、锌、锡、锑、汞、电池、铁矿采选、平板玻璃、橡胶制品、钒、稀土、硝酸、镁、钛、铝、铜、钴、镍、陶瓷、合成革与人造革、煤炭工业污染物排放标准等；火葬场、电子玻璃、水泥、砖瓦、炼焦炉、轧钢、炼钢、炼铁、钢铁烧结、球团、火电厂、铅、锌工业大气污染物排放标准等；加油站、储油库、汽油运输、危险废物焚烧、生活垃圾焚烧大气污染物排放标准等；煤层气（煤矿瓦斯）排放标准（暂行）；饮食业油烟排放标准	GB31570－31573－2015；GB13801－2015；GB 30770－2014；GB 30484－2013；GB 29495－2013；GB 4915－2013；GB 29620－2013；GB 16171－2012；GB 28661－28665－2012；GB 13223－2011；GB 26453－2011；GB 27632－2011；GB 26452－2011；GB 26451－2011；GB 26131－2010；GB 26468－2010；GB 26465－2010；GB 26467－2010；GB 26466－2010；GB 26464－2010；GB 21522－2008；GB 21902－2008；GB 20950－20952－2007；GB 20426－2006；GB 18483－18485－2001

资料来源：笔者依据国标委发布的相关文件整理而得。

表 3.11　"十二五"时期淘汰落后产能目标

行业	内容	"十二五"期间总淘汰目标
电力	大电网覆盖范围内,单机容量在 10 万千瓦及以下的常规燃煤火电机组,单机容量在 5 万千瓦及以下的常规小火电机组,以发电为主的燃油锅炉及发电机组(5 万千瓦及以下);大电网覆盖范围内,设计寿命期满的单机容量在 20 万千瓦及以下的常规燃煤火电机组	5000 万千瓦
炼铁	400 立方米及以下炼铁高炉等	4800 万吨
炼钢	30 吨及以下转炉、电炉等	4800 万吨
电解铝	100 千安及以下预焙槽等	90 万吨
铁合金	6300 千伏安以下铁合金矿热电炉,3000 千伏安以下铁合金半封闭直流电炉、铁合金精炼电炉等	740 万吨
电石	单台炉容量小于 12500 千伏安电石炉及开放式电石炉	380 万吨
焦炭	土法炼焦(含改良焦炉),单炉产能 7.5 万吨/年以下的半焦(兰炭)生产装置,炭化室高度小于 4.3 米焦炉(3.8 米及以上捣固焦炉除外)	4200 万吨
水泥	立窑,干法中空窑,直径 3 米以下水泥粉磨设备等	3.7 亿吨
平板玻璃	平拉工艺平板玻璃生产线(含格法)	9000 万重量箱
造纸	年产 3.4 万吨以下草浆生产装置、年产 1.7 万吨无碱回收的碱法(硫酸盐法)制浆生产线,单条产能小于 3.4 万吨的非木浆生产线,单条产能小于 1 万吨的废纸浆生产线,年生产能力 5.1 万吨以下的化学木浆生产线等	1500 万吨
酒精	3 万吨/年以下酒精生产线(废糖蜜制酒精除外)	100 万吨
味精	年产 3 万吨以下味精生产企业	18.2 万吨
柠檬酸	年产 2 万吨及以下柠檬酸生产企业	4.75 万吨
铜(含再生铜)冶炼	鼓风炉、电炉、反射炉炼铜工艺及设备等	80 万吨

行业	内容	"十二五"期间总淘汰目标
铅（含再生铅）冶炼	采用烧结锅、烧结盘、简易高炉等落后方式炼铅工艺及设备，未配套建设制酸及尾气吸收系统的烧结机炼铅工艺等	130 万吨
锌（含再生锌）冶炼	采用马弗炉、马槽炉、横罐、小竖罐等进行焙烧、简易冷凝设施进行收尘等落后方式炼锌或生产氧化锌工艺装备等	65 万吨
化纤	2 万吨/年及以下粘胶常规短纤维生产线，湿法氨纶工艺生产线，二甲基酰胺溶剂法氨纶及腈纶工艺生产线，硝酸法腈纶常规纤维生产线等	59 万吨
印染	未经改造的 74 型染整生产线，使用年限超过 15 年的国产和使用年限超过 20 年的进口前处理设备、拉幅和定形设备、圆网和平网印花机、连续染色机，使用年限超过 15 年的浴比大于 1:10 的棉及化纤间歇式染色设备等	55.8 亿米
制革	年加工生皮能力 5 万标张牛皮、年加工蓝湿皮能力 3 万标张牛皮以下的制革生产线	1100 万标张
铅蓄电池（含极板及组装）	开口式普通铅电池生产线，含镉高于 0.002% 的铅蓄电池生产线，20 万千伏安时/年规模以下的铅蓄电池生产线	746 万千伏安时

资料来源：《节能减排"十二五"规划》。

截至 2015 年年底前，淘汰单机容量在 10 万千瓦及以下的常规燃煤火电机组、5 万千瓦及以下的常规小火电机组等总计 2000 万千瓦的产能；淘汰 400 立方米及以下炼铁高炉，30 吨以下的炼钢转炉、电炉，炼铁和炼钢行业分别淘汰产能 4800 万吨和 4800 万吨；对铁合金行业，淘汰 6300 千安伏以下热炉、3000 千伏安以下电炉等总计淘汰 740 万吨产能；焦炭行业淘汰炭化室高度 4.3 米以下的小机焦（3.8 米及以上捣固焦炉除外）4200 万吨；淘汰窑径 3.0 米以下水泥机械化立窑生产线、窑径 2.5 米以下水泥干法中空窑（生产高铝水泥的除外）、水泥湿法窑生产线（主要用于处理污泥、电石渣等的除外）、直径 3.0 米以下的水泥磨机（生产特种水泥的除外）以及水泥土（蛋）窑、普通立窑等落后水泥产能，共计 3.7 亿吨；淘汰平拉工艺平板玻璃生产线（含格法）等落后平板玻璃产能 9000 万重量箱；分别淘汰年生产量 3 万吨以下酒精生产线（废糖蜜制酒精除外）和年产量 2 万吨级以下味精生产线 100 万吨和 4.75 万吨。除此之外，对铜（含再生铜）冶炼、铅（含再生铅）冶炼、锌（含再生锌）冶炼分别淘汰产能 80 万吨、130 万吨、65 万吨；对制革、印染、化纤、铅蓄电池等行业分别淘汰 1100 万标张、55.8 亿米、59 万吨以及 746 万千伏安时的落后产能。

（三）中国市场基础型资源环保政策工具

市场作为调节生产行为和消费决策的重要手段，在中国绿色政策中得到一定程度的使用，主要包括直接价格调控、税收、财政补贴等多种形式。

1. 直接价格调整——差别电价政策

价格作为市场调节的中枢神经，是同时调控消费者和生产者行为的重要的工具。考虑到电价是高耗能行业主要的成本，国家发改委在"十一五"时期发布实施了差别电价政策。最初的差别电价政策在 2004 年 7 月制定，主要针对电解铝、电石、铁合金、烧碱、水泥以及钢铁六个高耗能行业。依照能源效率水平，六个行业的所有企业被分为四类：鼓励类、准许类、限制类和淘汰类。对于鼓励类和准许类企业来说，它们的电价与其他工业行业的电价一致，但限制类和淘汰类的企业的电价比普通电价分别高0.02 元和 0.05 元。为了实现节能减排目标，2006 年国家加大了差别电价政策的实施力度，将执行差别电价的行业扩大至 8 个，增添了黄磷和锌冶炼行业。同时，对"限制类"和"淘汰类"的加价标准提高到 0.03 元和0.1 元。之后，依据政策效果及经济发展形势，其标准经过了三次变动（见表 3.12）。到 2010 年年底，限制类和淘汰类企业执行的电价加价标准分别为 0.1 元和 0.3 元。

表 3.12　差别电价加价标准的调整

时间	限制类	淘汰类	行业数
2004 年 6 月	0.02	0.05	6
2006 年 10 月	0.03	0.10	8
2007 年 1 月	0.04	0.15	8
2008 年 1 月	0.05	0.20	8
2010 年 6 月	0.10	0.30	8

注:"限制类"和"淘汰类"两列中所列数字是差别电价加价标准（单位：元/千瓦时）。

此外，为了鼓励燃煤电厂安装脱硫设施，国家还通过调整上网电价的方式制定脱硫电价。在 2007 年国家发改委颁布了《燃煤发电机组脱硫电价及脱硫设施运行管理办法（试行）》，规定燃煤机组安装脱硫设施后，其上网电量执行 1.5 分钱的脱硫电价加价政策。近年来，为进一步控制居民用电数量，2012 年国家开始施行居民阶梯电价，即将居民每个月的用电分成第一、二、三与免费四挡，在使得 80% 的居民家庭电价保持稳定的基础上，对不同挡的电量进行分段定价。

2. 绿色税收政策

税收是国家宏观调控微观市场主体行为的重要经济杠杆。税收的"绿化"有助于加快经济技术结构的"绿色化"进程。有利于环境保护的技术创新和经济创新将得到绿色税收的鼓励，而破坏环境的经济活动会受到此类税收的压制。通常，绿色税收是指国家为了保护环境、合理开发和利用资源、推进清洁生产、实现绿色消费的一种税制。因此，建立绿色税收是以资源的高效循环利用为核心，以低消耗、低排放、高效益为特征，以清洁生产为手段，从而实现资源的有效利用、经济的可持续发展的经济模式。

在我国现行的税收制度中，还未设立以保护环境为课程目的的度量税种，因此，严格意义上说，我国尚不存在系统的环境税收政策。目前，关于环境保护的税费征收主要分为两种：一是收取的各类排污费；二是散存于其他税种中的少量税收措施，包括资源税、消费税（部分税种）、城市维护建设税、车船使用税、车辆购置税、城镇土地使用税、土地增值税及耕地占用税等。

首先，自2003年7月1日国务院颁布《排污费征收使用管理条例》之后，开始对水和大气污染物征收排污费。其中，从2004年7月1日开始，每一污染当量氮氧化物征收0.6元排污费；从2005年7月1日二氧化硫的排污费也由先前的0.4元提高到0.6元。2014年国家发改委、财政部和环保部联合发文调整排污费征收标准（发改价格［2014］2008号），规定到2015年6月底前，各省（区、市）价格、财政和环保部门要将废气中的二氧化硫和氮氧化物排污费征收标准调整至不低于每污染当量1.2元，将污水中的化学需氧量、氨氮和五项主要重金属（铅、汞、铬、镉、类金属砷）污染物排污费征收标准调整至不低于每污染当量1.4元。同时，规定在每一污水排放口，对五项主要重金属污染物均须征收排污费。

其次，为了推进节能减排，中国政府通过提高、减免等方式调整各种税收。①提高环境费、能源税。2014年12月12日，财政部和国家税务总局联合发布调整我国成品油消费税标准，规定每升汽油的消费税由1.12元提高到1.4元，柴油税由每升0.94元提高到1.1元。自2015年1月以来，国际油价暴跌导致国内成品油消费税三次上调，其中汽油消费税为1.52元/升，柴油消费税为1.2元/升。②调整产品消费税和企业增值税。自2008年9月1日起，提高大排量乘用车的消费税，依据排气量不同，税率分别上调10%或20%，同时降低小排量车的消费税税率，税率由3%下调至1%。同时，对外商投资企业在节能和污染物防治方面提供的专有技术所收取的使用费，可以按10%的税率减征企业所得税，其中技术先进或条件优惠的，可免征企业所得税。③国家财政部、税务总局还施行了促进环保和资源综合利用的其他增值税政策，如对于销售再生水、翻新轮胎等自产货物以及污水处理劳务等免征增值税等。最后，调整出口退税。按照财政部国家税务总局《关于调低部分商品出口退税率的通知》，从2007年7月1日开始，取消了533项低附加值、高耗能、高污染的资源性产品的出口退税。其中，钢铁的出口退税从 11% 降低到 8%，水泥的从 13% 降低到 8%，玻璃制品的从 13% 降到 11% 或者 13% 降低到 5%。

3. 绿色补贴、奖励及其他财政政策

政府也以补贴和奖励的方式，鼓励企业生产绿色产品，消费者进行绿色消费。

补贴措施。按照《高效照明产品推广财政补贴资金管理暂行办法》，国家从 2008 年 1 月 10 日对大宗用户和城乡居民用户每只高效照明产品，分别按中标协议供货价格的 30% 和 50% 给予补贴。2009 年 2 月，国务院出台"汽车产业振兴计划"，对于老旧汽车报废给予多项补贴，其中对车长 9 米以上（含 9 米）城市公交车的补贴达 15000 元/每辆。同年，国家发改委依托"节能产品惠民工程"，对能效等级 1 级或 2 级以上的十大类高效节能产品进行财政补贴，促进高效节能空调、冰箱等产品的推广。

奖励措施。中央财政专门设立奖励资金，采用专项转移支付方式对经济欠发达地区的淘汰落后产能以及全国所有区域的节能技术改造进行奖励。对于淘汰任务重、财力相对薄弱的欠发达地区，依据各行业淘汰落后设备投资评价水平等因素设定了不同的奖励标准。同时，针对"十大节能工程"中燃煤工业锅炉（窑炉）改造、余热余压利用、节能和替代石油、电机系统节能和能量系统优化等重要节能技术。同时，根据《节能技术改造财政奖励资金管理办法》（财建〔2011〕367 号）规定，对于节能量在 5000 吨（含）标准煤以上且项目单位改造前年综合能源消费量在 2 万吨标准煤以上的项目，基于实际节能量给予一定的奖励，奖励标准为东部地区 240 元/吨标准煤，中西部地区 300 元/吨标准煤；实行合同能源管理的项目，按照 300 元/吨标准煤给予补助。此外，为实施公共建筑节能改造，住建部和财政部共同启动和实施 10 个以上公共建筑节能改造重点城市，中央财政将对其给予 20 元/平方米的补贴。

其他财政政策。中央财政专门节能减排专项资金，用于支持绿色技术研究开发、相关技术的示范与推广、重点节能减排工程的实施、节能减排宣传培训、信息服务和表彰奖励。据统计，截至 2012 年年底，国家财政累计安排 3380 多亿元资金支持节能减排。

除上述三种主要措施之外，"十一五"期间，国家还扩大了排污权交易的试点范围。自 1994 年开始在包头等 6 个城市①试行大气排污权交易以来，排污权交易作为污染物减排的手段之一，在中国逐渐被人们所认知。"十一五"期间，国家将二氧化硫排污权交易扩大到浙江、江苏太湖流域、湖北、黑龙江、重庆、陕西、湖南、云南昆明等地区。

（四）中国环境管理与节能信息服务系统

除了直接管制和市场机制调控之外，国家依托节能减排专项资金，实施了以提供节能减排信息服务为主的辅助手段，包括环境监测、评估、信息披露及节能技术服务系统等。

1. 环境监测、评估及信息披露系统

2007 年 9 月施行了《环境监测管理办法》，明确了县级以上环境保护部门的环境监测责任，主要包括环境质量监测、污染源监督性监测、突发环境污染事件应急监测以及为环境状况调查和评价等环境管理活动提供监测数据的其他环境监测活动。同时，国家环保局通过了《排污费征收工作稽查办法》，明确环境保护行政主管部门对其下级部门排污费征收行为进行监督、检查和处理的责任。

环境信息披露。2008 年 5 月，环保部正式实施了《环境信息公开办法（试行）》，规定环保部门应当通过政府网站、公报、新闻发布会以及其他媒体方式，主动公开政府与企业环境信息。

2. 节能监测与技术信息服务系统

加强能源监测力度。"十一五"期间，政府授权节能监测机构，依据国家有关节约能源的法规和技术标准，加强对各单位用能设备的技术性能与运行状况、能源转换与输配以及利用系统的配置与运行效率、用能工艺和操作技术等进行监督、检验。同时，要求对浪费能源的行为提出处理意

---

① 包头、开远、柳州、太原、平顶山、贵阳 6 个城市。

见等。

建立节能技术服务中心，加大节能减排宣传活动。依托 1994 年以来建立的节能技术服务中心，对技术中心人员进行培训，对老化设备进行更新，提高节能技术中心的服务水平。另外，他们依据国家发布的节能技术、节能产品的推广目录，开展各种宣传活动，引导用能单位和个人使用先进的节能技术、节能产品。如，2009 年 6 月 14 日至 20 日，国家发展改革委联合其他 13 个部委举办了以"推广使用节能产品，促进扩大消费需求"为主题的全国节能宣传周活动。

综上所述，为了缓解经济增长中资源短缺和环境恶化两大问题，中国政府实施了以控制资源使用量和污染物排放量为主要目标的一揽子政策措施。既有资源节约和污染物减排法律法规等直接规制措施，也包含税收、补贴等激励措施，还存在以提供信息服务和加大宣传活动为主的辅助方式；涉及产品、生产工艺或设备等纯技术，也调整管理方式、制度设计等软环境。

第四章　资源环境政策影响绿色技术进步的理论基础与作用效果

　　绿色技术进步是生产者所从事的一种特定方向上的技术提升，而作为约束生产者资源使用或污染物排放行为的外生性力量，资源环境政策必定影响其进行绿色技术开发或使用的行为。同时，作为能够改善资源利用效率和环境绩效的技术进步行为，新绿色技术的使用兼具物理属性（如资源节约、废弃物削减和治理）、价值属性（如经济价值、环境价值）和社会属性（如涉及不同主体间的作用关系），决定了其相关领域研究需要多重且交叉的理论视角，如经济学视角、管理学视角、社会学视角、生态学视角。考虑到技术进步的经济学范畴，本书主要从经济学视角探讨资源环境政策影响绿色技术进步的作用机理和理论模型以及实证检验的作用效果。

一、资源环境政策影响绿色技术进步的理论基础

　　到目前为止，相关文献主要基于两个经济学理论视角就环境政策与绿色技术进步的关系进行分析：一是基于新古典经济学理论分析方法的环境政策诱导性技术进步研究；二是基于技术进步演化理论视角考察环境政策的技术进步效应（沈小波、曹芳萍，2010）。[1] 此处重点阐释新古典分析框

---

　　[1]　沈小波、曹芳萍：《技术创新的特征与环境技术创新政策——新古典和演化方法的比较》，《厦门大学学报（哲学社会科学版）》2010 年第 5 期。

架下环境政策技术进步效应的相关研究，其大体可归为三类：绿色技术进步的影响因素探究，环境政策影响绿色技术进步的作用机理剖析及其理论分析模型构建。

（一）绿色技术进步的驱动因素探析

引导生产者开展绿色技术进步活动的源动力总体可主要归纳为外部因素诱导和内部因素驱动两个方面。其中，外部诱导因素具体体现为外生技术进步推动与市场需求拉动（霍尔巴赫、拉默等，2012）。[①] 霍尔巴赫（2008）和泼普等（2011）分别指出知识存量积累和环境技术水平提升是企业实施绿色技术创新的动力来源。同时，随着消费者环保意识逐渐增强，部分研究发现市场和社会需求对企业环境创新产生了巨大的拉动作用。[②] 如瓦格纳（Wagner，2008）和卡默（Kammerer，2009）先后证实绿色产品创新的重要原因之一为消费者诉求。[③]

内部驱动因素主要包括绿色发展战略、成本节约以及企业形象提升等方面（赵细康，2006；董颖、石磊，2013）。[④] 如瑞宁、安德里亚斯等（2006）研究发现成本节约是企业开展绿色生产的重要因素之一。[⑤] 佛伦德、霍尔巴赫等（Frondel et al.，2007）则认为企业形象的提升显著提高了

[①] Horbach J. , Rammer C. , Rennings K. ," Determinants of Eco – Innovations by Type of Environmental Impact—The Role of Regulatory Push/Pull, Technology Push and Market Pull", *Ecological Economics*, No. 4, 2012.

[②] Horbach J. , "Determinants of Environmental Innovation—New Evidence from German Panel Data Sources", *Research Policy*, No. 1, 2008. Popp, D. , Hascic, I. , Medhi, N. , "Technologyand the Diffusion of Renewable Energy", *Energy Economics*, No. 4, 2011.

[③] Wagner M. , "Empirical Influence of Environmental Management Innovation：Evidence from Europe", *Ecological Economics*, No. 2 – 3, 2008. Kammerer D. , "The Effects of Customer Benefit and Regulation on Environmental Product Innovation, Empirical Evidence from Appliance Manufacturers in Germany", *Ecological Economics*, No. 8 – 9, 2009.

[④] 赵细康：《引导绿色创新——技术创新导向的环境政策研究》，经济科学出版社 2006 年版。董颖、石磊：《"波特假说"——生态创新与环境管制的关系研究述评》，《生态学报》2013 年第 3 期。

[⑤] Rennings K. , Andreas Z. , et al. , "The Influence of Different Characteristics of the EU Environmental Management and Auditing Scheme on Technical Environmental Innovations and Economic Performance", *Ecological Economics*, No. 1, 2006.

环境管理系统的使用。[1] 瓦格纳（2008）强调企业知识转化机制与网络嵌入对其创新决策将产生显著影响。卡默（2009）证实企业开展绿色技术创新的影响因素是"绿色能力"。国内学者华锦阳（2011）则强调"追求经济利益和竞争优势"是企业开展绿色技术创新最重要的动力源。[2]

与此同时，不少研究发现环境政策规制是绿色技术创新的重要驱动力。如泼普（2003）研究发现，美国二氧化硫排污权交易市场的建立显著地提高了脱硫设施的效率；[3] 埃塞克逊（2005）认为瑞典排污税的征收不同程度地减少了各企业氮氧化物减排技术成本。[4] 上述结论同样被其他国内外学者所证实（许庆瑞等，1995；董炳艳、靳乐山，2005；泼普，2006；雷福尔特、瑞宁等，2007；德马切里尔、德杰拉勒等，2013）。[5]

近年来，随着环境创新或生态创新内涵的不断拓展和深入，学者们还进一步研究了不同绿色创新类型的驱动力差异。德米尔和卡斯多（2011）研究发现清洁生产方面的创新主要源于技术推动，而环境规制对刺激末端治理技术创新或扩散以及环境科学研究与发展投资的效果则较为突出。[6] 霍尔巴赫、拉默（2012）分析表明环境规制对控制大气、水或噪音污染等

---

① Frondel M., Horbach J., Rennings K., "End – of – Pipe or Cleaner Production? An Empirical Comparision of Environmental Innovation Decisions across OECD Countries", *Business Strategy and the Environment*, No. 8, 2007.

② 华锦阳：《制造业低碳技术创新的动力源探究及其政策涵义》，《科研管理》2011 年第 6 期。

③ Popp D., "Pollution Control Innovations and the Clean Air Act of 1990", *Journal Policy Analysis and Management*, No. 4, 2003.

④ Isaksson H. L., "Abatement Costs in Response to the Swedish Charge on Nitrogen Oxide Emissions", *Journal of Environmental Economics and Management*, No. 1, 2005.

⑤ 许庆瑞、吕燕等：《中国企业环境技术创新研究》，《中国软科学》1995 年第 5 期。董炳艳、靳乐山：《中国绿色技术创新研究进展初探》，《科技管理研究》2005 年第 2 期。Popp D., "International Innovation and Diffusion of Air Pollution Control Technologies：The Effects of Nox and SO_2 Regulation in The U. S., Japan, and Germany", *Journal of Environmental Economics and Management*, No. 1, 2006. Rehfeld K., Rennings K., Ziegler A., "Integrated Product Policy and Environmental Product Innovation：An Empirical Analysis", *Ecological Economics*, No. 1, 2007. Desmarchelier B., Djellal F., Gallouj F., "Environmental Policies and Eco – innovations by Service Firms：An Agent – based Model", *Technological Forecasting and Social Change*, No. 7, 2013.

⑥ Demirel P., Kesidou E., "Stimulating Different Types of Eco – Innovation in the UK：Government Policies and Firm Motivations", *Ecological Economics*, No. 8, 2008.

技术的开发或扩散比较有效，成本节约是减少能源消耗或原材料使用的主要驱动力，而消费者诉求则是刺激新生态产品出现的重要源泉。[①] 特里古诺、莫雷诺等（Triguero and Moreno‐Mondéjar，2013）认为从企业层面来看，供给方面的因素（如技术和管理能力、科研机构配置、外部信息、企业规模等）是刺激环境过程创新和制度创新的重要因素，市场份额与生态产品、生态组织创新之间存在着正相关关系，而成本节约是激励企业从事清洁生产创新的内在驱动力。[②]

（二）环境政策驱动绿色技术创新的作用机理剖析

新古典分析方法假设在完全竞争条件下，市场主体为获得最大利润通常运用成本—收益法配置自身拥有的有限资源。在此框架下，环境经济学家认为，环境技术进步具有外部性和外溢性等双重市场失灵特性，导致企业开发或采用此类技术的成本大于预期收益。因此，在没有外部因素推动的情况下，企业很少从事此类技术的创新活动（杰夫等，Jaffe et al.，2005）。[③] 而环境政策通过将外部性内部化，可在一定程度上纠正市场失灵，进而改变技术创新或使用的成本或（和）预期收益，从而影响企业的投资决策。

具体而言，研究者假设企业是技术进步的主体，技术进步是科学研究与发展投资的结果，而企业开发或采用一项新技术的动力，主要取决于科学研究与发展投资成本和预期收益的权衡。如果预期收益大于成本，就从事该投资活动，反之则否。一般分析认为，影响科学研究与发展投资成本和预期收益的因素主要包括：直接成本，主要包括科研人员的培训及劳务费、科研设

① Horbach J., Rammer C., RenningsK., "Determinants of Eco‐Innovations by Type of Environmental Impact—The Role of Regulatory Push/Pull, Technology Push and Market Pull", *Ecological Economics*, No. 5, 2012.

② Triguero A., Moreno‐Mondéjar L., Davia M. A., "Drivers of Different Types of Eco‐innovation in European SMEs", *Ecological Economics*, No. 8, 2013.

③ Jaffe, A. B., Newell R. G., Stavins R. N., "A Tale of Two Market Failures: Technologyand Environmental Policy", *Ecological Economics*, No. 2‐3, 2005.

备的购置费以及其他开支；科学技术发展条件是进行环境技术创新的基础，企业拥有的高素质人才越多，周围政策环境越好，技术创新的间接成本就越小，反之创新成本则比较大；市场规模，是指新技术的潜在需求量。对新技术的需求量越多，其市场规模就越大，技术创新的预期收益也就越高，反之则获得较少的创新收益（霍尔和范·里宁，Hall and Van Reenen，2000；杰夫，1998；罗森博格，Rosenberg，1982；施默克，1966）。[1]

研究者还认为，各政策工具通过不同的方式影响上述动力因素，进而改变环境技术进步的方向和速度。早期，学者们认为设置环境标准增加了环境质量的稀缺度，使得环境投入要素的价格增加。基于希克斯（Hicks，1932）提出的诱导性技术创新理论——技术进步会偏向节约价格较贵的生产要素，那么环境标准的制定促进环境技术进步。[2] 如纽厄尔等（Newell et al.，1999）研究发现环境政策所引致的能源价格的上涨与家庭用能设备（空调、热水器）能源效率的提高存在显著正相关关系；[3] 泼普（2002）认为环境标准和环境税的实施不仅减少污染物排放，同时也诱导更多与节能技术有关的专利出现。[4] 随后，研究者们又开始从市场需求和创新投资成本视角，剖析环境政策影响企业绿色创新行为的传导机制。他们认为环境政策实施也向环境技术市场发出需求信号，为了服从环境标准，环境技术的需求量将增加，市场规模也会相应扩大，增加了技术创新企业的预期收益，进而促进环境技术进步。

其次，绿色税收或补贴工具影响环境技术进步的成本和收益。环境税

① Hall B., Van Reenen, J. "How Effective are Fiscal Incentives for R&D? A Review of the Evidence", *Research Policy*, No. 4-5, 2000. Jaffe A. B., "The Importance of Spillovers' in the Policy Mission of the Advanced Technology Program", *Journal of Technology Transfer*, No. 2, 1998. Rosenberg N., *Inside The Black Box*, Cambridge University Press, 1982. Schmookler J., *Invention and Economic Growth*, Harvard University Press, 1966.

② Hicks J., *The Theory of Wages*, Macmillan, 1932.

③ Newell R. G., Jaffe A. B., Stavins, R. N., "The Induced Innovation Hypothesis and Energy-saving Technological Change", *Quarterly Journal of Economics*, No. 3, 1999. Milliman S. R., Prince R., "Firm Incentives to Promote Technological Change in Pollution Control", *Journal of Environmental Economics and Management*, No. 3, 1989.

④ Popp D., "Induced Innovation and Energy Prices", *American Economic Review*, No. 1, 2002.

或能源税加征必将抬高环境投入要素或能源价格，从而诱导环境技术进步（米林曼和普林斯，Milliman and Prince，1989）。而对使用环境新技术的企业进行税收减免则会直接降低企业使用环境技术的成本，进而在扩大环境新技术市场需求规模的同时也提高了此技术的普及率。此外，同税收作用相似，对污染物减排技术的直接补贴或节约能源技术改造奖励等措施，一定程度上会直接减少相关技术开发的成本或增加新技术采用的预期收益。

第三，与环境技术专利保护相关的制度设计，减少了技术创新的正外部性，一定程度上保护了环境技术创新者的收益，有利于此类新技术的开发。综上所述，环境政策实施可能改变环境技术创新或采用的成本或预期收益，进而影响环境技术进步的速度和方向。

近年来，学者们还发现关于环境政策的绿色创新效应的早期研究存在一个隐含假设，即环境政策一旦实施便可达到其预期目标。而事实上，环境政策工具对绿色创新的影响可能更多依赖于政策设计的特性，而非政策工具本身（佛伦德、霍尔巴赫等，2007）。[1] 鉴于此，一些学者转而研究环境政策设计特性对企业生态创新的影响。如佛伦德、霍尔巴赫等（2007）、爱尔达（Eiadat et al.，2008）、肯普和庞特·奥尼欧（Kemp and Pontoglio，2011）以及张成等（2011）分别基于不同研究视角和分析框架识别出激励企业生态创新的政策属性，如政策严厉度、可预期性、稳定性、灵活性等。[2]

（三）环境政策影响绿色技术创新的理论模型

1. 国外学者的研究成果

环境政策措施由一系列相互区别的政策工具组成，他们各自通过不同

① Frondel M., Horbach J., Rennings K., "End – of – Pipe or Cleaner Production? An Empirical Comparision of Environmental Innovation Decisions across OECD Countries", *Business Strategy and the Environment*, No. 8, 2007.

② Kemp R., Pontoglio, S., "The Innovation Effects of Environmental Policy Instruments—A Typical Case of the Blind Menandthe Elephant?", *Ecological Economics*, No. 15, 2011. 张成、陆旸等：《环境规制强度和生产技术进步》，《经济研究》2011 年第 2 期。

的途径影响企业创新决策。比如，市场基础型工具通过价格信号鼓励企业的技术进步行为，行动与否是企业自己的决策，而命令—控制型工具则通过直接管制强制要求企业进行技术改造，但是对标准之外的可能创新之举则缺乏激励。因此，各种政策工具对技术进步方向和速度的影响可能存在显著差异（奥尔，Orr，1976）。[1] 为此，研究者构建不同的理论模型，对比各政策工具对企业开发或采用环境新技术动力的影响。

米加特（Magat，1978）第一次构建创新前沿模型，对比分析了排污税和排放标准对技术创新的作用。[2] 他考虑了一个简单的生产模型，即用一种投入要素——劳动（l）生产两种产出——经济产出（产出率为 y）和污染物（排放率为 u），该模型的理论表达式为：

$$l = g\ (\alpha y,\ \beta u) \tag{4-1}$$

其中，αy、βu 分别表示有效的经济产出率和污染物排放率。劳动力投入量的增加可以增加经济产出率 y，减少污染物排放率 u，或者两种变化的任意组合。假设技术进步是以产出扩大[3]的方式出现，即 α（$\alpha>0$）减少（$\dot{\alpha}/\alpha<0$）表示发生生产性技术创新，而（$\beta>0$）增加（$\dot{\beta}/\beta>0$）则表示污染物减排方向的技术创新。企业的科学研究与发展投资可以全部用于从事生产性技术创新，也可以全部用于污染物减排方面的创新，亦或是二者的某种组合。而对于给定的科学研究与发展投资量 M 而言，企业必须在两种技术创新之间做权衡，类比于生产可能曲线，米加特描绘了创新可能性前沿曲线 g（γ）（图4.1），其中参数 γ 表示科学研究与发展投资在两类技术创新之间的分配比例。

① Orr L., "Incentive for Innovation as the Basis for Effluent Charge Strategy", *American Economic Review*, No. 2, 1976.

② Magat W., "Pollution Control and Technological Advance: A Model of the Firm", *Journal Environmental Economics and Management*, No. 5, 1978.

③ 技术进步的产出扩大概念类似于技术进步的要素扩大的概念，后者表示生产技术进步扩大了投入要素的生产能力，使得生产固定产出的要素投入量减少，即投入要素的技术参数减小。同理，技术进步的产出扩大表现形式即表示产出的技术参数减小。

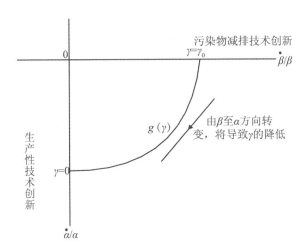

图4.1　科学研究与发展投资在污染物减排技术创新和生产性技术创新之间的分配

在图4.1中，g（γ）表示技术创新的可能前沿线，沿着该创新前沿线，技术创新的方向由污染物削减技术创新逐步转向生产性技术创新。基于该模型，米加特认为如果从事两类技术创新的劳动力具有较强替代性，那么相对于排污税而言，直接控制手段会诱导更多污染物削减方向的科学研究与发展投资。随后，米加特（1979）用同样的方法对比了税收、补贴、排污许可证、污染物排放标准和技术标准五类政策工具对企业进行环境技术创新的激励作用，得出相似的结论。[1] 然而，上述模型假设生产性技术创新和污染物减排技术创新之间是"此消彼长"的关系，这一假设适用于分析末端治理技术创新，但对于清洁生产工艺创新有待商榷。因为清洁生产技术一般不排放污染物，也就谈不上在两者之间做权衡（亚力马，Yarime，2003）。[2]

鉴于此，更多研究者选用边际分析方法对比各环境政策工具对环境技

---

① Magat W. , "The Effects of Environmental Regulation on Innovation", *Law Conremporary Problems*, No. 1, 1979.

② Yarime M. , "From End – of – Pipe to Clean Technology: Effects of Environmental Regulation on Technological Change in the Chlor – Alkali Industry in Japan and Western Europe", Maastricht: United Nations University Institute for New Technologies, 2003.

术创新的影响，假定企业进行技术进步的动力由技术创新或采用新技术之后所能获得的生产者剩余决定。最初，唐宁和怀特（Downing and White，1986）假设追求利益最大化的某污染者为了降低自身污染物减排成本进行了技术创新，但是由于该创新者只是众多污染者中的一个，不足以引起总边际减排成本的下降，因此该企业将获得高额的创新利润。[1] 为了使该分析更具说服力，他们进一步考虑了政策制定者对该企业技术创新的反应，即假设政策制定者可以准确及时地获取每个污染者的减排信息，并很快在政策制定中作出反应，如降低排污费或增加污染物排放总量。用图解方式直观地对比了环境政策调整前后排污费和污染物排放标准对该污染者技术创新动力的影响，如图4.2所示。其中，MC 和 MD 分别表示创新者削减污染物的边际成本和边际社会收益，P_1 和 P_2 表示不同水平的排污税，C 和 G 代表不同的减排标准，用污染物减排率表示。

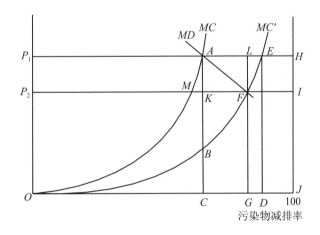

图4.2　政策调整前后环境税和污染物排放标准的创新动力的对比

　　首先，假设政策制定者并未对该污染者的技术创新作出任何反应，即环境税 P_1 和污染物排放标准 C 固定不变。当然，污染物减排的边际收益

　　① Downing P. B. , White L. J. , "Innovation in Pollution Control", *Journal of Environmental Economics and Management*, No. 1 , 1986.

曲线 MD 也保持不变。由于某污染者成功地实现了减排技术创新，其边际减排成本曲线从 MC 移动到 MC′，进而使得企业获得一定的创新利润。其中，环境税 P_1 政策下的创新收益为 OAE，减排标准 C 下的收益为 OAB，显然 OAB < OAE，即相对于污染物排放标准而言，环境税对企业进行污染物减排技术创新的激励作用更大。接着，假设政策者得知该污染者成功地发明了一种新的减排方法，随之将排污税降低到 P_2，或者提高污染物减排标准到 G。此情形下，排污税对技术创新的激励收益为 OAHJ − OFIJ = OA-HIF，直接管制下的创新收益为 OAC − OFG = OAB − BFGC，因为 OAHIF > OAB，所以 OAHIF >（OAB − BFGC）。同样的，与环境税的作用相比，直接管制政策工具的技术创新激励较小。尽管唐宁和怀特的边际分析模型较好地考察了技术创新带给创新者的收益，然而它忽略了技术扩散过程以及其他污染者模仿新技术的可能性。之后的研究对其分析模型进行了拓展，研究结论也出现分歧。

　　考虑到技术扩散也是技术进步的一个重要阶段，米林曼和普林斯（1989）拓展了唐宁和怀特（1986）的模型，考虑了技术创新、技术扩散以及政策制定者反馈三个阶段。具体来说，假设某行业中存在 N 个同质性企业，他们排放的污染物给环境和人类健康造成巨大危害，政策制定者计划通过设置排污税或减排标准的方式，将某年内该行业的污染物排放总量控制某固定水平。此时，某企业成功地进行了减排技术创新，一定程度上降低了其自身污染物减排的边际成本，由于单个企业不足以改变整个行业的边际减排成本，所以，技术创新成功的初期，整个行业的总边际成本曲线不变。随着新技术不断推广，某些非创新企业开始使用此新技术，降低其边际成本。直到所有非创新企业都采用新技术时，整个行业的减排成本下降，此时，政策制定者调整环境政策，降低环境税或污染物排放标准。在此框架下，对于技术创新者而言，开发新技术的主要动力是其在多大程度上节约了污染物削减成本。如果政策制定者对技术创新设置了专利保护政策，该成本有三部分组成：直接削减成本，包括设备购买、操作成本，操作人员培训成本等；联合转移损失，主要是企业排放污染物必须支付的污染税；联合转移收入（如专利税），是指企业技术创新后出卖技术专利使用权所获得的收入，显然是一种负成本。通过分析各政策工具对上述成本的影响，对比了五个政策工具对技术创新者的激励作用。结论表明，在整个技术进步过程中，拍卖许可证提供最大的创新激励，依次是排污税、污染物减排补贴、自由配置许可证、直接管制政策。①

上述边际分析有一个隐含假设，即一旦新技术被非创新者所知，他们就会不假思索地购买并毫无困难地采用，这一假设未考虑非创新企业可能存在其他的选择。费舍尔、帕里等（2003）② 认为除了直接购买新技术之外，非创新者也许选择另外一种低成本的方式改进正在使用的污染物减排技术，如模仿新技术。他们也分析了一个由 N 个具有竞争关系的生产者组成的系统，并将技术进步分为三个阶段：首先，在边际预期收益等于边际成本条件下，某企业决定投资多少科学研究与发展资金开发减排新技术。其次，非创新企业决定是直接购买新技术还是通过低成本的模仿来改进现有减排技术。第三，在给定排污税和排污许可证价格条件下，依照边际成本等于污染物价格的原则，企业选择成本最小化的污染物减排量。在这一模型框架下，政策工具主要通过四种效应影响技术创新或使用的激励：①减排成本节约效应，主要是指技术创新能在多大程度上节约控制污染物的成本；②模仿效应，由于技术创新提供了技术模仿的可能性，使得非创新者减少了对新技术的支付意愿，此效应降低了企业技术创新的收益。剩下两种效应只有在排污许可证的情况下才出现，一是污染物支付效应，即由于技术创新降低了许可证的均衡价格，使得创新者以出售许可证所得净收益降低，弱化了企业技术创新的动力。二是新技术采用价格效应。如果非创新者通过模仿新技术来减排污染物，他的排污量仍可能未达到排污标准，因此仍需购买少许的排污许可证，排污许可证均衡价格的下降也降低

---

① Milliman S. R., Prince R., "Firm Incentives to Promote Technological Change in Pollution Control", *Journal of Environmental Economics and Management*, No. 3, 1989.

② Fischer C., Parry I. W. H., Pizer W. A., "Instrument Choice for Environmental Protection when Technological Innovation is Endogenous", *Journal of Environmental Economics and Management*, No. 3, 2003.

了非创新者技术采用的价格，减少了创新者的收益，弱化了创新动力。在费舍尔、帕里等（2003）的模拟结论中，对于大多数政策工具而言，第四种效应的作用微乎其微。

表4.1　绿色技术创新激励的决定因素

	排污税	可交易污染许可证	投标污染许可证
减排成本节约效应	+	+	+
模仿效应	−	−	−
污染物支付效应	0	0	+
技术采用价格效应	0	−	−

资料来源：Fischer C., Parry I. W. H., Pizer W. A., "Instrument Choice for Environmental Protection when Technological Innovation is Endogenous", *Journal of Environmental Economics and Management*, No. 3, 2003, 经笔者翻译。

依据上述四种效应，费舍尔、帕里（2003）用数值模拟法对比分析了各政策工具的技术进步激励效应，认为各政策工具之间的激励作用未出现一致的排序，其取决于技术创新的成本、技术创新的模仿度、环境边际收益函数的斜率和以及排放污染物的企业数量。

此外，考虑到市场结构对企业科学研究与发展投资的影响，蒙特罗（Montero，2002）在非完全竞争情景下对比了各种政策工具对企业进行环境科学发展与研究投资动力的影响。[1] 结果发现，当产品市场属于双寡头垄断竞争模式时，排污标准、排污税以及投标许可证都可以提供较大的创新激励。如果企业生产的产品具有互补性，排污税或投标许可证可以提供最大的创新激励。然而，在完全竞争市场条件下，排污许可证和污染物排放标准提供相似的创新激励，但小于排污税的作用。

近年来，为了全面探究各政策工具的技术进步激励作用，雷克特（Requate，2005）系统考察了28个相关理论分析模型，认为对各政策工具

---

① Montero J. P., "Market Structure and Environmental Innovation", *Journal of Applied Economics*, No. 2, 2002.

的技术进步激励作用进行排序，很难得出一致的结论。[1] 但是，大多数分析认为与命令—控制型政策工具相比，基于价格机制的市场型工具提供较大的技术进步激励。

总之，边际分析方法对环境政策的技术进步效应分析提供了重要支撑。但是上述研究在利用此方法时仍存在两个严重缺陷：一是假设技术进步降低污染物减排的边际成本。对于末端治理技术而言，其不减排时成本为零，边际减排成本曲线从原点出发，那么技术创新通常会降低减排边际成本。然而，对于清洁生产过程方面的技术进步而言，如锅炉改造，其减排的边际成本曲线不能确定是否在先前的成本曲线以下（鲍曼等，Bauman et al.，2008）。[2] 二是大多数文献在关注减排成本最小化的同时都直接或暗含地假设产出水平固定不变。实际上，企业从事经济活动的主要目的是获得最大利润，在最小化减排成本的同时，企业更多关注减排所诱致的产出变化。针对这类问题，甘斯（2011）在均衡分析框架内，放松产出不变的假设，考察控制气候变化政策对环境友好型技术创新的影响。[3] 他认为气候变化政策通过两种途径影响产出，从而改变环境技术开发和使用的动力：一是严格的污染物排放标准会减少化石燃料的需求量，一定程度上降低企业从事化石燃料使用效率提高有关的技术创新动力；二是气候变化政策还可能增加清洁能源的需要量，刺激与清洁能源相关的技术革新，进而减少污染物减排技术的发展。最后，他认为气候变化政策会对污染物削减技术产生正的创新激励。

综上所述，新古典分析方法认为，环境政策为环境技术进步提供了市场需求拉力，同时也推动企业去寻找低成本的环境技术。如果没有合适的

[1] Requate T.，"Dynamic Incentives by Environmental Policy Instruments—A Survey"，*Ecological Economics*，No. 2 – 3，2005.

[2] Bauman Y.，Lee M.，Seeley K.，"Does Technological Innovation really Reduce Marginal Abatement Costs? Some Theory, Algebraic Evidence, and Policy Implication"，*Environmental and Resource Economics*，No. 4，2008.

[3] Gans J. S.，"Innovation and Climate Change Policy"，*American Economic Journal：Economic Policy*，No. 4，2011.

技术，他们会自己开发或购买新的技术。在这一框架下，他们主要讨论哪种类型的环境政策工具对环境技术进步提供了最大的激励。大多数研究结论认为：相对命令—控制型工具而言，市场型工具对企业进行环境技术进步有较强的激励作用。但是由于政策实施条件的变化以及创新主体之间存在差异性，同样的政策工具可能产生不同的创新激励。如排污权交易放宽了企业选择范围从而避免技术的路径依赖，在不确定条件下，它比税收更有效（克里斯塔，Krysiak，2009）。[1] 另一方面，随着新技术扩散，许可证的均衡价格降低，进而削弱其他企业采用新技术的动力。总体而言，对于促进技术进步而言，各政策工具之间没有一致的排序。

然而，基于古典分析框架的上述分析方法还招致其他的批评。一方面，新古典分析框架假设企业是创新的主体，主要考察环境政策对私人环境科学研究与发展投资的影响，忽略了政府投资在这一过程中的作用。实际上，为了弥补私人企业进行环境技术进步的过低投资，政府的科技研究和发展投资在环境技术进步中发挥重要的作用（约翰斯通等，Johnstone，2010）。[2] 另一方面，新古典分析方法虽然较好地评估环境政策对技术进步的作用效果，但对于其具体作用过程却很少探究。例如，米加特（1978）构造了创新可能性前沿，但并未说明创新可能性前沿来自哪儿。[3] 为解决这一问题，不少学者基于演化理论的视角分析环境政策的技术进步效应。他们认为技术进步是一个演化过程，企业在现有社会文化和管理体制下根据惯例和经验法则进行技术改进，而环境政策实施影响与环境技术发展相关的社会条件，改变其发展路径，最终影响环境技术进步。

2. 国内学者的研究成果

国内学者对环境政策工具与环境技术创新的关系的理论研究才刚刚起

---

① Krysiak F., "Environmental Regulation, Technological Diversity, and the Dynamics of Technological Change", *Journal of Economic Dynamics and Control*, No. 4, 2011.

② Johnstone N., Hascic I., Popp D., "Renewable Energy Policies and Technological Innovation: Evidence Based on Patent Counts", *Environment and Resource Economics*, No. 1, 2010.

③ Magat W., "Pollution Control and Technological Advance: A Model of the Firm", *Journal Environmental Economics and Management*, No. 1, 1978.

步，几乎与国外研究一致，国内研究也集中在分析环境政策对企业进行环境技术创新的激励方面。吴巧生、成金华（2004）阐释了费舍尔、帕里（2003）的理论模型，重点分析了排放税和排放许可证对技术进步和福利的影响，并得出与其一致的研究结论。① 接着，吴巧生、王华（2005）探讨为了实现能源—环境政策促进技术进步的目标，怎样将能源—环境政策与技术政策结合起来以形成一个最优的政策设计框架。② 在此过程中，他们分析了一个简单的模型，考察能源——环境政策对绿色科技研究与发展基金投资量的影响，在逐步放宽模型的假设条件下，他们认为，相对于命令—控制型工具，市场型工具鼓励企业通过自身努力实现政策目标，使得企业有动力寻找成本更低的污染物减排技术。李光军等（2004）分析了企业进行清洁生产激励和障碍因素，认为如果环境政策设计将强制性和激励性相统一，就可能诱使企业从事清洁生产。③ 王璐等（2009）以受环境政策管制企业为研究对象，发现企业环境技术创新主要受创新的预期利益与成本的影响，而环境管制可能给该创新活动提供动力或设置障碍。④ 沈小波、曹芳萍（2010）分别论述了新古典经济学和演化经济学方法分析环境政策技术效应的不同作用机理。⑤ 他们认为在新古典理论分析框架下，政府政策为环境技术创新提供技术推力和需求拉动力，而在演化理论框架下，环境政策会改变先前技术发展的路径，引导技术创新转向环境友好型技术的方向上。

---

① 吴巧生、成金华：《论环境政策工具》，《经济评论》2004 年第 1 期。

② 吴巧生、王华：《技术进步与中国能源——环境政策》，《中国地质大学学报（社会科学版）》2005 年第 1 期。

③ 李光军、徐松、冯海波：《企业实施清洁生产政策激励机制研究》，《环境科学与技术》2004 年第 3 期。

④ 王璐、杜澄、王宇鹏：《环境管制对企业环境技术创新影响研究》，《中国行政管理》2009 年第 2 期。

⑤ 沈小波、曹芳萍：《技术创新的特征与环境技术创新政策——新古典和演化方法的比较》，《厦门大学学报（哲学社会科学版）》2010 年第 5 期。

二、资源环境政策影响绿色技术进步的作用效果

理论分析表明：环境政策潜在地激励新绿色技术的开发和使用。但由于政策实施具有不确定性，且绿色技术进步还受除环境政策之外其他因素的影响（德·里约·刚萨雷斯，Del Rio Gonzalez，2009），因此，理论分析结论是否成立需要实际数据去验证。[①] 近年来，随着专利统计技术的发展，技术创新指标的相关数据可获得性提高，研究者开始运用各国不同行业的数据进行实证检验。同时，由于技术创新和技术扩散需要不同的测度指标，现有实证研究大多将两者单独分析，主要围绕两个问题展开：环境政策是否诱导绿色技术进步，以及各政策工具的作用效果存在怎样的差异。

（一）环境政策与绿色技术创新的实证检验

环境政策是一揽子政策工具的组合，在实证分析之前有必要探讨一下该变量的测度方法。现有研究主要有两种分析思路：在宏观分析中，将环境政策看作一个整体，用环境政策强度来表示，但其数据仍无法通过观测或测量方式直接获得，一般选用污染物减排和控制支出（Pollution Abatement and Control Expenditures，PACE）或与污染物有关的要素投入价格（能源价格）作为替代指标；当分析单个政策工具时，则常以该工具开始实施的时间为界限，分析前后环境技术创新活动的变化。因此，本章节以环境政策的测度方法为主线，从宏观和微观两个层面上梳理关于环境政策的技术创新效应的实证研究。

1. 宏观数据分析环境政策的技术创新效应

宏观层面的分析侧重运用计量经济学方法，估计环境政策强度与环境专利数或科技研究与发展投资之间的相关性，这类研究主要考察污染物削

---

① Del Rio Gonzalez P. , "The Empirical Analysis of the Determinants for Environmental Technological Change: A Research Agenda", *Ecological Economics*, No. 3, 2009.

减和能源节约两类技术（如表4.2所示）。

表4.2 宏观层面环境政策的技术创新效应分析

作者	研究对象	政策强度指标	创新指标	主要结论
Lanjouw and Mody（1996）	德国、日本、美国和14个发展中国家	污染物减排和控制支出（PACE）	环境专利数占总专利数的份额	污染物减排和控制支出增加导致三个发达国家的环境专利比例增加；发展中国家有大量的专利进口
Jaffe and Palmer（1997）	美国制造业（1977—1991）	污染物减排和控制支出	总R&D支出和专利数	污染物减排和控制支出对R&D支出有一个滞后的正效应，而对专利活动几乎没有影响
Brunnermeier and Cohen（2003）	146个美国制造业（1982—1992）	污染物减排和控制支出	环境专利数	污染物减排和控制支出对环境专利数有较小的促进作用
Hamamoto（2006）	日本工业（1966—1976）	污染物减排和控制支出	总R&D支出	污染物减排和控制支出导致总R&D支出增加
Hascic et al.,（2008）	世界经济论坛调查企业（1985—2004）	污染物减排和控制支出	五种环境技术的专利：空气污染、水污染、废物处理、噪声保护和环境监测	私人的污染物减排和控制支出诱致环境创新，政府的污染物减排和控制支出却没有产生技术创新效应，然而政府的R&D投资促进了环境专利数的增加
Newell et al.,（1999）	美国（1958—1993）	能源价格	家电能源效率	能源价格和管制标准都促进能效技术创新
Popp（2002）	美国	能源价格	能源供给专利和技术需求的引用率	能源价格和现有知识积累显著地促进能源技术创新

续表

作者	研究对象	政策强度指标	创新指标	主要结论
Johnstone et al., (2012)	77 个国家 (2001—2007)	世界经济论坛"专门观点调查"构建环境政策强度指标	环境技术专利数	严格的环境政策促进环境技术创新
徐庆瑞（1995）	江浙 50 余家企业 (1993—1994)	环境政策	环境技术创新	环境政策是企业环境技术创新最重要的外部推动力

　　扬茹伟和穆迪（Lanjouw and Mody，1996）基于 1971—1988 期间德国、日本、美国 3 个发达国家以及 14 个发展中国家的数据，发现研究期内所有国家的环境专利总数都持续增加。其中，3 个发达国家的环境专利数占总专利的比例在 0.6%—3% 变化，高于污染物减排和控制支出占国内生产总值比例；而尽管发展中国家的环境专利率也在一直增加，但绝大部分发明依赖于国外专利本土化的改进。[①] 随后，杰夫和帕尔默（Jaffe and Palmer，1997）检验了美国工业污染物削减支出与总创新指标之间的关系。[②] 他们发现污染物削减支出和科技研究与发展支出费用之间存在显著正相关，但污染物减排和控制支出与总专利数之间并未呈现任何相关性。哈马莫托（Hamamoto，2006）基于日本工业数据的研究也得出相似的结论。[③] 与杰斐和帕尔默（1997）的第二个结论不同，布伦纳和科恩（Brunnermeier and Cohen，2003）通过对美国工业的调查分析，估算了污染物削减支出与环境专利数之间的关系，发现污染物减排和控制支出每增加 100 万美元专利数

---

　　① Lanjouw J. O., Mody A., "Innovation and the International Diffusion of environmentally Responsive Technology", *Research Policy*, No. 4, 1996. .

　　② Jaffe A. B., Palmer K., "Environmental Regulation and Innovation: A Panel Data Study", *Review of Economics and Statistics*, No. 4, 1997.

　　③ Hamamoto M., "Environmental Regulation and the Productivity of Japanese Manufacturing Industries", *Resource and Energy Economic*, No. 4, 2006.

增加 0.04%。[1] 哈塞赛克等（Hascic et al.，2008）基于世界经济论坛的调查数据，研究了环境管制强度对 5 类环境技术——空气污染削减、水污染削减、废物处理、噪声保护及环境检测——创新活动的影响。[2] 结果发现，私人企业的污染物减排投资诱导了环境技术创新，而政府的投资并未呈现类似的效果，但政府的科技研究与发展投资却促进了环境专利数的增加。

　　尽管以污染物削减支出作为环境政策强度的指标得出了许多有意义的结论，但是该指标也遭到质疑。如亚力马（2003）认为污染物削减和控制支出可能还受企业对环境管制的反应度的影响，因此，污染物减排和控制支出并不能准确反映环境管制强度。[3] 此外，严格的环境政策可能导致部分企业关闭，在此情形下环境标准的服从成本则会被低估（德·里约·刚萨雷斯，2009）。[4]

　　为了避免污染物削减支出的缺陷，同时可以验证希克斯诱导性技术进步假设是否成立，部分学者考察了能源价格和相关技术创新之间的关系。如纽厄尔等（1999）基于 1958—1993 年美国家用电器的相关数据，采用计量经济学方法分析了能源价格与家电（如空调）能源效率的动态特征，发现了二者之间存在显著的相关性。[5] 类似地，泼普（2002）基于 1970—1994 年美国节能技术的相关数据，将节能技术专利申请数的增长率看作能源价格的函数，发现化石燃料价格，尤其是石油和天然气价格，增加了能

　　① Brunneimer S., Cohen M., "Determinants of Environmental Innovation in US Manufacturing Industries", *Journal of Environmental Economics and Management*, No. 2, 2003.

　　② Hascic I., Johnstone N., Michel, C., "Environmental Policy Stringency and Technological Innovation: Evidence from Patent Counts", Paper Presented at the European Association of Environmental and Resource Economists 16th Annual Conference, Gothenburg, Sweden, No. 6, 2008.

　　③ Yarime M., "From End – of – Pipe to Clean Technology: Effects of Environmental Regulation on Technological Change in the Chlor – Alkali Industry in Japan and Western Europe", Maastricht: United Nations University Institute for New Technologies, 2003.

　　④ Del Rio Gonzalez P., "The Empirical Analysis of the Determinants for Environmental Technological Change: A Research Agenda", *Ecological Economics*, No. 3, 2009.

　　⑤ Newell R. G., Jaffe A. B., Stavins R. N., "The Induced Innovation Hypothesis and Energy – SavingTechnological Change", *Quarterly Journal of Economics*, No. 3, 1999.

源使用的成本，进而诱致节能技术专利数增加。[1]

此外，约翰·斯通等（2012）运用世界经济论坛中"专门观点调查"数据构建新的环境强度指标，并估计了其与环境技术专利之间的关系。[2]结果发现，严格的环境政策促进环境技术创新。由于统计数据不可得，较少国内学者对环境政策的技术创新效应进行实证分析。

2. 微观数据分析各政策工具对某一特定环境技术创新的影响

宏观分析易于从总体上评价环境政策的技术进步效应，但是可能会由于指标选用不适当使得研究结论出现偏误。例如，杰斐和帕尔默（1997）选取制造业所有专利数作为技术创新指标。[3] 哈马莫托（2006）采用总科技研究与发展投资，并未区分环境和非环境科技研究与发展投资。[4] 同时，总量分析无法探讨单个政策工具的技术进步效应。为此，部分学者基于微观数据考察单个政策工具对某一类环境技术创新的影响，或对比不同政策工具的技术创新效应，如表4.3所示。

早期的研究主要关注环境管制对某类环境友好型技术创新的影响。贝拉（Bellas，1998）基于1970—1991年美国火电厂脱硫设施安装的相关数据，发现环境管制并未促进脱硫技术创新。[5] 随后，由于1992年瑞典开始对电厂等排放氮氧化物的企业征收排污税，其相关数据容易获得，埃塞克松（Isaksson，2005）基于1990—1996年被征收排污费的114家企业的减排数据发现，征收排污费之后大部分企业以较低的成本削减氮氧化物，即减

[1] Popp D. , "Induced Innovation and Energy Prices", *American Economic Review*, No. 1, 2002.

[2] Johnstone N. , Hăščič. , Poirier J. , Hemar M. , Michel, C. , "Environmental Policy Stringencyand Technological Innovation: Evidence from Survey Data and Patent Counts", *Applied Economics*, No. 17, 2012.

[3] Jaffe A. B. , Palmer K. , "Environmental Regulation and Innovation: A Panel Data Study", *Review of Economics and Statistics*, No. 4, 1997.

[4] Hamamoto M. , "Environmental Regulation and the Productivity of Japanese Manufacturing Industries", *Resource and Energy Economic*, No. 4, 2006.

[5] Bellas A. S. , "Empirical Evidence of Advances in Scrubber Technology", *Resource and Energy Economics*, No. 4, 1998.

排技术表现出一定程度的技术进步。[1] 泼普（2006）基于美国、德国、日本三个国家1970—2000年的数据集，考察了氮氧化物和二氧化硫排放标准对污染控制设备技术创新的影响。[2] 结果表明，严格污染物排放标准引导本国该技术专利数增加，而对其他国家的专利数没有影响。

哈希特和梅特卡夫（Hassett and Metcalf，1995）研究发现美国能源税每增加10％会导致节能技术投资增加24％；[3] 克里斯蒂安森（Christiansen，2001）认为挪威碳税的征收将石油行业技术进步方向转向低碳技术研发方面；[4] 阿里亚斯和比尔（Arias and Beers，2013）强调降低工业电价补贴将增加太阳能和风能领域内的技术专利数；[5] 弗盖莱斯（Veugelers，2012）和博尔吉斯等（Borghesi et al.，2015）先后发现欧洲碳交易市场的建立显著地促进了与能源效率和二氧化碳减排相关的清洁技术的研发。[6] 类似结论同样被国内学者所证实，如许庆瑞等（1995）基于江浙50余家企业的访谈数据，发现企业环境技术创新最重要的外部推动力为严格环境政策的实施；[7] 朱磊、范英（2014）认为在中国构建一个较为有效的碳排放交易机制可以长期促进电厂对碳捕获与封存技术进行改造投资；[8] 徐盈之、周秀

---

① Isaksson H. L. , "Abatement Costs in Response to the Swedish Charge on Nitrogen Oxide Emissions", *Journal of Environmental Economics and Management*, No. 1, 2005.

② Popp D. , "International Innovation and Diffusion of Air Pollution Control Technologies: The Effects of NOx and SO_2 Regulation in the U. S. , Japan, and Germany", *Journal of Environmental Economics and Management*, No. 1, 2006.

③ Hassett K. A. , Metcalf G. E. , "Energy Tax Credits and Residential Conservation Investment: Evidence from Panel Data", *Journal of Public Economics*, No. 2, 1995.

④ Christiansen A. C. , "Climate Policy and Dynamic Efficiency Gains: A Case Study on Norwegian CO_2 – taxes and Technological Innovation in the Petroleum Sector", *Climate Policy*, No. 4, 2001.

⑤ Arias A. D. , Beers C. V. , "Energy Subsidies, Structure of Electricity Prices and Technological Change of Energy Use", *Energy Economics*, No. 11, 2013.

⑥ Veugelers R. , "Which Policy Instruments to Induce Clean Innovating?", *Research Policy*, No. 10, 2012. Borghesi S. , Cainelli G. , Mazzanti M. , "LinkingEmission Trading to Environmental Innovation: Evidence from the Italian Manufacturing Industry", *Research Policy*, No. 3, 2015.

⑦ 许庆瑞、吕燕、王伟强：《中国企业环境技术创新研究》，《中国软科学》1995年第5期。

⑧ 朱磊、范英：《中国燃煤电厂CCS改造投资建模和补贴政策评价》，《中国人口·资源与环境》2014年第7期。

丽（2014）证实碳税对企业进行低碳技术创新作用最为显著。[①] 与之相反，
由于研究样本选取或实证方法选择等原因，少数学者认为环境政策的低碳
技术创新效果十分有限（霍夫曼，Hoffmann，2007；施密特等，Schmidt et
al.，2012）。[②]

表 4.3 政策工具对某类绿色技术创新的影响效果

作者	研究对象	政策工具	环境技术指标	主要结论
单个政策工具分析 Hassett and Metcalf（1995）	建筑节能	能源税	节能技术投资	美国能源税每增加10%会导致节能技术投资增加24%
Bellas（1998）	美国火电行业	二氧化硫排放标准	脱硫设备	环境管制未能显著促进脱硫技术创新
Christiansen（2001）				挪威碳税的征收将石油行业技术进步方向转向低碳技术研发方面
Isaksson（2005）	瑞典114家企业（1990—1996）	氮氧化物排污费	减排成本	在排污费实施期间，污染物减排技术进步
Popp（2006）	美国、日本、德国氮氧化物和二氧化硫控制技术	氮氧化物和二氧化硫污染物排放标准	空气污染控制设备	严格污染物排放标准引导本国该技术专利数增加，对其他国家的专利数没有影响

---

① 徐盈之、周秀丽：《碳税政策下的我国低碳技术创新——基于动态面板数据的实证研究》，《财经科学》2014 年第 9 期。

② Hoffmann V. H.，"EU ETS and Investment Decisions：The Case of the GermanElectricity Industry"，*European Management Journal*，No. 6，2007. Schmidt T. S.，Schneider M.，Rogge K. S.，Schuetz M. J. A.，Hoffmann V. H.，"The Effects of Climate Policy on the Rate and Direction of Innovation：A Survey of the EU ETS and the Electricity Sector"，*Environmental Innovation and Societal Transitions*，No. 2，2012.

作者	研究对象	政策工具	环境技术指标	主要结论
Arias and Beers（2013）	20 个经济合作与发展组织国家（1990—2006）	能源补贴	风能、太阳能相关的专利数	强调降低工业电价补贴将增加太阳能和风能领域内的技术专利数
Veugelers（2012）	佛兰德社会调查数据	规制、税收和 R&D 补贴	专利和新技术扩散	政策干预诱致清洁技术开发和扩散，尤其是多个政策工具混合使用
Borghesi et al.（2015）	意大利的制造业	碳交易	碳减排效率	欧洲碳交易市场的建立显著地促进了碳减排清洁技术的研发，但交易制度的严格度并未产生作用
多个政策工具对比 Greene（1990）	美国和日本汽车制造业（1978—1989）	公司平均燃油经济性标准和汽油价格	汽车燃油技术	CAFE 标准和汽油价格上涨促进了美国汽车燃油标准的提高，但对日本企业而言，CAFE 标准没有影响，汽油价格上涨的影响有限
Popp（2003）	美国火电工厂（1985—1997）	二氧化硫排污权交易与排污标准	专利申请数	市场型政策工具并未增加专利数，但提高了现有设备的脱硫效率
Lange and Bellas（2005）	美国火电工厂（1985—2002）	二氧化硫排污权交易与排污标准	减排成本	排污权交易减少了二氧化硫减排的资本投入和操作成本，命令管制政策对成本的改变没有影响
Lanoie et al.，（2007）	经济合作与发展组织中 7 个国家的调查企业	环境标准、市场型工具以及环境政策强度	环境 R&D 投资	对于诱导环境 R&D 投资而言，环境政策强度比各种政策工具的作用更大

作者	研究对象	政策工具	环境技术指标	主要结论
Johnstone et al.，(2010)	25 个国家的可再生能源行业（1978—2003）	电价补贴、可再生能源许可证以及公共 R&D 投资	专利申请数	不同的政策对不同可再生能源资源的创新有显著差异的影响
Noailly（2012）	欧洲 7 个国家（1989—2004）	能效标准、能源税、政府具体行业的能源 R&D 投资	专利数	能效标准提高 10% 诱导专利数增加 3%；政府的能源 R&D 投资有较小的正效应；而能源税没有显著影响

　　为验证理论分析结论——市场基础型政策工具比命令—控制型工具对环境技术创新的激励作用大，格林（Greenee，1990）首先运用美国 1978—1989 年汽油价格和汽车燃油量的相关数据，对比了公司平均燃油经济性标准（Corporate Average Fuel Economy，又称 CAFE 标准）和汽油价格对提高汽车燃油经济性①的影响。② 结果发现，该标准对美国汽车燃油经济性的提高有很大的促进作用，其效应是燃油价格效应的两倍；但对日本汽车来说，该标准没有影响，燃油价格上涨的影响也有限。1990 年美国《清洁空气法修正案》提出构建二氧化硫的排污权交易市场，至此排污权交易成为另外一种实际实施的政策工具。随后，泼普（2003）基于 1985—1997 年脱硫设施专利数据，对比了排污标准和排污权交易对技术创新的作用。③ 结果发现，市场基础的政策工具并未使脱硫设施方面的专利数增多，但显著地提高了现有脱硫设施的脱硫效率。拉诺等（Lanoie et al.，2007）使用经济合作与发展组织中 7 个国家的 4200 家企业的数据验证"波特假说"

---

　　① 汽车燃料经济性是指汽车消耗一加仑汽油所行驶的英里数。

　　② Greene D. L.，"CAFE or Price? An Analysis of the Effects of Gasoline Price on New Car MPG，1978 – 89"，*The Energy Journal*，No. 3，1990.

　　③ Popp D.，"Pollution Control Innovations and the Clean Air Act of 1990"，*Journal Policy Analysis and Management*，No. 1，2003.

时，对比了环境标准、市场型工具以及环境政策强度对环境科技研究与发展投资的影响，认为对激励环境科技研究与发展投资来说，环境政策强度比其他两类政策工具的作用都大。[1] 约翰斯通等（2010）基于 1978—2003年 25 个国家的面板数据，比较了电价补贴、可再生能源许可证以及公共科技研究与发展支出对可再生能源技术创新的影响。[2] 结果认为，公共政策对专利申请数有显著的影响，各政策工具对不同类型的可再生技术的影响作用存在显著差异，如可贸易能源许可证制度诱导与化石能源有一定竞争性的低成本可再生能源技术的发展，如风能；而补贴政策（如电价补贴）以及政府资助的科技研究与发展资金则可能刺激高成本能源技术（太阳能）的开发。诺艾利（Noailly, 2012）基于欧洲 7 个国家 1989—2004 年的数据，调查了能源效率标准、能源税、政府在具体行业的能源科技研究与发展投资对提高建筑业能源效率的技术创新的影响。[3] 其实证结果表明，能源效率标准提高 10% 诱导建筑业能源效率方面的专利数增加 3%，而政府的能源科技研究与发展投资对专利数量表现出较小的正效应，能源税对技术创新没有任何的显著作用。

（二）环境政策与绿色技术扩散的实证检验

由于技术扩散属于技术创新的延伸，需要不同的度量指标，大部分实证研究专门分析了环境政策的绿色技术扩散效应。如表 4.4 所示，现有研究主要围绕污染物减排技术和能源节约技术展开分析，其中，关于污染物减排技术的研究主要关注末端治理和清洁生产技术。

早期，得益于美国在控制汽油含铅量的成功尝试，科尔和纽厄尔（Kerr and Newell, 2003）运用耐用品模型，评估了企业特征、环境政策强

---

[1]　Lanoie P., Laurent – Lucchetti, J., Johnstone N., Ambec S., "Environmental Policy, Innovation and Performance: New Insights", GAEL Working Paper 2007 – 07.

[2]　Johnstone N., Hascic I., Popp D., "Renewable Energy Policies and Technological Innovation: Evidence Based on Patent Counts", *Environment and Resource Economics*, No. 1, 2010.

[3]　Noailly J., "Improving the Energy Efficiency of Buildings: The Impact of Environmental Policy on Technological Innovation", *Energy Economics*, No. 3, 2012.

度及政策工具类型对企业采用降低汽油含铅量技术决策的影响。结果发现，严格的环境政策促进新技术的采用，但在排污权交易政策下，减排成本较小的企业（如许可证出售方）有更大动力采用成本节约的减排技术，而减排成本较高的企业（许可证的购买者）更愿意购买排污许可证，对新减排技术的需求相对较小。对比两类政策工具的技术扩散效应，发现相比管制政策工具而言，环境税、排污权交易等市场型工具的激励作用更大。

表4.4   环境政策工具技术扩散效应的实证分析

作者	研究对象	政策工具	环境技术	主要结论
污染物减排技术 Kerr and Newell（2003）	美国石油冶炼工业（1971—1995）	环境管制政策、环境税、可交易排污许可证	降低汽油含铅量技术	更严格的环境管制增加环境技术的采用，在可贸易减排许可证政策下，环境技术的采用依赖于企业自身减排的成本
Popp（2006）	美国火电工厂（1990—2003）	污染物氮氧化物和二氧化硫污染物排放标准	空气污染控制设备	环境管制是促进技术扩散的主要因素，但仅有在环境压力的迫使下，昂贵设备才会被采用
Keohane（2007）	美国火力发电厂（1995—1999）	可交易排污许可证	脱硫设施安装	在可贸易许可证政策下，脱硫设施的安装决策对成本节约更敏感
Frondel et al.，（2007）	经济合作与发展组织国家部分抽查企业	环境管制和市场型工具	末端治理技术和清洁生产过程	环境管制导致更多末端治理技术的采用，而市场型工具影响清洁生产过程的使用率
Fowlie（2010）	美国702个火力发电厂	管制和可交易排污许可证	氮氧化物控制技术	重构下的企业一般不太可能安装高成本的减排设备

续表

作者	研究对象	政策工具	环境技术	主要结论
能源节约技术 Jaffe and Stavins (1995)	美国 48 个州 (1979—1988)	能源税、能效补贴、技术标准	绝热材料技术	能源税和能效补贴提供了显著的正效应，而技术标准并未表现出任何作用
Popp (2011)	OECD 中 26 个国家 (1991—2004)	环境管制	可再生能源	环境管制对可再生能源的技术扩散起着重要的作用，但此效应的区域差异较大
Blackman and Bannister (1998)	墨西哥传统砖窑	社区压力和非政府组织	清洁燃料	两种方式都促进清洁能源的使用
Howarth et al.，(2000)	美国	绿色照明系统和能源之星	节能技术	两项工程都促进节能技术的使用

　　后来，意识到氮氧化物和二氧化硫对人类健康的巨大危害，实证分析开始着重关注各政策工具对这两类污染物削减技术采用率的影响。波普（2006）在考察美国、日本、德国的企业安装二氧化硫和氮氧化物减排设备时，发现环境管制是减排设备安装的主要影响因素，但技术本身的进步也会促进相关设备的推广，但对于比较昂贵的减排设备，只有在环境压力下不得不采用的时候，才会被企业购置。[①] 基奥恩（Keohane，2007）采用计量经济学方法，对 1995—1999 年美国火力发电厂的脱硫设施的安装进行实证分析，发现市场型工具凭借其灵活性优势对此类技术采用提供了更大的激励作用。[②] 佛伦德和霍尔巴赫（2007）在分析企业用清洁生产技术替代末端治理方法的影响因素时，发现对大多数经济合作与发展组织国家来说，环境管制导致更多末端治理技术的采用，而市场型工具则更可能提高

---

① Popp D.，"International Innovation and Diffusion of Air Pollution Control Technologies：The Effects of Nox and SO$_2$ Regulation in the U. S.，Japan，and Germany"，*Journal of Environmental Economics and Management*，No. 11，2006.

② Keohane N. O.，*Essays in the Economics of Environmental Policy*，Harvard University，2001.

清洁生产过程的使用率。[1] 福灵（Fowlie，2010）认为不同污染物控制政策形成不同的市场结构，造成企业在技术选择时面临不同的激励。基于对702 个美国火力发电厂采用氮氧化物控制技术决策的分析，发现管制政策刺激企业购买资本密集型减排设备，但是存在排污许可证交易的市场结构中，企业面临更多的不确定性，使得成本高、周期长的减排设备的投资面临更大的风险，最终影响资本密集型减排设备的采用。[2]

较少的几篇文献分析了环境政策对节能技术扩散的影响。如杰夫和斯塔文（Jaffe and Stavins，1995）对比了能源税、技术采用补贴及技术标准对居民住宅使用绝热材料的影响。[3] 他们发现在鼓励新材料使用方面，能源税和技术采用补贴都表现出显著的正效应，技术补贴的作用大约是能源税的三倍，但技术标准并未表现出任何作用。近年来，意识到可再生能源资源在解决能源短缺和环境恶化问题的潜在优势，研究者开始关注环境政策对可再生能源技术扩散的影响。如波普等（2011）基于 1991—2004 年经济合作与发展组织中 26 个国家可再生能源的相关数据，采用面板数据模型，分析了技术进步对可再生能源投资的影响。[4] 同时发现，环境政策对可再生能源技术扩散有重要影响，但此效应存在显著的地区差异。

除了传统环境规制和市场基础型政策工具之外，一些研究者也强调非正式规制或社区压力对环境技术扩散的影响。例如，在分析墨西哥砖窑内清洁能源的使用时，布莱克曼和班尼斯特（Blackman and Bannister，1998）发现尽管清洁能源的相对价格较高，但社区压力和非政府组织联合促进了

---

[1] Frondel M., Horbach J., Rennings K., "End – of – Pipe or Cleaner Production? An Empirical Comparision of Environmental Innovation Decisions across OECD Countries", *Business Strategy and the Environment*, No. 8, 2007.

[2] Fowlie M., "Emissions Trading, Electricity Restructuring, and Investment in Pollution Abatement", *American Economic Review*, No. 3, 2010.

[3] Jaffe A. B., Stavins R. N., "Dynamic Incentives of Environmental Regulations: The Effects of Alternative Policy Instruments on Technology Diffusion", *Journal of Environmental Economics and Management*, No. 3, 1995.

[4] Popp D., Hascic I., Medhi, N., "Technology and the Diffusion of Renewable Energy", *Energy Economics*, No. 7, 2011.

这类燃料的使用。① 豪沃斯（Howarth et al., 2000）考察了美国环保部发起的两个自发工程——绿色照明和能源之星工程对私人企业节能技术使用的影响，发现两个项目均促进能源节约技术的推广使用。②

———————

① Blackman A., Bannister G. J., "Community Pressure and Clean Technology in the Informal Sector: An Econometric Analysis of the Adoption of Propane by Traditional MexicanBrickmakers", *Journal of Environmental Economics and Management*, No. 1, 1998.

② Howarth R. B., Haddad B. M., Paton B., "The Economics of Energy Efficiency: Insights from Voluntary Participation Programs", *Energy Policy*, No. 6, 2000.

第五章　中国绿色技术进步的测度：
基于全要素生产率视角

一、绿色技术进步的测度指标

由于技术进步是一种无形变量，无法直接度量，其测度一直是实证研究的重要难题，大部分学者通过引入替代变量或者构建相关指标对其进行表征。目前学术界并不存在一种通用方法能够完全准确地对其核算。其普遍使用的度量方法可以归为三类：投入侧、产出侧以及技术进步的间接影响指标，如图5.1所示。本章在对每类指标进行分析的基础上，阐释了绿色技术进步度量指标的选择。

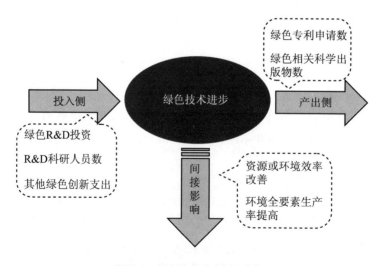

图 5.1　绿色技术进步测度指标

（一）投入侧指标

作为技术进步的重要投入要素，科学发展与研究投资支出凭借其数据易获得的优势被首选为技术创新度量指标。但科学发展与研究投资在表征技术创新时存在瑕疵（格瑞里茨，Grilliches，1979）。[①] 首先，并非所有的科学发展与研究投资都能产生创新成果，可能存在无效投资。其次，有些具有重要突破意义的创新并非由于科学发展与研究投资所致。如生产经验积累所产生的某生产工艺创新、制度设计和服务创新等。

此外，少数研究也考虑选用技术进步的其他投入变量作为其度量指标，如科学发展与研究科研人员数、设计支出、软件和营销成本等。由于对技术进步投入测量过于片面且存在类似于科学发展与研究投资支出的不足，此类指标并未在实证分析中得到广泛使用。

（二）产出侧指标

鉴于投入侧指标的缺陷，部分研究尝试从技术进步的产出端寻找合适指标。随着统计技术的发展，专利申请数或科学出版物数量作为科学创新的直接成果成为研究者青睐的又一指标。此类指标提供了发明及其应用的重要信息，是表征发明者知识积累的合适指标。但相对于技术进步甚至技术创新而言，它们也并不能称为完美指标。首先，并非所有创新都会申请专利或公开发表。例如，某企业为了提高生产效率，发明了一台新设备或改进了生产过程中的某一项工艺，对于这类仅为己用的技术改造，企业一般不会出售或申请专利。其次，专利或出版物的商业价值具有不确定性。很多专利或发表内容可能并不产生商业价值，而个别专利也许给发明者带来巨额利益回报。再次，由于统计方法所限，在专利统计中并未专门列出环境专利或资源技术专利，因此，其数据并不能从现有统计数据库中直接

[①] Grilliches Z., "Issues in Assessing the Contribution of Research and Development to Productivity Growth", *Journal of Economics*, No. 3, 1979.

获取。最后，类似于科技研究与发展投资的不足，专利或出版物只表征纯技术发明，而未能涵盖技术扩散、制度创新以及管理水平、生产环境的改善等内容。

（三） 技术进步的最终影响——生产率增长

为了寻找一个能够表征生产过程中各种形式知识积累和改进的综合技术进步指标，部分研究综合考虑生产过程投入侧和产出侧的变化，认为技术进步最终体现为生产率提高，因此，将生产率变化看作技术综合性变动的替代指标。生产率是指在一定技术和生产条件下投入品转换成产出的效率，依据投入要素多寡可分为单要素生产率、多要素生产率及全要素生产率。单要素生产率是指某种投入要素的生产能力，通常用单位投入要素的产出量来表示，如劳动生产率、资本生产率、资源生产率。其中，资源生产率的增长可以认为是资源技术进步的结果。

自索罗提出全要素生产率（Total Factor Productivity，TFP）的概念，并将其定义为生产单位在固定时期内生产的总产出与总投入的比值之后，全要素生产率逐渐被用于分析生产单位对所有投入要素的综合利用效率，而全要素生产率增长则被认为是各类技术进步综合作用的结果。若相邻时期内某生产者的全要素生产率增加，即认为该生产者的技术水平提高，即技术进步。反之，则认为是技术退步。因此，全要素生产率增长率通常也被看作技术进步率的替代指标。随着估计方法的不断完善，国内研究者也开始使用全要素生产率增长研究中国技术进步问题，如林毅夫和刘培林（2003）、颜鹏飞和王兵（2004）、赵伟等（2005）、岳书敬和刘朝明（2006）、舒元和才国伟（2007）等。[①] 全要素生产率增长将各种技术进步

---

① 林毅夫、刘培林：《经济发展战略对劳均资本积累和技术进步的影响——基于中国经验的实证研究》，《中国社会科学》2003 年第 4 期。颜鹏飞、王兵：《技术效率、技术进步与生产率增长：基于 DEA 的实证分析》，《经济研究》2004 年第 12 期。赵伟、马瑞永、何元庆：《要素生产率变动的分解——基于 Malmquist 生产力指数的实证分析》，《统计研究》2005 年第 7 期。岳书敬、刘朝明：《人力资本与区域全要素生产率分析》，《经济研究》2006 年第 4 期。舒元、才国伟：《中国省际技术进步及其空间扩散分析》，《经济研究》2007 年第 6 期。

形态所导致的资源利用效率改善程度浓缩到一个简单的数字中，从而实现对技术进步的高度抽象和概括。然而，这一方法也使其存在固有缺陷，即无法分离出某一特定方向上的技术进步，如资源节约或污染物减排方向上的；无法考虑经济增长中的结构性因素等（莫志宏、沈蕾，2005）。[1]

为此，研究者对传统全要素生产率增长的测度方法进行了修正。部分经济学家在生产率增长指数中植入一个资源效率自动改进参数（Autonomous Energy – Efficiency Improvement Parameter，AEEI）用于测度某经济体在资源节约方向上的技术进步（曼尼和瑞奇，Manne and Richels，1992；诺德豪斯，Nordhaus，1994），并假设该参数受某些外生变量影响，如经济结构改变、某行业生产技术改善、经济总产出中资源份额变化等。[2] 对于偏向性技术进步测度而言，该方法具有诸多优势，如简单方便、降低模型的非线性和多等式性、通过调整参数值便于进行敏感性分析。因此，这种含有资源效率自动改进参数的生产率增长指数在早期微观分析中得以广泛应用，如麦克拉肯等（MacCracken et al.，1999）[3]、诺德豪斯（1994）。然而，由于操作过于简单，该方法也招致了些许质疑。如技术进步外生性假设，实际上，技术进步是一个多种内生因素相互影响的过程，受经济体自身知识水平、管理方式、操作效率等多种因素影响（吉林厄姆，Gillingham，2008）。[4] 另外一部分研究充分利用距离函数便于定义某一特定方向生产前沿的优势，定义了方向性距离函数，用于构建环境调整的全要素生产率指数。该指数不仅考虑了生产者在给定要素投入条件下，拓展合意产出并同时缩减非合意产出的行为，还考虑了由于个体差异所导致的技术使

---

[1]　莫志宏、沈蕾：《全要素生产率单要素生产率与经济增长》，《北京工业大学学报（社会科学版）》2005 年第 4 期。

[2]　Manne A.，Richels R.，*Buying Greenhouse Insurance：The Economic Costs of CO_2 Emission Limits*，Cambridge：MIT Press，1992. Nordhaus W.，*Managing the Global Commons：The Economics of Climate Change*，MIT Press，1994.

[3]　MacCracken C.，Edmonds J.，Kim S.，Sands R.，"The Economics of the Kyoto Protocol"，*The Energy Journal*，No. SI，1999.

[4]　Gillingham K.，Newell R. G.，Pizer W. A.，"Modeling Endogenous Technological Change for Climate Policy Analysis"，*Energy Economics*，No. 30，2008.

用的无效性。因此，在近些年环境生产率分析中得以广泛应用，如费尔等（Färe et al.，2007）、库马（2006）、欧·赫什马提（Oh et al.，2010）、约留克和扎伊姆（Yörük and Zaim，2005）、田银华等（2011）、马尔贝格和撒修（Mahlberg and Sahoo，2011）、皮卡索·塔德傲等（Picazo - Tadeo et al.，2014）、杨福霞和杨冕（2015）等。[①]

对比上述两种偏向性全要素生产率指数的测度方法可以发现，基于距离函数的全要素生产率指数作为宏观经济效率的高度抽象化指标，不仅能够测度特定方向上纯生产技术的创新或改造，也考虑与之相关的制度创新等软环境改善，同时还考虑了个体异质性，无疑是测度绿色技术进步的合适指标。因此，对应于本书所界定的绿色技术进步含义，本书选择绿色全要素生产率增长指数作为绿色技术进步的度量指标。

二、环境生产技术的表达方式

意识到全要素生产率增长对经济增长的重要作用，准确测度全要素生产率增长率也成为学术界广泛关注的焦点，先后出现了代数指数法、增长核算法、前沿分析法等测度方法。其中，前沿分析法又分为随机前沿框架

---

① Färe R., Grosskopf S., Pasurka J. C. A., "Environmental Production Functions and Environmental Directional Distance Functions", *Energy*, No. 7, 2007. Kumar S., "Environmentally Sensitive Productivity Growth: A Global Analysis Using Malmquist—Luenberger Index", *Ecological Economics*, No. 2, 2006. Oh D. H., Heshmati A., "A Sequential Malmquist - Luenberger Productivity Index: Environmentally Sensitive Productivity Growth Considering the Progressive Nature of Technology", *Energy Economics*, No. 9, 2010. Gillingham K. Newell R. G. Pizer, W. A. "Modeling Endogenous Technological Change for Climate Policy Analysis", *Energy Economics*, No. 30, 2008. Yörük B. K., Zaim O., "Productivity Growth in OECD Countries: A Comparison with Malmquist Indices", *Journal of Comparative Economics*, No. 4, 2005. 田银华、贺胜兵等：《环境约束下地区全要素生产率增长的再估算：1998—2008》,《中国工业经济》2011 年第 1 期。Mahlberg B., Sahoo B. H., "Radial and Non - radial Decompositions of Luenberger Productivity Indicator with an Illustrative Application", *International Journal Production Economics*, No. 2, 2011. Picazo - Tadeo A. J., Gómez - Limón J. A., Beltrán - Esteve M., "An Intertemporal Approach to Measuring Environmental Performancewith Directional Distance Functions: Greenhouse Gas Emissions in the European Union", *Ecological Economics*, No. 2, 2014. Yang F. X., Yang M., "Analysis on China's Eco - innovations: Regulation Context, Intertemporal Change and Regional Differences", *European Journal of Operational Research*, No. 10, 2015.

下的参数估计方法（SFA）和确定前沿的数学规划方法（数据包络分析）。
而相对其他方法而言，数据包络分析方法具有显著优势。该方法在使用距
离函数构造全要素生产率指数时，不仅考虑技术使用的非效率，而且能够
定义某一特定方向的生产技术前沿，通过调整距离函数的参数便于分析经
济体多目标协调行为等（杰斐等，2002）。[①] 同时，用数学规划方法估算生
产率指数时，无需设定具体函数形式，减少了模型设定误差。因此，本书
在前沿分析框架内选用数据包络分析方法讨论绿色全要素生产率指数的测
度。主要内容包括：生产技术的表述形式、基于距离函数的全要素生产率
指数构建以及绿色全要素生产率的测度。

生产技术的距离函数表达方式源自于用数学集合表述生产过程中的
投入产出关系。早期，经济学家通常用简单数学函数描述这一技术关系，
此方法较好地定义了多投入单产出的生产技术。后来，研究者逐渐意识
到在实际生产中企业往往生产多种产出，除了具有市场价值的合意产出
之外，还生产投入多产出生产技术的描述，他们借用数学集合的隐函数
表达法。

（一）　生产技术的三种集合表述方式

考虑生产技术 T，能够将 K 种投入要素 $x \in R_+^K$ 转化成 M 种产出 $y \in R_+^M$，那么该技术的集合表达式可定义为：

$$T = \{(y, x): x \text{ 能够生产出 } y\} \qquad (5-1)$$

技术集 T 描述的是关于投入要素 x 和产出 y 的所有组合的生产可能性
集。对应于生产一般性规律（如边际产出非负、边际生产率递减），费尔
和格罗斯科普夫（Färe and Grosskopf, 2000）详细讨论了该技术集满足的
标准性定理，包括凸性、强处置性、紧密型、有界性等。[②]

① Jaffe A. B., Newell R., Stavins R. N., "Environmental Policy and Technological Change", *Environmental and Resource Economics*, No. 1, 2002.

② Färe R., Grosskopf S., Roos P., "On Two Definitions of Productivity", *Economics Letters*, No. 3, 1996.

基于不同分析视角，研究者也经常使用技术需求集（投入集）和产出可能性集（产出集）作为技术集 T 的替代性描述方式。产出集表示固定投入 x 能够生产的所有产出组合 y，即生产可能性集合 $P(x)$，一般表示为：

$$P(x) = \{y: (y, x)\} \in T\} = \{y: x 能够生产 y\} \quad (5-2)$$

类似地，投入集 $L(y)$ 描述的是生产某一固定产出 y 所需要的各种要素投入组合 x，其表达式为：

$$L(y) = \{x: (x, y)\} \in T\} = \{x: x 能够生产 y\} \quad (5-3)$$

对应于生产技术集 T 所满足的性质，科埃利等（Coelli et al., 2005）也系统地讨论了产出集 $P(x)$ 和投入集 $L(y)$ 所满足的性质，包括紧密性、投入产出可获得性、处置性等。另外，投入和产出集同是生产技术集 T 的替代性描述，从某种意义上说，三者是等价的。而且，$P(x)$ 和 $L(y)$ 可以相互转换，即如果某产出向量 y 属于产出集合 $P(x)$，那么 x 就属于投入集合 $L(y)$。

（二）生产技术的距离函数描述方式

生产技术集仅从概念上完整地描述了多投入多产出生产技术，并不能直接用于理论或实证分析。同时，生产技术集合描述方式需要对决策单位的行为进行假设，如成本最小化、收益或利润最大化，而这类假设通常与经济现实相悖（科埃利等，2005）。[①] 为此，曼奎斯特（1953）和谢泼德（1953）独立地提出了距离函数的概念，用于描述无行为约束的多投入多产出生产技术。[②] 之后，各种形式的距离函数得以不断发展，先后出现了投入方向距离函数、产出方向距离函数、方向性距离函数、双曲线距离函数等，本节重点阐述前三类距离函数及其性质。

1. 投入方向距离函数

对应于投入集 $L(y)$，谢泼德（1953）最早定义了投入方向距离函数

---

① Coelli T. J., Rao D. S. P., O'Donnell C. J., Battese G., *An Introduction to Efficiency and Productivity Analysis* (2nd Edition), Springer, 2005.

② Malmquist S., *Index Numbers and Indifference Surfaces*, Trabajos de Estadistica, 1953.

$D_I(x, y)$：

$$D_I(x, y) = \max \{\theta: \theta > 0, (x/\theta) \in L(y)\}$$

$$= \max \{\theta: \theta > 0, \left(\frac{x}{\theta}, y\right) \in T\} \qquad (5-4)$$

其中，下标 I 表示投入方向，θ 是一个大于 0 的标量。[①] 由式（5-4）可知，投入距离函数定义了在现有技术水平下生产固定产出 y 的投入前沿，处在前沿上的生产者能够用最小投入组合 x/θ 生产固定产出 y，而处于前沿之内的生产者受制于各种因素并未有效地使用生产技术，即需要更多生产要素投入以实现同样产出水平。也就是说，如果该类生产者通过培训技术人员、改善投资环境等方式提高了现有技术的使用效率，那么获得同样产出水平下其投入可节约 $x(\theta-1)/\theta$。因此，投入距离函数值 θ 表示保持产出不变的条件下，达到生产技术前沿时生产者投入要素的最大缩减比例，其取值范围为 $[1, +\infty)$。从这一意义上说，投入距离函数描述的是投入节约型生产技术。对应于生产技术的一般性定理，费尔和普里莫拉特（Färe and Primont，1995）详细阐释了该函数满足的性质：

（1）关于产出向量 y 的非递增性，关于投入向量 x 非递减性。即产出增加不会导致距离函数值增加，而投入增加不会导致函数值减小。[②] 规范地表示为：

如果 $y_2 \geqslant y_1$，那么 $D_I(x, y_2) \leqslant D_I(x, y_1)$；

如果 $x_2 \geqslant x_1$，那么 $D_I(x_2, y) \geqslant D_I(x_1, y)$。

（2）关于投入向量 x 的一阶齐次性，即 $D_I\left(\frac{x}{\mu}, y\right) = \frac{1}{\mu} D_I(x, y)$，$\mu > 0$。

（3）关于产出向量 x 的凹性，产出向量 y 的拟凹性。即向量 x_1 与 x_2 的任意线性组合所对应的距离函数值大于等于它们各自对于距离函数值 D_I

---

① Shephard R. W., *Cost and Production Functions*, Princeton：Princeton University Press，1953.

② Färe R., Primont D., *Multi - output Production and Duality：Theory and Applications*, Dordrecht：Kluwer Academic Publishers，1995.

(x_1, y) 与 D_I (x_2, y) 的线性组合。也即是说，对于所有 $0 \leqslant \eta \leqslant 1$，有 D_I $(\eta x_1 + (1 - \eta)x_2, y) \geqslant \eta D_I(x_1, y) + (1 - \eta)D_I$ (x_2, y)。

（4）如果投入向量 x 属于 L (y)，那么 D_I (x, y) $\geqslant 1$。

（5）如果投入向量 x 处在前沿上，那么 D_I (x, y) $= 1$。

为了更直观地解释距离函数，假设某生产技术用两种投入要素 x_1、x_2 生产一种产出 y，如图 5.2 所示。其中，曲线 BC 表示获得产出水平 y 所需要的最小等投入线，而投入集 L (y) 则是等投入线所包络的右上方部分。在图 5.2 中，点 A 位于投入集内，其距离函数值为 OA/OB，表示产出水平不变时技术充分利用使得所有投入要素缩减的比例。后来，法瑞尔（Farrell, 1957）将该距离函数值的倒数定义为技术使用效率，即 OB/OA。[①] 位于等投入线上的点 B 或 C 的距离函数值等于 1，表示他们有效地使用了前沿技术，用最优的投入组合生产给定产出水平 y。

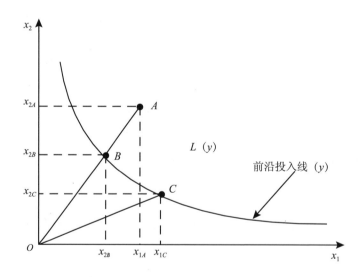

图 5.2 投入方向距离函数和投入集合

① Farrell M. J., "The Measurement of Productive Efficiency", *Journal of the Royal Statistical Society*, *Series A* (*General*), No. 3, 1957.

2. 产出方向距离函数

类似地，法瑞尔（1957）基于产出集 $P(x)$ 定义了产出距离函数D_o (x, y)，其表达式为：

$$D_o(x, y) = \min\{\lambda: \lambda > 0, (y/\lambda) \in P(x)\}$$
$$= \min\{\lambda: \lambda > 0, (x, y/\lambda), \in T\} \quad (5-5)$$

其中，下标 O 表示产出方向，λ 是一个标量。类似于投入距离函数，产出距离函数定义了现有技术充分使用条件下固定要素投入 x 所能够生产的最大产出量 y/λ，即生产可能性前沿。距离函数值等于 λ，其倒数表示技术无效者充分使用先进技术所能使产出扩张的比例，其值大于 0 小于等于 1。产出距离函数描述的是产出扩展型生产技术。同样，依据费尔和普里莫拉特（1995），该距离函数满足以下性质：

（1）关于产出向量 y 非递减性，关于投入向量 x 非递增性。即：

如果$y_2 \geq y_1$，那么D_o $(x, y_2) \geq D_o$ (x, y_1)；

如果$x_2 \geq x_1$，那么D_o $(x_2, y) \leq D_o$ (x_1, y)。

（2）关于投入向量 y 的线性齐次性，即D_o $(x, y/\gamma) = \frac{1}{\gamma}D_o(x, y)$，$\gamma > 0$。

（3）关于投入向量 x 的拟凸性，产出向量 y 的凸性。

（4）如果产出向量 y 属于 $P(x)$，那么D_o $(x, y) \in (0, 1]$。

（5）如果产出向量 y 处在前沿上，那么D_o $(x, y) = 1$。

具体考虑固定投入 x 生产两种产出y_1、y_2的生产技术，其生产可能性曲线和产出集如图5.3所示。其中，曲线 BC 表示现有技术条件下固定投入 x 的生产可能性曲线。产出集 $P(x)$ 即为生产可能性曲线及右下方部分。点 A 位于生产可能性曲线以内，其距离函数值为 OA/OB，说明若生产者充分使用现有前沿技术，其产出水平可以增加为现有水平的 OB/OA 倍。同样，依据法雷尔（1957）[1] 技术效率定义，该距离函数值测度产出方向

① Farrell M. J., "The Measurement of Productive Efficiency", *Journal of the Royal Statistical Society*, *Series A (General)*, No. 3, 1957.

上的技术使用效率。位于生产可能性曲线上的点 B 或 C 距离函数值等于 1，表示其有效地使用了前沿技术。

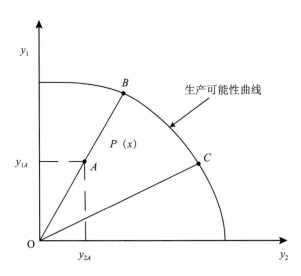

图 5.3　产出方向距离函数和产出可能性集合

此外，产出距离函数和投入距离函数是相互联系的。假如投入和产出都具有弱处置性①，那么当且仅当 D_o (x, y) ≤1 时，D_I (x, y) ≥1。同时，如果生产技术 T 具有常规模报酬，那么对于所有投入和产出向量来说，D_I (x, y) =1/D_o (x, y)。

3. 方向性距离函数

由上述定义可知，为了达到生产技术前沿，投入距离函数假设生产者有足够能力分配各种投入要素，而产出距离函数假设生产者能够按照自身

---

① 投入或产出的强处置性是指生产者无成本地处置非合意的投入或产出。在式（5-2）中，如果 $y \in P$ (x) 且 $y^* \leqslant y$，那么 $y^* \in P$ (x)，表示产出集 P (x) 中的产出 y 满足强处置性。在式（5-3）中，如果 $x \in L$ (y) 且 $x^* \geqslant x$，那么 $x^* \in L$ (y)，表示投入集 L (y) 中的投入 x 满足强处置性。相反，投入或产出的弱处置性是指生产者处置非合意的投入或产出是需要花费成本的。如果 $y \in P$ (x)，那么对于所有的 $0 \leqslant \tau \leqslant 1$ 都存在 $\tau y \in P$ (x)，表明产出集 P (x) 满足弱处置性。如果 $x \in L$ (y)，那么对于所有 $\tau \geqslant 1$，都有 $\tau x^* \in L$ (y)，表示投入集 L (y) 满足弱处置性。在实证分析中，考虑非合意产出的生产模型一般假设非合意产出满足弱处置性（Färe et al. ，1989；Färe and Grosskopf ，2000）。

意愿任意调整各产出比例（索非欧和诺克斯·洛弗尔，Zofío and Knox - Lovell，2001）。[1] 然而在实际生产中，一定时期内部分投入要素是预先支付且固定不变的，如厂房、大型机器设备等。同时，由于很多产品并不具有完全替代性，且某种产品退出市场具有明显障碍，导致产出比例并不能够随意调整。因此，为了达到生产技术的最优状态，生产者更为可能的选择是同时调整投入要素比例和产出组合。为了分析这类生产行为，研究者们依据投入和产出调整方式的不同定义了两类距离函数：基于比例方法的双曲线距离函数和基于差分方法的方向性距离函数（狄伟特，Diewert，2005）。[2] 由于用数学规划方法对双曲线距离函数进行求解需要解非线性规划，大多数研究选用差分基础的方向性距离函数，本小节也重点讨论该距离函数的概念及性质。

遵循卢恩伯格（1992）定义短缺函数的方法，[3] 钱伯等（Chambers et al.，1996）拓展投入和产出距离函数，最早定义了方向性距离函数，即投入和产出沿着方向性向量 $g = (-g_x, g_y)$ 进行同比例变化。[4] 基于技术集 T 的方向性距离函数可表示为：

$$\vec{D}(x, y; -g_x, g_y) = \max\{\alpha: (x - \alpha g_x, y + \alpha g_y) \in T\} \quad (5-6)$$

其中，α 是一个标量，表示某生产者为达到生产技术前沿，其实际投入产出组合 (x, y) 沿着方向性向量 g 所需要调整的比例，其值大于等于 0。显然，方向性距离函数在完整地定义技术水平 T 前提下，也通过方向向量 g 确定了成本节约且产出扩张型技术前沿。首先，此距离函数是技术集 T 的完整表述，规范表示为：当且仅当 $(x, y) \in T$，$\vec{D}(x, y; -g_x, g_y) \geq 0$。其次，区别于投入或产出距离函数，方向性距离函数将技术 T

①　Zofío J. L.，Knox - Lovell C. A.，"Graph Efficiency and Productivity Measures: An Application to US Agriculture"，*Applied Economics*，No. 11，2001.

②　Diewert W. E.，"Index Number Theory Using Differences Rather than Ratios"，*American Journal of Economics and Sociology*，No. 1，2005.

③　Luenberger D. G.，"Benefit Functions and Duality"，*Journal of Mathematical Economics*，No. 5，1992.

④　Chambers R. G.，Färe R.，Grosskopf S.，"Productivity Growth in APEC Countries"，*Pacific Economic Review*，No. 3，1996.

的前沿定义为用最小投入 $x - \alpha g_x$ 得到最大产出 $y + g_y$。这是方向性距离函数的最大优势，即通过定义方向向量 g 来确定技术前沿的不同方向。一般来说，$g = (-g_x, 0)$ 定义了投入节约型技术前沿，$g = (0, g_y)$ 表示产出扩张型生产技术前沿，而 $g = (-g_x, g_y)$ 则确定了要素节约且产出扩张型前沿。此外，对应于技术集 T 的性质，费尔和格罗斯科普夫（2000）讨论了方向距离函数所满足的性质：[①]

（1）单调性，产出满足自由处置性，那么距离函数关于 x 非递减性、关于 y 非递增性。也就是说：

如果 $x_2 \geqslant x_1$，那么 $\vec{D}(x_2, y; -g_x, g_y) \geqslant \vec{D}(x_1, y; -g_x, g_y)$；

如果 $y_2 \geqslant y_1$，那么 $\vec{D}(x, y_2; -g_x, g_y) \leqslant \vec{D}(x, y_1; -g_x, g_y)$。

（2）转换性，即：$\vec{D}(x - \alpha g_x, y + \alpha g_y) = \vec{D}(x, y; -g_x, g_y) - \alpha$，表示如果投入产出向量 (x, y) 转换成 $(x - \alpha g_x, y + \alpha g_y)$，其距离函数值也相应减少 α。这一特性类似于投入或产出距离函数的齐次性。

（3）关于方向向量 g 的 -1 阶齐次性，即：$\vec{D}(x, y; -\chi g_x, \chi g_y) = \chi^{-1}\vec{D}(x, y; -g_x, g_y)$，$\chi > 0$。

（4）如果某生产者实际投入产出组合 (x, y) 处于前沿上，表明它充分使用了现有前沿技术，即 $\vec{D}(x, y; -g_x, g_y) = 0$。

（5）若生产者实际投入产出组合 (x, y) 处于前沿以下，说明其并未有效地使用前沿技术，那么 $\vec{D}(x, y; -g_x, g_y) \geqslant 0$。

此外，钱伯（1996）[②] 还进一步证明方向性距离函数是产出或投入距离函数的一般化形式。其中：

$$\vec{D}(x, y; g) = 1/D_o(x, y) - 1 \qquad (5-7)$$

常规模报酬下：

$$\vec{D}(x, y; g) = D_I(x, y) - 1 \qquad (5-8)$$

① Färe R., Grosskopf S., "Theory and Application of Directional Distance Functions", *Journal of Productivity Analysis*, No. 2, 2000.

② Chambers R. G., Färe R. Grosskopf S., "Productivity Growth in APEC Countries", *Pacific Economic Review*, No. 3, 1996.

三、基于距离函数的全要素生产率指数构建

尽管距离函数在 1953 年就被提出，但是直到卡韦斯等（Caves et al.，1982）用它构造生产率指数进行生产行为分析时，其使用价值才开始被研究者发掘。[①] 后来，在卡韦斯等（1982）基础上，费尔等（1989）进一步将该生产率指数分解为两个组成部分——纯技术进步和技术效率变化，并开创性地提出用数学规划方法对其求解。[②] 自此之后，基于距离函数的全要素生产率指数在不同领域的生产率分析中得以广泛应用，届时，考虑不同生产行为的生产率指数不断丰富和发展。本节主要讨论基于投入或（和）产出距离函数的曼奎斯特生产率指数（M 指数）、基于方向性距离函数的龙伯格生产率指数（L 指数）和环境曼奎斯特—龙伯格生产率指数（ML 指数）三种。

（一）基于投入或（和）产出距离函数的曼奎斯特生产率指数

卡韦斯（1982）发现曼奎斯特（1953）基于投入距离函数构造了一个生活标准指数用于分析跨期消费行为的变动，认为此指数同样适用于分析生产行为。[③] 随之，他们基于投入距离函数构造一个考虑投入节约行为的生产率指数，并命名曼奎斯特生产率指数。依据构造方式不同，现存 M 指数可分为两类：一类是偏方向 M 指数，即用同类型距离函数（投入或产出距离函数）比例构造的生产率指数，如卡韦斯（1982）、费尔（1989）；另一类是总方向 M 指数，即按照全要素生产率指数的传统含义，将生产率指

① Caves D. W., Christensen L. R., Diewert W. E., "The Economic Theory of Index Numbers and the Measurement of Input, Output, and Productivity", *Econometrica*, No. 6, 1982.

② Färe R., Grosskopf S., Lindgren B., Roos P., "Productivity Developments in Swedish Hospitals: A Malmquist Output Index Approach", in Charnes, A., Cooper, W. W., Lewin, A. Y. Seiford, L. M. (Eds.), *Data Envelopment Analysis Theory*, *Methodology and Applications*, Kluwer Academic Publishers, 1989.

③ Malmquist S., "Index Numbers and Indifference Surfaces", *Trabajos de Estadistica*, 1953.

数定义为产出距离函数比例除以投入距离函数比例，如迪韦特（1982）、
比尤克（1994）。[①]

1. 基于投入（或产出）距离函数的曼奎斯特生产率指数

在生产技术 T 条件下，假设某生产者要获得产出向量 y，其在时期 t 和
$t+1$ 的实际投入分别为 x^t 和 x^{t+1}。那么依据定义（5-4），以 K（$K=t$, $t+$
1）期技术为参考技术时其投入距离函数分别为 D_I^K（y, x_t），D_I^K（y,
x_{t+1}）。卡韦斯（1982）将以 K 期技术为参考技术的投入方向 M 数（M_I^K 指
数）定义为：

$$M_I^K(x_t, x_{t+1}, y) = \frac{D_I^K(x_t, y)}{D_I^K(x_{t+1}, y)}, \quad K = t, \ t+1 \qquad (5-9)$$

M_I^K 指数测度的是跨期内某生产者要生产固定产出 y，其实际投入离参
考技术前沿最优投入距离的变化，反映该生产者投入要素使用效率的变
动。如果 $M_I^K > 1$，则表明随着时间推移，生产固定产出所需要的投入量变
少，表示该生产者的投入要素使用效率提高。反之，若 $M_I^K < 1$，则表明生
产者投入要素的使用效率降低。若 $M_I^K = 1$，则表示投入要素使用效率保持
相对稳定状态。

同理，基于产出距离函数仍然可以定义曼奎斯特生产率指数（记作 M_O
指数），那么以 K 期技术为参考技术的表达式为：

$$M_o^K(x, y_t, y_{t+1}) = \frac{D_o^K(x, y_{t+1})}{D_o^K(x, y_t)}, \quad K = t, \ t+1 \qquad (5-10)$$

M_o^K 指数测度某生产者花费固定投入要素 x，在不同时期内所生产实际
产出距 K 期前沿产出远近的变动，主要通过产出的多寡考察生产技术水
平变动。$M_o^K > 1$ 表明投入同样生产要素，$t+1$ 期比 t 期产出更接近前沿水
平，说明生产技术水平进步，$M_o^K < 1$ 表示同样投入要素生产的产出离前沿

① Caves D. W., Christensen L. R., Diewert W. E., "The Economic Theory of Index Numbers and the Measurement of Input, Output, and Productivity", *Econometrica*, No. 6, 1982. Bjurek H., "Essays on Efficiency and Productivity Change with Applications to Public Service Production", *Gothenburg: University of Gothenburg*, 1994.

更远，说明技术相对前沿水平退步，$M_o^K = 1$ 表示技术相对停滞。

由上述定义可以看出，选择参考技术是分析技术水平变动的重要因素，武断选用参考技术可能导致生产率指数出现偏差，因此，费尔等（1989）将 $M^{t,t+1}$ 指数定义为分别以 t 期和 $t+1$ 期技术为参考技术时两个 M_1 或 M_0 指数的几何平均数，[1] 即：

$$M^{t,t+1}(x_t,\ y_t,\ x_{t+1},\ y_{t+1}) = (M_I^t \cdot M_I^{t+1})^{1/2} = (M_o^t \cdot M_o^{t+1})^{1/2}$$

也就是说：

$$M^{t,t+1}(x_t,\ y_t,\ x_{t+1},\ y_{t+1}) = (M_I^t \cdot M_I^{t+1})^{1/2} = (M_o^t \cdot M_o^{t+1})^{1/2}$$

$$M^{t,t+1} = M_I^{t,t+1}(x_t,\ y_t,\ x_{t+1},\ y_{t+1}) = \left(\frac{D_I^t\ (x_t,\ y_t)}{D_I^t\ (x_{t+1},\ y_{t+1})} \cdot \frac{D_I^{t+1}\ (x_t,\ y_t)}{D_I^{t+1}\ (x_{t+1},\ y_{t+1})} \right)^{1/2}$$

或：

$$M^{t,t+1} = M_o^{t,t+1}(x_t,\ y_t,\ x_{t+1},\ y_{t+1}) = \left(\frac{D_o^t\ (x_{t+1},\ y_{t+1})}{D_o^t\ (x_t,\ y_t)} \cdot \frac{D_o^{t+1}\ (x_{t+1},\ y_{t+1})}{D_o^{t+1}\ (x_t,\ y_t)} \right)^{1/2}$$

$$(5-11)$$

此外，$M^{t,t+1}$ 指数可进一步分解为两个组成部分——纯技术进步（$MTC^{t,t+1}$）和效率改进效应（$MEC^{t,t+1}$）。以投入方向生产率指数为例：

$$M^{t,t+1} = \left(\frac{D_I^t\ (x_t,\ y_t)}{D_I^t\ (x_{t+1},\ y_{t+1})} \cdot \frac{D_I^{t+1}\ (x_t,\ y_t)}{D_I^{t+1}\ (x_{t+1},\ y_{t+1})} \right)^{1/2}$$

$$MTC^{t,t+1}(x_t,\ y_t,\ x_{t+1},\ y_{t+1}) = \left(\frac{D_I^{t+1}\ (x_{t+1},\ y_{t+1})}{D_I^t\ (x_{t+1},\ y_{t+1})} \cdot \frac{D_I^{t+1}\ (x_t,\ y_t)}{D_I^t\ (x_t,\ y_t)} \right)^{1/2}$$

$$MEC^{t,t+1}(x_t,\ y_t,\ x_{t+1},\ y_{t+1}) = \frac{D_I^t\ (x_t,\ y_t)}{D_I^{t+1}\ (x_{t+1},\ y_{t+1})} \qquad (5-12)$$

其中，$MTC^{t,t+1}$ 表示生产前沿的变动，一般看作纯技术创新效应；$MEC^{t,t+1}$ 度量跨期内前沿技术相对使用效率的变化，通常称为追赶效应。同时，费尔等（1989）提出用数学规划方法计算 $M^{t,t+1}$ 指数及其组成部分。

---

① Färe R., Grosskopf S., Lindgren B., Roos P., "Productivity Developments in Swedish Hospitals: A Malmquist Output Index Approach", in Charnes, A., Cooper, W. W., Lewin, A. Y. Seiford, L. M. (Eds.), *Data Envelopment Analysis Theory*, *Methodology and Applications*, Kluwer Academic Publishers, 1989.

由于数学规划不要求价格信息，且不需要事先设定生产函数形式，$M^{t,t+1}$ 指数一直是各研究领域生产率分析的主流方法，如费尔等（1994）、欧迪克（Odeck，2000）、奥利维利亚等（Oliveira et al.，2009）、吉托和曼库索（Gitto and Mancuso，2012）。[①]

2. 基于投入和产出距离函数的曼奎斯特生产率指数

由于偏方向生产率指数不能准确测量变规模报酬条件下生产率的变动，比尤克（1994）遵循全要素生产率指数的基本定义（如曼奎斯特生产率指数），用投入和产出距离函数构造了参考技术 k 下曼奎斯特生产率指数（M_T^k 指数）。[②]

$$M_T^k = \frac{M_O^k(x, y_t, y_{t+1})}{M_I^k(x_t, x_{t+1}, y)} = \frac{D_O^k(x, y_{t+1}) / D_O^k(x, y_t)}{D_I^k(x_t, y) / D_I^k(x_{t+1}, y)}, \quad k = t, \ t+1$$

$$(5-13)$$

同样，为了避免参考技术选择对生产率指数的影响，他们也定义 $M_T^{t,t+1}$ 为 M_T^t 和 M_T^{t+1} 的几何平均，即：

$$M_T^{t,t+1} = (M_T^t \cdot M_T^{t+1})^{1/2} \qquad (5-14)$$

式（5-13）、式（5-14）表明，$M_T^{t,t+1}$ 是 $M_o^{t,t+1}$ 和 $M_I^{t,t+1}$ 的比值，测量产出距离变动与投入距离变动的比值，$M_T^{t,t+1} > 1$ 表示全要素生产率提高，$M_T^{t,t+1} < 1$ 表明生产率降低，$M_T^{t,t+1} = 1$ 生产率不变。相比 $M^{t,t+1}$ 而言，$M_T^{t,t+1}$ 最重要的性质是适用于分析变规模报酬条件下全要素生产率变动。从理论上看，当且仅当技术呈现逆齐次性和常规报酬时，$M_T^{t,t+1}$ 与 $M^{t,t+1}$ 指数相等（费尔等，1996）。然而，比尤克（1994）和比尤克等（1998）的实证检验

① Färe R.，Grosskopf S.，Norris M. Zhang Z. "Productivity Growth, Technical Progress, and Efficiency Change in Industrialized Countries", *American Economic Review*, No. 1, 1994. Odeck J. "Assessing the Relative Efficiency and Productivity Growth of Vehicle Inspection Services: An Application of DEA and Malmquist Indices", *European Journal of Operational Research*, No. 3, 2000. Oliveira M. M., Gaspar M. B., Paixão J. P., Camanho, A. S., "Productivity Change of the Artisanal Fishing Fleet in Portugal: A Malmquist Index Analysis", *Fisheries Research*, No. 2-3, 2009. Gitto S., Mancuso P., "Bootstrapping the MalmquistIndexes for Italian Airports", *International Journal of Production Economics*, No. 1, 2012.

② Bjurek H., "Essays on Efficiency and Productivity Change with Applications to Public Service Production", Gothenburg: University of Gothenburg, 1994.

却表明两个指数基本没有差别。[1] 加之，$M_T^{t,t+1}$ 计算和分解的复杂性，此指数并未在实证分析中得到广泛应用（诺克斯·诺弗尔，2003）。[2]

（二）基于方向性距离函数的龙伯格生产率指数

尽管 $M_T^{t,t+1}$ 指数一定程度上考虑了生产者节约投入要素和增加经济产出的生产率提高行为，但是需要在不同条件分别定义并求解投入和产出距离函数，而且在常规模报酬下，投入和产出距离函数具有较大相关性，因此，$M_T^{t,t+1}$ 指数对于投入节约且产出扩展行为的分析存在一定误差。为了将两者置于同一分析框架下考虑，钱伯斯等（1996）利用方向性距离函数的优势，构建了跨越时期 t 和 $t+1$ 的卢恩伯格生产率指数（记作 $L^{t,t+1}$ 指数），[3] 即：

$$L^{t,t+1}(x_t, y_t, x_{t+1}, y_{t+1}) =$$
$$\frac{1}{2}\left(\vec{D}^t(x_t, y_t; g_x, g_y)\right) - \vec{D}^t(x_{t+1}, y_{t+1}; g_x, g_y) +$$
$$\vec{D}^{t+1}(x_t, y_t; g_x, g_y) - \vec{D}^{t+1}(x_{t+1}, y_{t+1}; g_x, g_y) \qquad (5-15)$$

由式（5-15）可以看出，为避免参考技术选择所导致的误差，$L^{t,t+1}$ 指数被定义为分别以 t 和 $t+1$ 期生产技术为参考技术的生产率指数的算术平均。借助于方向性距离函数，它在同一分析框架下有效地同时分析投入节约与产出扩张行为所引致的生产率变动。$L^{t,t+1} > 0$ 预示生产率增加，$L^{t,t+1} < 0$ 说明生产率下降，$L^{t,t+1} = 0$ 表示生产率相对不变。同样 $L^{t,t+1}$ 指数可进一步分解成两个组成部分：

$$LEC^{t,t+1} = \vec{D}^t(x_t, y_t; g_x, g_y) - \vec{D}^{t+1}(x_{t+1}, y_{t+1}; g_x, g_y)$$

① Bjurek H., Førsund F. R., Hjalmarsson L., "Malmquist Productivity Indexes: An Empirical Comparison", in Färe R., Grosskopf S., Russell, R. R (Eds.), *Index Numbers: Essays in Honour of Sten Malmquist*, Boston: Kluwer Academic Publishers, 1998.

② Knox – Lovell C. A., "The Decomposition of Malmquist Productivity Indexes", *Journal of Productivity Analysis*, No. 3, 2003.

③ Chambers R. G., Färe R., Grosskopf S., "Productivity Growth in APEC Countries", *Pacific Economic Review*, No. 3, 1996.

$$LT\,C^{t,t+1} = 1/2\,\left[\vec{D}^{t+1}\,(x_{t+1},\ y_{t+1};\ g_x,\ g_y)\ -\vec{D}^{t}\,(x_{t+1},\ y_{t+1};\ g_x,\ g_y)\ +\right.$$
$$\left.\vec{D}^{t+1}(x_t,\ y_t;\ g_x,\ g_y) - \vec{D}^{t}(x_t,\ y_t;\ g_x,\ g_y)\right] \qquad (5-16)$$

$LE\,C^{t,t+1}$ 代表两时期相对效率的变动，$LT\,C^{t,t+1}$ 表示生产前沿的移动。该生产率指数也得到广泛应用，如布兰德等（Brandouy et al. , 2010）、贝里克和柯思腾，Briec and Kerstens, 2009）、伊普等（Epure et al. , 2011）、马尔贝格和扎胡（2011）。[①]

（三）基于方向性距离函数的环境曼奎斯特—卢恩伯格生产率指数

尽管 $M^{t,t+1}$ 和 $L^{t,t+1}$ 指数准确地测度了不同经济行为下生产率的动态变化，但是它们仅考虑生产过程中具有市场价值的经济产出，忽略了其伴生物——污染物等非合意产出。为此，钟阳昊等（Chung et al. , 1997）将方向性距离函数定义在产出方向上，构建了考虑非合意产出的生产率指数，命名为曼奎斯特—卢恩伯格生产率指数（ML 指数）。[②] 近年来，随着环境恶化对经济增长影响日益加剧，ML 指数在各领域生产行为分析中得到广泛应用，如费尔等（2001）、崴克和扎伊姆（2005）、库玛（2006）等。[③]费尔等（2007）从合意产出和非合意产出的联合生产性出发，将包含非合

---

① Brandouy O. , Briec W. , Kerstens K. , Van de Woestyne, I. , "Portfolio Performance Gauging in Discrete Time Using a Luenberger Productivity Indicator", *Journal of Banking & Finance*, No. 8, 2010. Briec W. , Kerstens K. , "The Luenberger Productivity Indicator: An Economic Specification Leading to Infeasibilities", *Economic Modelling*, No. 3, 2009. Epure M. , Kerstens K. , Prior D. , "Bank Productivity and Performance Groups: A Decomposition Approach Based upon the Luenberger Productivity Indicator", *European Journal of Operational Research*, No. 3, 2011. Mahlberg B. , Sahoo B. H. , "Radial and Non-radial Decompositions of Luenberger Productivity Indicator with an Illustrative Application", *International Journal Production Economics*, No. 2, 2011.

② Chung Y. H. , Färe R. , Grosskopf S. , "Productivity and Undesirable Outputs: A Directional Distance Function Approach", *Journal of Environmental Management*, No. 3, 1997.

③ Färe R. , Grosskopf S. , PasurkaC. A. , "Accounting for Air Pollution Emissionsin Measuresof State Manufacturing Productivity Growth", *Journal of Regional Science*, No. 3, 2001. Yörük B. K. , Zaim O. , "Productivity Growth in OECD Countries: A Comparison with Malmquist Indices", *Journal of Comparative Economics*, No. 4, 2005. Kumar, S. , "Environmentally Sensitive Productivity Growth: A Global Analysis Using Malmquist—Luenberger Index", *Ecological Economics*, No. 2 , 2006.

意产出的生产技术定义为环境生产技术，并用环境生产函数和环境方向性距离函数区分了考虑联合生产行为的两种模型。[①] 认为基于环境生产函数的生产率指数尽管考虑了非合意产出，但它假设非合意产出固定不变，着重考察合意产出的扩张行为，而基于环境方向性距离函数的生产率指数既考虑合意产出扩展也分析非合意产出的缩减。至此，环境技术、环境方向性距离函数以及环境 ML 指数已成为环境生产技术全要素生产率分析的主流方法。遵循费尔等（2007）的分析思路，此处简要介绍环境 ML 指数的构建。

1. 环境生产技术界定

假设在生产技术 T 作用下，经济产出的生产会伴随着废水、废气等污染物排放，为了区分两种不同性质的产出，产出向量 y 可分解为合意产出向量 y^g 和非合意产出向量 y^b，那么产出集 $P(x)$ 可重新描述为：

$$P(x) = \{(y^g, y^b): x 能够生产出 (y^g, y^b)\} \qquad (5-17)$$

费尔等（2007）将上述描述合意产出、非合意产出与投入三者之间的技术结构关系称为环境生产技术。除了满足传统生产技术的一般特性外，环境生产技术的产出集 $P(x)$ 还满足以下两个条件：

（1）如果 $(y^g, y^b) \in P(x)$，且 $y^b = 0$，那么 $y^g = 0$。

（2）如果 $(y^g, y^b) \in P(x)$，且 $\rho \in [0, 1]$，那么 $(\rho y^g, \rho y^b) \in P(x)$。

条件（1）表述的是合意产出和非合意产出之间的零联合性，即合意产出生产必定伴随产生非合意产出。也就是说，若经济体不从事任何经济活动，就没有污染物排放。对应于联合生产性，条件（2）表述了产出的联合弱处置性，即如果投入要素组合 x 能够生产产出组合 (y^g, y^b)，那么它也能生产比 (y^g, y^b) 小的产出组合 $(\rho y^g, \rho y^b)$。也就是说，在投入固定条件下，由于污染物排放量减少需要投入净化或祛除设备，对合意产出

---

① Färe R., Grosskopf S., Pasurka Jr., C. A., "Environmental Production Functions and Environmental Directional Distance Functions", *Energy*, No. 7, 2007.

产生一定挤出效应，最终导致合意产出减少。这一性质是相对于强处置性条件而言的，在强处置性条件下，合意产出或非合意产出的变动是独立的，并不相互影响。

2. 环境方向性距离函数

环境产出集 $P(x)$ 定义了固定投入 x 能够生产的合意产出 y^g 和非合意产出 y^b 的所有组合。通过设定方向向量 $g = (y^g, -y^b)$ 将生产前沿定义在环境友好方向上，据此，环境方向性距离函数 $\vec{D}_0(x, y^g, y^b; g)$ 可定义为，

$$\vec{D}_0(x, y^g, y^b; g) = \sup \{\beta: (y^g, y^b) + \beta g \in P(x)\} \quad (5-18)$$

其中，距离函数值 β 测度在固定投入和技术结构下，沿着方向向量 g，合意产出 y^g 增长和非合意产出 y^b 减少的最大比例。显然，基于方向向量 $g = (y^g, -y^b)$，式 (5-18) 定义了环境友好型生产技术前沿，处于前沿上的生产者用给定水平的投入要素组合 x 生产了最大合意产出 $(1+\beta) y^g$、排放了最少污染物 $(1-\beta) y^b$。

3. 环境 ML 指数构建

基于式 (5-18)，钟阳昊等 (Chung et al., 1997) 推导出环境方向性距离函数与传统产出距离函数的关系，[①] 即：

$$\vec{D}_0(x, y^g, y^b; g) = 1/D_0(x, y^g, y^b) - 1 \quad (5-19)$$

依照此关系式，将 (5-11) 式中 $M_o^{t,t+1}$ 指数中的产出距离函数 $D_0(x, y^g, y^b)$ 替换成环境方向距离函数 $\vec{D}_0(x, y^g, y^b; g)$，最终构造了描述 t 和 $t+1$ 期生产率变动的环境 $ML^{t,t+1}$ 指数：

$$ML^{t,t+1} =$$

$$\left[\frac{(1+\vec{D}_o^t(x_t, y_t^g, y_t^b; g_t))(1+\vec{D}_o^{t+1}(x_t, y_t^g, y_t^b; g_t))}{(1+\vec{D}_o^t(x_{t+1}, y_{t+1}^g, y_{t+1}^b; g_{t+1}))(1+\vec{D}_o^{t+1}(x_{t+1}, y_{t+1}^g, y_{t+1}^b; g_{t+1}))} \right]^{\frac{1}{2}}$$

$$(5-20)$$

像其他生产率指数一样，$ML^{t,t+1}$ 可分解成两部分：

---

① Chung Y. H., Färe R., Grosskopf S., "Productivity and Undesirable Outputs: A Directional Distance Function Approach", *Journal of Environmental Management*, No. 3, 1997.

$$MLTC^{t,t+1} = \left[\frac{1 + \overrightarrow{D}_o^{t+1}(x_t, y_t^g, y_t^b; g_t)}{1 + \overrightarrow{D}_o^t(x_t, y_t^g, y_t^b; g_t)} \cdot \frac{1 + \overrightarrow{D}_o^{t+1}(x_{t+1}, y_{t+1}^g, y_{t+1}^b; g_{t+1})}{1 + \overrightarrow{D}_o^t(x_{t+1}, y_{t+1}^g, y_{t+1}^b; g_{t+1})} \right]^{1/2}$$

$$MLEC^{t,t+1} = \frac{1 + \overrightarrow{D}_o^t(x_t, y_t^g, y_t^b; g_t)}{1 + \overrightarrow{D}_o^{t+1}(x_{t+1}, y_{t+1}^g, y_{t+1}^b; g_{t+1})} \qquad (5-21)$$

显然，从数值上看 $ML^{t,t+1}$ 等于 $M_O^{t,t+1}$，借助于环境方向距离函数，$ML^{t,t+1}$ 较好地考察了污染物减排约束下全要素生产率指数的变动。近年来，测度中国环境全要素生产率指数已成为国内学者广泛关注的焦点。如张春洪等（2011）基于1989—2008年中国30个省级区域数据估算了环境敏感性生产率指数的变化。[1] 采用类似的数据集，田银华等（2011）运用序列 ML 指数重新估算了中国 30 个省级区域环境约束的全要素生产率指数。[2]

四、绿色全要素生产率指数的构建及估算方法

到目前为止，基于距离函数的生产率指数成功地测度了不同方向的技术变化，如基于投入距离函数的 M 指数表征了投入节约型技术变动，基于环境方向性距离函数的 ML 指数度量了环境友好型技术动态变化。沿着这一思路，本书拓展环境方向性距离函数，定义绿色方向性距离函数，并构绿色全要素生产率指数用于分析绿色技术进步。主要包括绿色方向性距离函数定义、绿色全要素生产率指数构建以及估算三部分内容。

（一）绿色方向性距离函数

1. 绿色方向性距离函数的定义

如上所述，方向性距离函数是基于某一生产技术集而定义的，因此，

---

① Zhang C. , Liu H. , et al. , "Productivity Growth and Environmental Regulations – Accounting for Undesirable Outputs：Analysis of China's Thirty Provincial Regions Using the Malmquist – Luenberger Index", *Ecological Economics*, No. 12, 2011.

② 田银华、贺胜兵等：《环境约束下地区全要素生产率增长的再估算：1998—2008》，《中国工业经济》2011 年第 1 期。

首先有必要对包含资源投入和污染物的多投入多产出生产技术集进行简要说明。本书考虑生产技术 T，它用 H 种资源投入 $e \in R_+^H$ 和 K 种非资源投入 $x \in R_+^K$ 能够生产 M 种合意产出 $y \in R_+^M$ 和 G 种非合意产出 $u \in R_+^G$，那么该生产技术 $t = (1, 2, \ldots, T)$ 期的技术集 T^t 可描述为：

$$T^t = (x^t, e^t, y^t, u^t) : (x^t, e^t) \text{ 能够生产 } (y^t, u^t) \quad (5-22)$$

如前所述，技术集 T 满足一般性公理，如紧密性、单调性、齐次性、投入产出可获得性等（费尔和普里莫拉特，1995）。同时，由于考虑了非合意产出，技术集 T^t 同样满足环境技术的特性，即所有投入和合意产出具有强处置性，非合意产出满足弱处置性。也就是说，处置冗余的投入或合意产出是免费的，而削减非合意产出则需要花费成本（费尔等，2007）。

显然，式（5-22）描述了生产技术的总体形式，包括利于和不利于资源节约和污染物减排的各类生产技术。而通过方向性距离函数可以定义该技术的前沿方向，从而考察某特定类型的经济生产行为（杰夫，2002）。[1] 如钱伯斯（1996）采用方向性距离函数定义了产出增加且投入节约型生产技术前沿，费尔等（2007）定义了环境方向性距离函数，用于分析合意产出扩张和非合意产出减少的环境友好型生产行为。[2]

沿着这一思路，此处对传统二维方向性距离函数进行拓展，设置一个考虑经济增长、资源节约以及污染物减排的三维方向向量，用于定义绿色生产技术前沿，从而识别资源—环境—经济三者协调发展的经济行为。具体来说，三维方向向量 $g = (-g_g, g_y, -g_u)$ $(g \neq 0)$ 定义在此方向向量上的距离函数称为绿色方向性距离函数，那么由 t 期投入产出组合定义的绿色方向性距离函数 $\vec{D}^t(x^t, e^t, y^t, u^t; g^t)$ 可描述为，

$$\vec{D}^t(x^t, e^t, y^t, u^t; g^t) = \sup\left\{\frac{1}{3}\sum_{r=1}^{3} \alpha_r^t \cdot (x^t, e^t - \alpha_1^t g_e^t, y^t + a_2^t g_y^t, u^t - a_3^t g_u^t) \in T^t\right\}$$

$$(5-23)$$

　　① Jaffe A. B. , Newell R. , Stavins R. N. , "Environmental Policy and Technological Change", *Environmental and Resource Economics*, No. 1, 2002.

　　② Chambers R. G. , Färe R. Grosskopf S. , "Productivity Growth in APEC Countries", *Pacific Economic Review*, No. 3, 1996.

类似于传统方向性距离函数，式（5－23）定义了绿色生产技术前沿，即非资源投入固定不变时，处于前沿上的生产者用最小资源投入量 $e^t - \alpha_1^t g_e^t$ 生产最大的经济产出 $y^t + \alpha_2^t g_y^t$，却排放了最少的污染物 $u^t - \alpha_3^t g_u^t$。值得指出的是，本书假设资源投入、经济产出和污染物沿着各自的方向以不同比例进行调整。其主要原因是考虑到后面将选用数据包络分析方法对距离函数求解，数据包络分析构造的前沿面并非光滑面，而是分段形式的，由于某分段可能与坐标轴平行，进而导致投入或产出松弛问题（托内，2001），[①] 因此，参照福山和韦伯（Fukuyama and Weber，2009）的做法，假设三者沿着各自方向以不同比例变化。[②] 其中，α_2^t 表示经济产出 y 沿着 g_y 方向所能扩张的最大可行性比例，α_1^t、α_3^t 表示资源投入 e 和污染物 u 分别沿着 g_g、g_u 方向所能缩减的最大可能比例，所有 α^t 取大于等于 0 的实数。而距离函数值 $\vec{D}^t(x^t, e^t, y^t, u^t; g^t)$ 等于三个 α^t 的算术平均值，表示实际资源投入、经济产出以及污染物排放量相对于前沿水平的平均距离。其值越大表明实际投入量或产出量离前沿水平越远。需要特别指出的是，对三个 α^t 设置相同的权重（1/3）表示对于该生产者而言资源节约、经济增长和污染物减排三者同等重要。当然，研究者可以根据某地区经济发展的实际情况，对上述标准化权重进行调整。如考虑到现阶段中国仍然是一个拥有七千多万贫困人口的发展中国家，促进经济平稳快速发展和消除贫困仍然是第一要务，本书在后续研究中将标准化权重矩阵调整为（1/4，1/2，1/4）。

为了直观说明绿色方向性距离函数与环境方向性距离函数的差异，本书描绘了图5.4。由于绿色方向距离函数定义在三维空间上，用三维图来进行这一对比相对比较困难。因此，假设在某生产技术水平下，所有生产者的资源投入都已经达到前沿水平 $e^t - \alpha_1^t g_e^t$，那么绿色方向性距离函数可以在二维空间中进行描述。

①　Tone K. A. , "Slacks – based Measure of Efficiency in Data Envelopment Analysis", *European Journal of Operational Research*, No. 3, 2001.

②　Fukuyama H. , Weber W. L. , "A Directional Slacks – based Measure of Technical Inefficiency", *Socio – economic Planning Sciences*, No. 4, 2009.

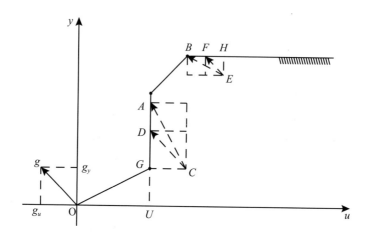

图 5.4　绿色方向性距离函数与环境方向性距离函数

在图 5.4 中，点 A、B、C、E 分别代表了四个生产单位，$OGAB$ 以及从 B 点延伸的与横轴平行部分界定了生产技术 T 的绿色生产前沿。显然，生产者 A、B 处于前沿上，而 C、E 位于前沿内。假设两个距离函数使用相同的方向性向量 g，在图 5.4 中用射线 Og 表示。在环境方向距离函数下，对生产者 C 而言，其合意产出和非合意产出变动的比例分别为 GD/Og_y、CG/Og_u，且 $GD/Og_y = CG/Og_u$。而依据绿色方向性距离函数，非合意产出缩减比例仍为 CG/Og_u，由于经济产出冗余的存在，合意产出的扩张比例增大为 GA/Og_y。对于生产单位 E 而言，环境方向距离函数下，其合意产出和非合意产出的变动比例分别为 EH/Og_y，HF/Og_u，且 $EH/Og_y = HF/Og_u$。而在绿色方向距离函数下，其合意产出扩张的比例不变，其非合意产出可以缩减更大比例，为 HB/Og_u。

此外，由于生产单位之间具有异质性，α_i^t 取值具有重要的现实价值。根据 α_i^t 值可以判断某生产者生产技术偏离前沿水平的技术原因，是由于使用了浪费资源的生产技术，还是由于正在使用的生产技术排放较多污染物，亦或是两种类型的技术都被生产者大量采用，进而推断未来资源环保行动中应该考虑更多选用哪类技术。当然，这些技术可以是纯技术引进或改进，也可以是有利于资源环保的制度设计或管理方式的使用。对于α_r^t取值的不同寓意，此处做简要讨论，如表5.1所示。

表5.1　绿色方向性距离函数各技术参数值的现实意义

资源、污染物缩减系数	经济产出扩张系数	需要采用技术
$\alpha_2^t = 0$，$\alpha_3^t = 0$	$\alpha_2^t = 0$	绿色技术创新和制度创新
	$\alpha_2^t \neq 0$	经济规模扩张
$\alpha_1^t = 0$，$\alpha_3^t \neq 0$	$\alpha_2^t \neq 0$	清洁生产过程
	$\alpha_2^t = 0$	末端治理技术
$\alpha_1^t \neq 0$，$\alpha_3^t = 0$	$\alpha_2^t \neq 0$	能带来经济效益的资源节约技术
	$\alpha_2^t = 0$	未有环境和经济效益的节能技术
$\alpha_1^t \neq 0$，$\alpha_3^t \neq 0$	$\alpha_2^t \neq 0$	能带来经济效益的绿色技术
	$\alpha_2^t = 0$	仅具有资源环保功能的绿色技术

对于某生产者来说，如果所有$\alpha_r^t = 0$，表示该生产者的现有技术水平处于绿色技术前沿上，如果他想进一步在保持经济增长的过程中节约资源或减少污染物排放，必须依赖于绿色技术创新、制度改进或管理方法革新等（罗和舍斯塔尔瓦，Raa and Shestalova，2011）。[①] 然而，对于处于前沿以下的生产者而言，各α_r^t的不同取值将有不同含义，此处分别予以解析。

当$\alpha_1^t = 0$，$\alpha_3^t \neq 0$，表明生产者实际使用技术与前沿水平存在差距的主要原因是使用了污染严重的生产技术，因此，采用先进污染物减排技术应该是该生产者达到绿色技术前沿的主要途径。依据本书第二章对绿色技术的分类，此类技术主要包括清洁生产技术和末端治理技术。如果$\alpha_2^t \neq 0$，生产者应该更多考虑使用清洁生产过程技术，因为这类技术在减少污染物同时，一定程度上增加经济产出。如果$\alpha_2^t = 0$，可以推测生产者应该关注直接的减排技术，如脱硫设施安装、污水处理设备安装、碳捕获和封存技术等末端治理技术（奥托和赖利，Otto and Reilly，2008），不同于清洁生产过

---

① Raa T. T., Shestalova V., "The Solow Residual, Domar Aggregation, and Inefficiency: A Synthesis of TFP Measures", *Journal of Productivity Analysis*, No. 1, 2011.

程，这类措施一般会增加企业的生产成本，较难产生额外的经济效益。[①]

如果$\alpha_1^t \neq 0$，$\alpha_3^t = 0$，生产者应该考虑资源节约技术。依照马丁（2000）资源节约技术可分为两类：一类是相对于现有生产技术实践而言，生产同样产品消耗更少的资源。[②] 另一类是指资源使用效率提高同时，还会带来额外的非资源收益，如环境改善、经济增长。如果某生产者的技术参数$\alpha_2^t \neq 0$，可以推断该生产者应该关注可以带来经济收益的资源节约技术，如热能回收技术等。如果$\alpha_2^t = 0$，提高单位产品能耗的资源效率技术也许是生产者未来应该关注的，如 LED 照明灯、建筑物使用绝热材料等。

在$\alpha_1^t \neq 0$，$\alpha_3^t \neq 0$情景下，生产者尤其对能够同时实现资源节约和污染物减排的绿色技术感兴趣。具体来说，如果$\alpha_2^t = 0$ 他们可能通过各种方式减少化石资源消耗，因为这类技术具有节能、污染物减排双重收益。$\alpha_2^t \neq 0$要求生产者在实现节约资源和减排目标同时，还应该考虑这一技术的采用是否能够带来经济效益，如循环流化床锅炉的使用。

最后，$\alpha_1^t = 0$，$\alpha_3^t = 0$，$\alpha_2^t \neq 0$表明生产者倾向于通过扩大生产规模来提高资源效率或环境绩效。

2. 绿色方向性距离函数的性质

结合绿色生产技术和方向性距离函数的性质，本书推导出绿色方向性距离函数满足的性质：

（1）单调性，即如果投入和产出满足自由处置性，那么距离函数关于e、u非递减性、关于y非递增性。也就是说，在其他条件不变的情况下，资源投入量或污染物排放量的增长，会增加距离函数值，而合意产出增加则会有相反的作用。该特征可表述为以下形式：

如果$e_1 \geq e_2$，那么$\vec{D}(x, e_2, y, u; g) \geq \vec{D}(x, e_1, y, u; g)$；

如果$u_2 \geq u_1$，那么$\vec{D}(x, e, y, u_2; g) \geq \vec{D}(x, e, y, u_1; g)$；

① Otto V. M., Reilly J., "Directed Technical Change and the Adoption of CO$_2$ Abatement Technology: The Case of CO$_2$ Capture and Storage", *Energy Economics*, No. 6, 2008.

② Martin N., Worrell E., et al., "Emerging Energy – efficient Industrial Technologies", Working Paper, 2000.

如果 $y_2 \geqslant y_1$，那么 $\vec{D}$ $(x, e, y_2, u; g) \leqslant \vec{D}$ $(x, e, y_1, u; g)$。

（2）关于方向向量 g 的 -1 阶齐次性，即：$\vec{D}(x, e, y, u; \chi g) = \chi^{-1}$ $\vec{D}(x, e, y, u; g)$，$\chi > 0$。

（3）如果某生产者实际投入产出组合（x, e, y, u）处于前沿上，表明在现有技术水平下，该生产者已经使用了最先进的绿色技术，即 $\vec{D}(x, e, y, u; g) = 0$。

（4）生产者实际投入产出组合（x, e, y, u）处于前沿以下说明其未能充分使用现存的绿色先进技术，那么 $\vec{D}(x, e, y, u; g) \geqslant 0$。

（二）绿色全要素生产率增长指数构建及其分解

1. 绿色全要素生产率增长指数构建

本部分基于（5–23）式的方向性距离函数构造绿色全要素生产率指数。纵观现有文献，在选用方向性距离函数构造生产率指数时存在两种普遍使用的方法，一种是钱伯斯等（1996）直接用距离函数构造 L 指数，[①]另一种是钟阳昊等（Chung et al., 1997）通过方向性距离函数与传统产出距离函数的关系构建 ML 指数。由于 ML 指数构建是时需要做一些假设，如常规模报酬等，因此，本书选用钱伯斯等（1996）的方法，直接用绿色方向性距离函数替代传统方向性距离函数，构造绿色全要素生产率指数（$GTPI$ 指数），那么以 t 期技术为参考技术的生产率指数 $GTPI^t$ 可定义为：

$$GTPI^t = \vec{D}^t(x^t, e^t, y^t, u^t; g^t) - \vec{D}^t(x^{t+1}, e^{t+1}, y^{t+1}, u^{t+1}; g^{t+1})$$

$$(5-24)$$

其中，$\vec{D}^t(x^t, e^t, y^t, u^t; g^t)$ 是当期绿色方向性距离函数值，考察某生产者实际投入产出数据相对当期技术前沿的距离。$\vec{D}^t(x^{t+1}, e^{t+1}, y^{t+1}, u^{t+1}; g^{t+1})$ 是指交叉期距离函数值，主要测度某生产者 $t+1$ 期投入产出数据离 t 期技术前沿的距离。$GTPI^t$ 测量相对于 t 期生产技术前沿而言，某

① Chambers R. G., Färe R., Grosskopf S., "Productivity Growth in APEC Countries", *Pacific Economic Review*, No. 3, 1996.

生产者 $t+1$ 期投入产出数据是否比 t 期投入产出数据离前沿更近。类似于先前的全要素生产率指数构建方法，如果将 $t+1$ 期生产技术看作参考技术，那么生产率指数 $GTPI^{t+1}$ 可定义为：

$$GTPI^{t+1} = \vec{D}^{t+1}(x^t,\ e^t,\ y^t,\ u^t;\ g^t) - \vec{D}^{t+1}(x^{t+1},\ e^{t+1},\ y^{t+1},\ u^{t+1};\ g^{t+1})$$

$$(5-25)$$

同理，$\vec{D}^{t+1}(x^t,\ e^t,\ y^t,\ u^t;\ g^t)$ 是一个跨期距离函数，用 t 期实际投入产出数据与 $t+1$ 期技术前沿对比。由于大多数情况下 $GTPI^t \neq GTPI^{t+1}$，因此，为了避免武断选择参考技术所导致的误差，本书定义绿色生产率指数 $GTPI^{t,t+1}$ 为 $GTPI^t$ 和 $GTPI^{t+1}$ 的算术平均值，即：

$$GTPI^{t,t+1} = 1/2\ (GTPI^t + GTPI^{t+1})$$
$$= 1/2\ [\vec{D}^t(x^t,\ e^t,\ y^t,\ u^t;\ g^t) - \vec{D}^t(x^{t+1},\ e^{t+1},\ y^{t+1},\ u^{t+1};\ g^{t+1})$$
$$+ \vec{D}^{t+1}(x^t,\ e^t,\ y^t,\ u^t;\ g^t) - \vec{D}^{t+1}(x^{t+1},\ e^{t+1},\ y^{t+1},\ u^{t+1};\ g^{t+1})]$$

$$(5-26)$$

像传统生产率指数一样，$GTPI^{t,t+1}$ 测度跨期绿色全要素生产率的动态变化，表示生产者的绿色技术变动率。如果 $GTPI^{t,t+1} > 0$，表示从 t 期到 $t+1$ 期生产者的投入产出组合更接近当前绿色技术前沿，表明发生了绿色技术进步。其数值表示第 $t+1$ 期的绿色技术比第 t 期技术进步的速率，即第 $t+1$ 期技术进步率为 $GTPI^{t,t+1}$。对于前沿上的生产者而言，此技术进步源自于利于资源效率和环境绩效提高的各种形式技术或制度的创新。而对于非前沿的生产者而言，该技术进步可能由技术创新所致，但更多通过采用前沿技术或更加有效地利用前沿技术而实现。如果 $GTPI^{t,t+1} < 0$，说明与 t 期相比，$t+1$ 期的生产投入组合离绿色前沿更远，则表示生产者的绿色技术退步，其数值表示相对 t 期而言，$t+1$ 期的技术退步率。值得指出的是，由于绿色方向性距离函数测量的相对距离，因此，$GTPI^{t,t+1}$ 值度量的技术退步具有相对性。其原因可能由于前沿技术发展过快，即前沿下的生产者进行了相关技术创新或引进了更先进的绿色技术，但其进步速率仍小于前沿技术进步的速度。$GTPI^{t,t+1} = 0$ 表示技术相对停滞，说明生产者的绿色技术变动和前沿技术变动之间处于相对稳定状态。

2. 绿色全要素生产率指数分解

一般认为，全要素生产率变动源自多种因素，如纯技术和制度的创新、生产环境的改变以及生产者技术效率的变化等（罗和舍斯塔尔瓦，2011）。[①] 先前研究通过对生产率指数分解，认为纯技术和制度的创新引起生产前沿向前移动，而生产环境改善则提高生产技术使用效率，因此，称前者为纯技术进步（退步）效应，后者为技术追赶（落后）效应。但是从获得技术进步的作用途径来看，前者属于技术或制度创新范畴，而后者的追赶效应则表示前沿技术或管理方式被某生产者使用，使得其技术水平更接近前沿。对于该生产者来说，此效应被称为技术前沿的追赶效应。然而，对于处于前沿上的生产者来说，此过程可以看作是前沿技术及其管理方法的扩散过程。从这一意义上看，追赶效应等同于现有前沿技术的推广使用，本书也将其称为绿色技术扩散效应。为了深入地分析中国绿色技术进步主要是以何种方式进行的，本书将 $GTPI^{t,t+1}$ 分解为技术创新和技术效率改善两组成部分，即：

$$GTPI^{t,t+1} = GTTC^{t,t+1} + GTEC^{t,t+1} \qquad (5-27)$$

其中，

$$\begin{aligned} GTTC^{t,t+1} = \frac{1}{2}\big[&\overrightarrow{D}^{t+1}(x^{t+1},\ e^{t+1},\ y^{t+1},\ u^{t+1};\ g^{t+1}) - \\ &\overrightarrow{D}^{t}(x^{t+1},\ e^{t+1},\ y^{t+1},\ u^{t+1};\ g^{t+1}) + \\ \overrightarrow{D}^{t+1}(x^{t},\ e^{t},\ y^{t},\ u^{t};\ g^{t}) - &\overrightarrow{D}^{t}(x^{t},\ e^{t},\ y^{t},\ u^{t};\ g^{t})\big] \qquad (5-28) \end{aligned}$$

$$GTEC^{t,t+1} = \overrightarrow{D}^{t}(x^{t},\ e^{t},\ y^{t},\ u^{t};\ g^{t}) - \overrightarrow{D}^{t+1}(x^{t+1},\ e^{t+1},\ y^{t+1},\ u^{t+1};\ g^{t+1})$$

$$(5-29)$$

$GTTC^{t,t+1}$ 测量绿色前沿技术的变动，即与绿色相关的技术和制度创新。主要包括三个方面：①纯技术创新，包括新发明的科学技术产品、生产过程、工艺，并成功投入市场产生一定的商业价值，如新绿色产品发明、清洁生产技术、工艺或处理方法的突破，资源节约和污染物控制技术的新改

①　Raa T. T., Shestalova V., "The Solow Residual, Domar Aggregation, and Inefficiency: A Synthesis of TFP Measures", *Journal of Productivity Analysis*, No. 1, 2011.

进等（肯普和蓬托廖，2011）。[①] ②成功提高资源效率或（和）环境绩效的组织和制度创新，如新设立绿色技术服务机构、新颁布实施绿色相关法律法规等。③现有技术发明的商业化，有些技术发明由于各种原因并没有进入市场，绿色政策实施可能会促进这类技术发明的商业化进程（纽厄尔，2006）。[②] 因此，通过 $GTTC^{t,t+1}$ 值可以判断是否成功进行绿色技术创新，$GTTC^{t,t+1} > 0$ 表示绿色技术前沿向上移动，说明出现绿色技术创新，其数值表示技术创新速率。$GTTC^{t,t+1} < 0$ 反映技术前沿向下移动，预示绿色技术并未成功实现创新，出现前沿技术退步情况。$GTTC^{t,t+1} = 0$ 表明技术前沿未出现任何变动，即绿色前沿技术处于停滞状态。

$GTEC^{t,t+1}$ 代表同一生产者实际投入产出相对各自前沿相对距离的跨期变动，考察生产者向前沿移动的速度。此效应一般受两种因素影响：①前沿技术的采用。实际上，由于信息不对称、非完全竞争市场结构等市场失灵出现，加之个体异质性，新技术并不能迅速普及使用（弗雷尔等，Fleiter et al.，2011），因此，任何一种绿色技术的采用或与之相关的制度或环境的改善，都有可能缩小个体与前沿的差距。[③] ②促进绿色的管理方法和制度设计的扩散，包括促进相关技术推广使用的规划、技术经验积累以及服务设施提高等（布里耶克等，2011）。在实际生产中，尽管生产者使用了最先进技术，但是由于其自身生产环境、技术人员水平等所限，其前沿技术并未被充分使用，导致其落后于技术前沿。因此，与前沿技术使用环境相关的任何因素的改善都足以提高其综合绩效。$GTEC^{t,t+1} > 0$ 说明随着时间推移，该生产者技术水平更靠近前沿水平，表示前沿技术或管理方式由未普及此生产者到普及的转变过程，即前沿技术得以扩散，其数值表示前沿技术扩散率。$GTEC^{t,t+1} < 0$ 表明从 t 期到 $t+1$ 期实际投入产出离前沿水平

① Kemp R.，Pontoglio S.，"The Innovation Effectsof Environmental Policy Instruments—A Typical Caseofthe Blind Menandthe Elephant?"，*Ecological Economics*，No. 15，2011.

② Newell R. G.，JaffeA. B.，Stavins R. N.，"The Effects of Economic and Policy Incentives on Carbon Mitigation Technologies"，*Energy Economics*，No. 5—6，2006.

③ Fleiter T.，Worrell E.，Eichhammer W.，"Barriers to Energy Efficiency in Industrial Bottom – up Energy Demand Model – A Review"，*Renewable and Sustainable Energy Reviews*，No. 6，2011.

更远，可能有两种原因：一是该生产者使用了不利于绿色的生产技术；二是生产者使用了前沿技术，但由于前沿技术发展过快，使得该生产者未能赶上前沿发展速度。两种原因都可以理解为前沿技术效率改善失败。$GTEC^{t,t+1}=0$ 也可能发生在两种情形下，一是生产者成功使用了前沿技术，但由于前沿技术的进步速率与技术采用率同步，导致该生产者离前沿的相对位置不变。此情形下即便存在技术效率改善也无法观察到。二是在两个时期该生产者都处于前沿上。

（三）绿色技术进步率估算

依据式（5-26）中 $GTPI^{t,t+1}$ 的定义，要获得 $GTPI^{t,t+1}$ 值需要求解四个距离函数值。目前，对于距离函数求解存在两类广泛使用的方法：一是非参数的数学规划方法（如数据包络分析方法），利用数学线性规划求解函数值（钟阳昊等，1997）；[1] 另一种是参数计量经济学方法，即首先赋予距离函数某一具体函数形式（如二次项函数、超越对数函数等），然后运用计量经济学方法估计函数值，如库玛和马纳金（Kumar and Managi，2009）。[2] 由于函数形式的不适当设定可能导致估计结果出现误差（霍安和科埃利，Hoang and Coelli，2011），[3] 因此，本书选用数据包络分析方法构造前沿技术，从而计算距离函数值。

数据包络分析方法使用被分析系统内所有生产单位的实际投入产出数据构造生产前沿，对于基于面板数据构造生产技术前沿而言，主要存在四种方法，混合所有数据估计一个前沿面，或运用所有生产单位某一期数据

---

①　Chung Y. H., Färe R., Grosskopf S., "Productivity and Undesirable Outputs: A Directional Distance Function Approach", *Journal of Environmental Management*, No. 3, 1997.

②　Kumar S., Managi S., "Energy Price-induced and Exogenous Technological Change: Assessing the Economic and Environmental Outcomes", *Resource and Energy Economics*, No. 4, 2009.

③　Hoang V-N., Coelli T., "Measurement of Agricultural Total Factor Productivity Growth Incorporating Environmental Factors: A Nutrients Balance Approach", *Journalof Environmental Economics and Management*, No. 3, 2011.

构造当期技术前沿（库玛，2006），[①] 或使用视窗分析法用所有生产单位连续两年或三年数据构造某一期技术前沿（费尔等，2007），亦或用序列数据包络分析方法构造序列前沿（欧·哈什玛提，2010）。[②] 为了避免由于某短期投入或产出波动而导致技术前沿"下陷"，从而出现伪技术退步的可能（欧·哈什马特，2010），本书选用序列数据包络分析方法。

依据等式（5-22），考虑一个由 N（$i=1, 2, \cdots, N$）个生产单位组成的生产系统，生产单位 i 在 t 期的投入产出集为（x_i^t, e_i^t, y_i^t, u_i^t），那么生产技术集 T 在 t 期的序列生产可能性集为 $\vec{T}^t = T^1 \cup T^2 \cup \cdots \cup T^t$，其中，$T^t$ 由 t 期 N 个产单位的投入产出构造而成，可表示为：

$$T^t = \{(x^t, e^t, y^t, u^t) : (x^t, e^t) \text{ 能够生产}(y^t, u^t)\}$$

$$= \{(x^t, e^t, y^t, u^t) : \sum_{i=1}^{N} z_i^t e_{hi}^t \leqslant e_{hi}^t, \sum_{i=1}^{N} z_i^t x_{ki}^t \leqslant x_{ki}^t, y_{mi}^t \leqslant \sum_{i=1}^{N} z_i^t y_{mi}^t$$

$$\sum_{i=1}^{N} z_i^t u_{gi}^t = u_{gi}^t, z_i^t \geqslant 0, i = 1, 2, \cdots, N\} \qquad (5-30)$$

其中，z_i^t 表示构造当期前沿时生产者 i 观测值的权重。关于投入和合意产出的不等式条件表达了强处置性，而合意产出的等式反映了弱处置性条件。为求得等式（5-26）的 $GTPI^{t,t+1}$ 值，需估算两种类型的距离函数，同期距离函数 $\vec{D}^t(x^t, e^t, y^t, u^t; g^t)$，$\vec{D}^{t+1}(x^{t+1}, e^{t+1}, y^{t+1}, u^{t+1}; g^{t+1})$ 和交叉期距离函数（$\vec{D}^t(x^{t+1}, e^{t+1}, y^{t+1}, u^{t+1}; g^{t+1})$），$\vec{D}^{t+1}(x^t, e^t, y^t, u^t; g^t)$）。

对于生产者 i 而言，同期距离函数 $\vec{D}^t(x^t, e^t, y^t, u^t; g^t)$ 可通过求解下面的线性规划求出。

$$\vec{D}^t(x^t, e^t, y^t, u^t; g^t) = \max \frac{1}{3} \left(\frac{1}{H} \sum_{h=1}^{H} \alpha_{1hi}^t + \frac{1}{M} \sum_{m=1}^{M} \alpha_{2mi}^t + \frac{1}{G} \sum_{g=1}^{G} \alpha_{3gi}^t \right)$$

① Kumar S. , "Environmentally Sensitive Productivity Growth: A Global Analysis UsingMalmquist—Luenberger index", *Ecological Economics*, No. 2, 2006.

② Oh D. H. , Heshmati A. , "A Sequential Malmquist - Luenberger Productivity Index: Environmentally Sensitive Productivity Growth Considering the Progressive Nature of Technology", *Energy Economics*, No. 3, 2010.

s. t. $\sum\limits_{s=1}^{t} \sum\limits_{i=1}^{N} z_i^s e_{hi}^s \leqslant e_{hi}^t - \alpha_{1hi}^t e_{hi}^t, \forall h$

$\sum\limits_{s=1}^{t} \sum\limits_{i=1}^{N} z_i^s x_{ki}^s \leqslant x_{ki}^t, \forall k$

$y_{mi}^t + a_{2mi}^t y_{mi}^t \leqslant \sum\limits_{s=1}^{t} \sum\limits_{I=1}^{N} z_i^s y_{mi}^s, \forall m$

$\sum\limits_{s=1}^{t} \sum\limits_{i=1}^{N} z_i^s u_{gi}^s = u_{gi}^t - a_{3gi}^t u_{gi}^t, \forall g$

$z_i^s, a_{1hi}^t, a_{2mi}^t, \alpha_{3gi}^t \geqslant 0, \forall i, m, h, g$ （5-31）

其中,z_i^s 表示构造 t 期技术前沿时生产者 i 第 s 期观测值的权重。同理,将式（5-31）中生产者 i 在 t 期投入产出观测值对应替换成其 $t+1$ 期观测值,前沿水平同时也变成 $t+1$ 期技术前沿 $\overrightarrow{T}^{t+1}$,即可求出 $\overrightarrow{D}^{t+1}$ (x^{t+1}, e^{t+1}, y^{t+1}, u^{t+1}; g^{t+1})。生产者 i 交叉期距离函数 $\overrightarrow{D}^t$ (x^{t+1}, e^{t+1}, y^{t+1}, u^{t+1}; g^{t+1}) 可以通过求解以下线性规划求得:

$$\overrightarrow{D}^t(x^{t+1}, e^{t+1}, y^{t+1}, u^{t+1}; g^{t+1}) =$$

$$\max \frac{1}{3}(\frac{1}{H}\sum\limits_{h=1}^{H} \alpha_{1hi}^{t+1} + \frac{1}{M}\sum\limits_{m=1}^{M} \alpha_{2mi}^{t+1} + \frac{1}{G}\sum\limits_{g=1}^{G} \alpha_{3gi}^{t+1})$$

s. t. $\sum\limits_{s=1}^{t} \sum\limits_{i=1}^{N} z_i^s e_{hi}^s \leqslant e_{hi}^{t+1} - \alpha_{1hi}^{t+1} e_{hi}^{t+1}, \forall h$

$\sum\limits_{s=1}^{t} \sum\limits_{i=1}^{N} z_i^s x_{ki}^s \leqslant x_{ki}^{t+1}, \forall k$

$y_{mi}^{t+1} + \alpha_{2mi}^{t+1} y_{mi}^{t+1} \leqslant \sum\limits_{s=1}^{t} \sum\limits_{i=1}^{N} z_i^s x_{ki}^s, \forall m$

$\sum\limits_{s=1}^{t} \sum\limits_{i=1}^{N} z_i^s x_{kgi}^s = u_{gi}^{t+1} - \alpha_{3gi}^{t+1} u_{gi}^{t+1}, \forall g$

$z_i^s, \alpha_{1hi}^{t+1}, \alpha_{2mi}^{t+1} \alpha_{3gi}^{t+1} \geqslant 0, \forall i, h, m, g$ （5-32）

其中,$\overrightarrow{D}^t(x^{t+1}$, e^{t+1}, y^{t+1}, u^{t+1}; g^{t+1})表示 $t+1$ 期投入产出观测值与 t 期生产可能性前沿 T^t 的距离。同理,将生产者 i 在 $t+1$ 期的观测值对于换成 t 期观测值,前沿水平 T^t 替换为 $t+1$ 期的技术前沿 T^{t+1},该生产者的交叉期距离函数 $\overrightarrow{D}^{t+1}(x^t$, e^t, y^t, u^t; g^t)也可以通过解相似的线性规划求得。

第六章　中国省际节能减排政策的绿色
技术进步效应的实证分析

　　节能减排政策是中国政府为提高资源效率和环境质量而实施的一揽子政策措施，是实现经济、资源和环境三者协调发展的重要举措，是否能够实现这一目标关键是看该政策实施是否成功地促进绿色技术进步。基于第五章提出的绿色技术进步测度方法，本章使用 2000—2010 年 30 个省级区域的投入产出数据①，实证分析中国节能减排政策的技术进步效应。同时，依据绿色技术进步指标的分解，分析各省区实现绿色技术进步的主要途径。最后，应用空间相关性方法和收敛性分析方法，分别检验绿色技术进步率在空间分布上是否存在相关性，且从长期看是否具有收敛趋势。

一、中国省际投入产出概况描述

　　统计数据是实证分析的基础，绿色技术进步估算结果的准确性很大程度上依赖于产出和投入变量准确且科学的度量，特别是对诸如污染物排放和资本投入这种不可直接观测变量的测度（陈诗一，2011）。由第五章关于绿色技术进步测度指标的构建可以看出，本书中技术进步估算是基于投入和产出的总量数据而进行的。同时，技术进步是一个动态概念，是对比两个时期技术水平是否移向更先进方向，那么，如果要估算"十五"和

---

　　① 由于第十二个五年计划（2011—2015 年）中 2014 年的部分数据和 2015 年的所有投入产出指标数据无法获得，同时，考虑到便于节能减排政策实施（2016 年开始）前后绿色生产率的对称比较，此书的样本期选择为 2000—2010 年。

"十一五"两个时期共 10 年的技术变动率,研究期跨度应该为 11 年。对应于节能减排政策实施时间以及数据可获得性,本书数据集选取 2000—2010 年中国 30 个省级区域投入和产出的总量数据。其中,30 个省级区域是指除西藏自治区之外的 30 个大陆省(直辖市、自治区),包括北京、天津、上海和重庆 4 个直辖市,内蒙古、宁夏、新疆和广西 4 个民族自治区,河北、山西、辽宁、吉林、黑龙江、江苏、浙江、安徽、福建、江西、山东、河南、湖北、湖南、广东、海南、四川、贵州、云南、陕西、甘肃、青海 22 个省份。

(一) 投入产出指标选择及数据获取

就投入产出的总量生产关系而言,乔根森等(Jorgenson et al., 1987)最早提出了著名的 KLEM 模型,即将投入分解为资本、劳动力、资源和中间投入品四种,产出则采用具有经济价值的合意产出,该模型至今仍被广泛使用。[①] 然而,在大多数关于中国经济问题的分析中,中间投入品变量由于数据可得性较差并未得到普遍采用,同时该模型忽略了污染物排放这一非市场性产出。因此,本著作分析一个三投入两产出的生产系统,即每个地区用资本、劳动力及能源三种要素生产一种具有市场价值的合意产出,同时排放危害环境的一种非合意产出。对于此数据集选取学术界具有十分丰富的研究基础,但也不乏争论。就投入变量而言,资本存量估算的文献最多,其次是关于资源消耗指标的讨论,而对劳动力投入指标选择的争议相对较少。对于产出变量的指标选择与数据获取大部分研究意见相对统一。

1. 资本投入

在宏观经济系统中,大多数研究用物质资本存量表征资本投入量。对于中国省际层面物质资本存量的估算,学者们进行了广泛而深入的研究。

---

① Jorgenson, D., Gollop, F., Fraumeni, B., *Productivity and U. S. Economic Growth*, Cambridge: Harvard University Press, 1987.

如叶裕民（2002）在计算全国各省区全要素生产率时开始估算资本存量。[1]
随后，为了分析改革开放中国总投资的决定因素，宋海岩等（2003）也估
算了中国 28 个省区的资本存量。[2] 后来，张军等（2004）采用戈德史密斯
（Gold smith，1951）发展的永续盘存法（Perpetual Inventory Method），对中
国大陆 30 个省区资本存量进行了细致且系统的估算，并公布了 1952—
2000 年的物质资本存量数据。[3] 此后，大部分研究直接采用张军等
（2004）提供的数据或基于他们提供的估计思路自行估算所需研究期的
数据。

注意到张军等（2004）除提供以 1952 年不变价格计算的资本存量之
外，还公布了 2000 年各省区当年价的资本存量数据。基于这一数据，本书
同样采用张军等（2004）的估算思路估计各省区 2000—2010 年的资本存
量数据集。其基本计算公式如下：

$$K_{it} = K_{it-1} \cdot (1 - \delta_{it}) + I_{it} \qquad (6-1)$$

其中，i 指省份，t 表示时间，K_{it} 为当年资本存量，I_{it} 为当年新增投资，
δ_{it} 指当年资本存量的经济折旧率。新增投资 I_{it} 选用固定资本形成总额来表
示。同时为消除价格波动影响，采用各省区历年固定资产投资价格指数对
I_{it} 进行平减，转化成以 2000 年为基期的不变价格。基期资本存量采用 2000
年价格水平的资本存量，直接取自于张军等（2004）。全国各省份的资本
存量折旧率设定为 9.6%。由于各省区 2001—2010 年当年价的固定资本形
成总额、固定资产投资价格指数的数据都可以直接从对应年份《中国统计
年鉴》取得，通过式（6-1）可以估算出中国 2001—2010 年各省区资本
存量。

2. 劳动力投入

对于劳动力投入而言，最理想指标是劳动时间，但是由于数据无法获

① 叶裕民：《全国及各省区市全要素生产率的计算和分析》，《经济学家》2002 年第 3 期。
② 宋海岩、刘淄楠：《改革时期中国总投资决定因素的分析》，《世界经济文汇》2003 年第 1 期。
③ 张军、吴桂英、张吉鹏：《中国省际物质资本存量估算：1952—2000》，《经济研究》2004
年第 10 期。

取，大部分研究用劳动者数量来替代。本书选用各地区年底从业人员总数表征劳动投入。其中，2006 年数据取自各省区 2007 年统计年鉴，其他年份数据均取自历年《中国统计年鉴》。

3. 能源投入

随着石油危机及石油价格波动对世界经济的影响，能源作为经济增长重要投入要素的角色日益凸显。自 1973 年以来，三次国际石油危机相继爆发，导致世界经济严重衰退。2005 年以来，国际石油价格持续上涨再一次对各国经济造成广泛而深远影响。在此背景下，各国相继把能源投入纳入增长核算分析框架内。

经济增长研究对能源投入变量的处理相对较简单，通常用某一能源消耗指标表征能源投入。对于中国各省区能源消耗，大多数研究选用能源消费总量这一指标，如陈诗一（2010）、张春洪等（2011）、田银华等（2011）。少部分文献选用其他相关指标，如孙传旺等（2010）、江涛涛和郑宝华（2011）以一次能源消费量作为能源投入，并将不同种类的一次性能源按发电煤耗法折算成标准煤。

根据国家统计局对指标的解释，能源消费总量是指一定时期内某地区用于生产、生活所消费的各种能源数量之和，包括终端能源消费量、能源加工转换损失量和能源损失量三部分。它反映该地区能源消费水平、构成和增长速度的总量指标，因此，本书选用该指标表征能源投入变量。2001年、2002 年、2010 年数据对应取自 2004 年、2006 年、2011 年《中国能源统计年鉴》，其余年份均从 2010 年《中国能源统计年鉴》中获得。

4. 合意产出——实际国内生产总值

合意产出即具有经济价值，能够在市场上出售并为生产者带来经济利润的产品。一般来说，一个地区往往生产多种产品，他们具有不同测量方式，因此，地区合意产出通常用地区生产总值（GDP）来表示。但是该指标是由当年价格计算出的价值量指标，包含各年份价格变动因素，因此，不同年份的价值量指标并不能直接对比，那么国内生产总值价格平减问题成为搜集合意产出数据一个必要过程。

在本书中，省区 i 在第 t 年的实际国内生产总值（$GDP_{it}^{实际}$）计算公式为：

$$GDP_{it}^{实际} = GDP_{i2000}^{名义} \times GDPI_{it} \qquad (6-2)$$

其中，$GDP_{i2000}^{名义}$ 是指地区 i 在 2000 年的名义国内生产总值；$GDPI_{it}$ 表示该省区第 t 年以 2000 年不变价格计算的国内生产总值指数。据国家统计局发布的信息，该指数是将 2000 年的名义国内生产总值作为基数 1，按照国内生产总值增长速度计算而得，通常作为国内生产总值平减指数的替代指标，该指数数据可从历年《中国统计年鉴》中直接获取。

5. 非合意产出——二氧化硫排放量

由于资源、水、矿产等资源要素的投入使用，使得经济产出生产的同时也排放了多种环境污染物，涉及废气、废水和固体废弃物等。而能源尤其是化石能源的大量燃烧则更多与大气污染物排放相关，如二氧化碳、悬浮颗粒、二氧化硫、氮氧化物。由于二氧化碳排放是全球气候变暖的主要因素，很多国家将控制碳排放作为环境政策的主要目标，对应于此，大多数文献选用二氧化碳排放量作为非合意产出的表征指标。然而，"十一五"期间中国节能减排调控的是二氧化硫排放量，因此，本书选择二氧化硫排放量作为非合意产出的替代指标。2000—2010 年各省区二氧化硫排放量数据可以从 2010 年、2011 年《中国统计年鉴》中直接获得。

综述所示，本书各变量指标及其数据来源的简要情况如表 6.1 所示。

表 6.1　各投入产出变量基本情况

变量	指标	测量单位	来源
资本投入	资本存量（=2000）	亿元	基于历年《中国统计年鉴》获取的基础数据，用永续盘存法估算
劳动力投入	从业人员数	万人	历年《中国统计年鉴》、各省区 2007 年统计年鉴
能源投入	能源消费总量	万吨标准煤	2004 年、2006 年、2010 年、2011 年《中国能源统计年鉴》
合意产出	实际 GDP（=2000）	亿元	历年《中国统计年鉴》
非合意产出	二氧化硫排放量	万吨	2010 年、2011 年《中国统计年鉴》

（二） 原始数据的描述性统计量

为了直观了解上述 5 个变量数据在节能减排政策实施前后的变化，此处将数据集分为"十五"时期和"十一五"时期两个组别，对比了两时期各投入产出数据的描述性统计量，如表 6.2 所示。

表6.2　投入产出变量的描述性统计量 （2001—2010）

变量		实际 GDP	二氧化硫排放量	资本存量	从业人员数	能源消费总量
"十五"时期	均值	4516.78	71.48753	8812.73	2169.15	6817.58
	最大值	18044.39	200.3	31597.7	5662.4	24161.95
	最小值	292.3546	2	869.6	240.32	520
	标准差	3659.89	46.15815	6673.699	1429.12	4428.56
"十一五"时期	均值	8385.71	78.49653	18994.9	2456.32	11293.12
	最大值	32400.09	196.2	68690.8	6041.56	34807.77
	最小值	504.6769	2.17	1785.7	276.29	920.45
	标准差	6875.52	45.12507	14092.54	1622.53	7233.39

如表 6.2 所示，就平均水平而言，实际国内生产总值和资本存量的增长较大，"十一五"时期的分别是"十五"时期的 1.86 倍和 2.16 倍，能源消费总量有一定程度增加，后期是前期的 1.66 倍，然而，两个时期从业人员数和二氧化硫排放量的变化不大，尤其是二氧化硫排放量，前期是后期的 1.1 倍。从标准差来看，"十一五"时期各变量的波动幅度普遍高于"十五"时期，尤其是实际国内生产总值和资本存量。唯独二氧化硫排放量相反，在"十一五"时期其标准差 45.13，略微小于"十五"时期的 46.16。上述统计信息表明，"十一五"时期尽管经济增长和固定资本投资都出现了较大增长，但并没有伴随能源消费量过快增加和二氧化硫排放量的增长，暗含着随着节能减排政策实施中国产业转型和增长方式转变取得了一定进展。

二、中国省际绿色技术进步效果分析

(一) 中国绿色全要素生产率变动趋势

综合考虑能源节约与环境友好型技术进步的全国及各省区 2001—2010 年的生态生产率指数变动趋势如表 6.3 所示。同时,为充分体现省际区间经济规模的异质性,此处以国内生产总值的比重为权重计算全国绿色全要素生产率指数的加权平均,并将其变动趋势在表 6.3 中共同列出。结果显示,全国绿色全要素生产率指数在整个研究期内经历了频繁的波动。其中,该指数在 2001—2005 年期间逐渐下降,均值为 0.42%;随后,自2006 年开始快速增加,且整个"十一五"期间的均值高达 1.77%。此外,与经加权平均后计算的全国生态生产率指数相比,未经加权平均处理的结果在两个时期("十五"时期和"十一五"时期)内的差距更大。

表6.3　全国及省际层面绿色全要素生产率指数变动趋势 (2001—2010)

省份	2001/ 2000	2002/ 2001	2003/ 2002	2004/ 2003	2005/ 2004	2006/ 2005	2007/ 2006	2008/ 2007	2009/ 2008	2010/ 2009
北京	0.127	0.012	0.100	0.039	0.024	0.036	0.035	0.043	0.023	0.020
天津	0.071	0.074	0.032	0.064	0.013	0.035	0.092	0.051	0.050	0.049
河北	0.012	−0.018	−0.005	0.015	0.020	0.019	0.025	0.016	0.008	0.015
山西	0.000	0.013	0.007	0.006	−0.013	−0.015	0.009	−0.024	−0.069	−0.004
内蒙古	0.001	−0.011	−0.053	−0.007	−0.008	0.002	0.006	0.004	−0.015	−0.019
辽宁	0.126	0.128	0.099	−0.002	−0.017	0.007	0.027	0.013	0.027	0.020
吉林	0.019	−0.006	0.004	0.021	0.015	−0.006	0.035	0.021	0.015	0.017
黑龙江	0.034	0.035	−0.006	0.055	0.022	0.020	0.091	0.021	0.010	0.020
上海	0.019	0.025	0.020	0.018	0.005	0.000	0.030	0.028	0.000	0.022
江苏	0.053	0.057	0.020	0.019	−0.005	0.037	0.064	0.048	0.037	0.023
浙江	0.047	0.011	0.017	0.022	0.027	0.045	0.045	0.047	0.048	0.041
安徽	0.014	0.018	0.000	0.008	−0.012	0.010	0.025	0.026	0.024	0.018
福建	0.015	0.000	−0.004	0.018	−0.045	0.052	0.043	0.031	0.029	0.039

续表

省份	2001/2000	2002/2001	2003/2002	2004/2003	2005/2004	2006/2005	2007/2006	2008/2007	2009/2008	2010/2009
江西	0.032	-0.021	-0.049	-0.020	-0.020	-0.003	0.028	0.047	0.033	0.033
山东	0.041	-0.046	0.019	0.031	0.006	0.018	0.057	0.034	0.021	0.017
河南	0.006	-0.003	-0.013	-0.017	-0.021	-0.008	-0.001	0.021	0.011	0.005
湖北	-0.020	-0.062	-0.067	-0.049	-0.020	-0.017	0.067	0.039	0.027	0.022
湖南	-0.023	-0.027	-0.027	-0.006	-0.020	0.005	0.019	0.028	0.025	0.012
广东	0.094	0.079	0.039	0.026	0.000	0.020	0.032	0.000	0.000	0.004
广西	0.014	-0.008	-0.018	-0.019	-0.018	-0.011	-0.007	-0.005	-0.005	-0.002
海南	0.014	0.000	0.009	0.014	0.016	0.006	0.011	0.013	0.000	0.000
重庆	-0.033	0.014	-0.033	-0.037	-0.061	0.033	0.028	0.023	0.039	0.043
四川	0.004	-0.002	-0.019	-0.001	0.003	0.008	0.020	0.006	0.033	0.030
贵州	-0.033	-0.023	-0.053	-0.003	0.044	0.021	0.045	0.022	-0.002	-0.008
云南	0.017	-0.004	-0.019	-0.008	-0.034	-0.013	0.005	0.028	0.017	-0.002
陕西	-0.013	0.001	-0.022	-0.009	-0.010	0.012	0.052	0.021	0.008	
甘肃	0.006	-0.020	-0.015	-0.005	-0.028	-0.015	-0.007	-0.032	-0.002	-0.003
青海	-0.018	0.015	-0.096	-0.004	-0.043	0.008	0.048	0.038	-0.006	0.008
宁夏	0.005	-0.023	-0.053	-0.027	-0.034	-0.008	0.008	0.008	-0.053	-0.026
新疆	0.033	0.021	0.011	-0.022	0.005	0.000	0.027	0.028	0.004	0.003
全国平均	0.022	0.008	-0.006	0.004	-0.007	0.010	0.032	0.022	0.012	0.013
加权平均	0.035	0.015	0.008	0.010	-0.003	0.015	0.037	0.025	0.018	0.018

注：全国绿色全要素生产率指数的均值来自于30个省份的算术平均。

　　导致全国"十五"期间能源与环境绩效降低的原因可归纳如下：新世纪伊始，中国正处于工业化与城市化加速发展时期，对化石能源的刚性需求不断增加。部分高耗能行业如钢铁、水泥、火电等快速扩张，在造成巨大能源消耗的同时，也排放了大量的废气、废水等污染物，给全国范围内的环境质量带来了严重的破坏。例如，在能源消耗总量方面，中国2000年的综合能耗量为14.55亿吨标准煤，而2005年已迅速增加到23.6亿吨标准煤，短短五年内增长了60%以上。在大气污染方面，由于二氧化硫、氮氧化物等大气污染物排放量迅速增加，导致我国三分之一以上的国土面积遭受酸雨的危害。

　　为有效缓解日趋严峻的能源短缺与环境恶化问题，国务院在《国民经济和社会发展第十一个五年规划纲要》中首次提出节能减排目标，力争在"十一五"期间促进全国单位国内生产总值能耗由 2005 年的 1.22 吨标准煤/万元，降低到 2010 年的 0.98 吨标准煤/万元，降低 20% 左右；同时，主要污染物（如二氧化硫和化学需氧量）排放总量降低 10% 以上。为促进上述节能减排目标的顺利实现，各有关单位陆续制定了一系列政策措施，并积极开展多种节能减排项目工程。例如，为达到促进产业结构优化升级，限制高耗能行业盲目发展的目标，先后出台了差别电价政策和淘汰落后产能政策。同时，为促进一批节能减排关键共性技术的推广，并于 2007 年分别启动了十大重点节能工程及千家耗能企业节能行动等。此外，一些地方政府甚至制定了比中央政府更加严格的节能减排政策措施和执行标准。得益于上述政策的有效实施，部分高耗能行业的能源利用效率得以显著提升，具体情况如表 6.4 所示。

表 6.4　部分高耗能行业能源效率改进

产品	单位	2005	2010	降低率（%）
单位发电煤耗	gce/kWh	370	333	10.0
粗钢	kgce/t	688	605	12.1
水泥	kgce /t	159	115	28.6
乙烯	kg oil equivalent/t	700	620	11.3
合成氨	kgce/t	1636	1402	14.3
铝锭	kWh /t	14633	14013	4.2

　　资料来源：Yang M., Patino – Echeverri, D., Yang, F. X., Williams, E., "Industrial Energy Efficiency in China: Achievements, Challenges and Opportunities", *Energy Strategy Reviews*, No. 1, 2015。

　　与此同时，相关部门还制定并执行了一系列较为严格的环境规制政策以改善不断退化的环境质量。例如，2007 年，国家发展和改革委员会会同环境保护部（时为国家环保总局）印发了《现有燃煤电厂二氧化硫治理

"十一五"规划》,提出"十一五"期间燃煤电厂安装烟气脱硫设施1.37亿千瓦的要求,形成二氧化硫减排能力490万吨。燃煤电厂烟气脱硫设施的广泛安装,对全国二氧化硫的减排工作起到了关键性的促进作用:从2006年到2010年我国能耗总量增加30%的情况下,促进该时期二氧化硫排放总量下降14.29%。由此可见,节能减排政策的实施,对我国"十一五"期间能源节约型与环境友好型技术进步起到了积极的推动作用;而能源节约型与污染物减排型技术进步,又被认为是中国绿色技术进步的重要来源。

节能减排政策的实施对绿色技术进步的潜在促进作用也可以从区域层面进一步加以说明。图6.1分别显示了各省份绿色全要素生产率指数均值在2001—2005年和2006—2010年的比较结果。总体来说,24个省份(占总数的80%)的绿色全要素生产率指数在"十一五"期间高于"十五"期间;由此说明,对绝大部分省份而言,受节能减排政策的有力推动,其绿色技术创新活动得以积极开展。特别是对于福建、江西、河南、湖北、湖南、重庆、四川、贵州、云南、陕西、青海等11个省份而言,其节能减排政策实施的绿色前沿技术创新效应尤为明显,原因在于它们均在2001—2005年期间经历了不同程度的绿色全要素生产率降低,而在2006—2010年期间取得了绿色生产率进步。与之相比,对于北京、上海、广东等发达省份而言,其"十一五"期间的绿色全要素生产率指数较"十五"期间有所降低。然而,这并不代表这些省份的生产创新活动处于停滞不前的状态,因为其绿色全要素生产率得分依然为正。

(二)省际层面绿色技术进步实现路径差异

随着全国及省际层面节能减排政策实施对区域绿色技术进步活动的激励作用被逐步认识,关于这一促进作用的具体实现路径成为另一个值得深入探讨的问题。本书进一步将全国的绿色全要素生产率指数分解为绿色前沿技术创新和绿色技术效率改善两个分支,结果如图6.2所示。与全国绿色全要素生产率指数的变化趋势较为一致,绿色前沿技术创新分支在整个研究期内同样经历了频繁的波动。从对绿色全要素生产率的贡献程度来看，无论是在整个研究期，绿色前沿技术创新分支均在很大程度上决定着中国能源与环境绩效的动态变化。例如，2001—2005 年期间全国的绿色全要素生产率指数上升 1.77%，其中技术创新分支对此所贡献的份额高达85% 左右（即 1.77% 中的 1.53% 来自于该分支的贡献）。由此说明，自新世纪以来，先进能源节约型与环境友好型技术的开发是推动我国绿色技术进步的主要实现途径。

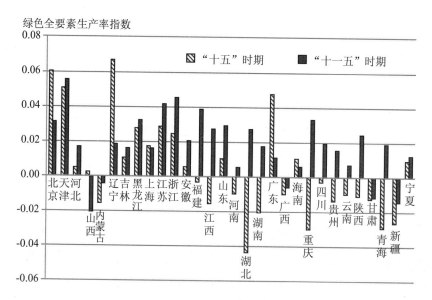

图 6.1　中国 30 个省区绿色全要素生产率指数

该结论可以从中国的节能减排实践过程中得以证实。考虑到高耗能行业中的落后生产能力不仅意味着能源利用效率低下，同时也是污染物排放强度较高的领域；因此，为提升我国高耗能行业生产技术工艺的整体水平，一批能源效率高、污染物排放少的生产技术被广泛推广和应用。例如，2009 年与 2005 年相比，电力行业 300 兆瓦以上火电机组占火电装机容量的比重由 47% 上升到了 69%；钢铁行业 1 千立方米以上大型高炉的比重由 21% 上升到了 34%；电解铝行业大型机配产量的比重由 80% 上升到了90%；建材行业新型材料比重由56.4%上升到了72.2%。此外，为顺利完成"十一五"期间二氧化硫减排10%以上的目标，中国80%以上的燃煤发电机组在2010年底之前已经安装上脱硫设施；而这一比例在2005年年底仅为12%。

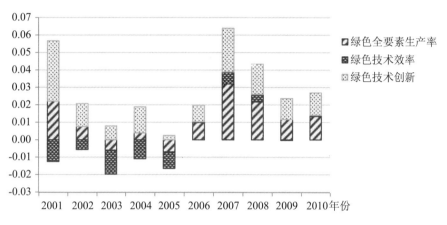

图6.2　全国绿色全要素生产率及其分解（2001—2010年）

注：绿色全要素生产率等于绿色技术创新指数与绿色技术效率指数之和。

　　与技术创新途径相比，绿色技术效率分支的变化趋势相对比较平稳。在2001—2005年期间，该分支的均值为-1.1%，而在2006—2010年期间迅速上升至0.24%。这一变化说明，在新世纪之初的几年，技术创新是促进中国企业从事绿色技术进步活动的唯一重要因素，而技术效率的改进对此类活动的促进作用在这一时期内尚未引起人们的足够重视，因此在一定程度上阻碍了企业绿色技术水平提升的步伐。此后，随着我国环境政策规制作用的不断加强，人们越来越清晰地认识到技术效率改进对绿色技术水平提升的潜在促进作用。在此背景下，通过优化制度设计、加强管理技能等措施来推动此类活动的实践逐渐得以重视与普及。

　　节能减排政策实施之后，各省份实现绿色技术进步的路径也存在着较为显著的差异（结果如图6.3）。简而言之，根据两分支对技术进步的相对贡献程度，各省份绿色技术进步的实现路径大体可分为如下三种类型。第一种类型为：前沿技术创新分支是当地绿色技术进步的主要动力来源，而技术效率分支所作出的贡献较小。绝大部分经济相对发达的省份，如北京、天津、上海、广东、江苏、浙江等均属于这一类型。与之相反，第二种类型的主要特点为：技术效率对区域绿色技术进步的促进作用比较明显，而前沿技术创新的贡献份额相对较小。六个中部省份中四个省份（江西、安徽、湖北、湖南）以及将近一半的西部地区省份（重庆、四川、陕西、贵州、云南）属于该类型。第三种类型为：技术效率分支对绿色技术进步产生阻碍作用，而前沿技术创新则在一定程度上抵消了这种效果。其中以一些能源密集型省份（如山西、内蒙古、宁夏、新疆等）较为典型。

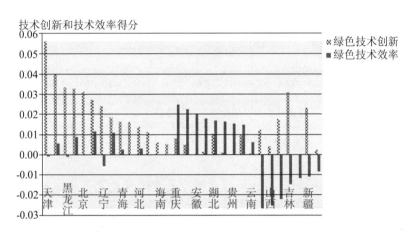

图6.3　中国30个省区绿色技术进步实现路径差异（2006—2010年）

三、中国省际绿色技术进步的空间相关性分析

长期以来，主流经济学理论假设空间个体间的同一属性并无关联，而实际上，某一地区的属性值与邻近地区的相同属性值可能具有空间依赖性，安琴兰（Anselin，1988），因此，忽略空间效应的传统计量经济模型的设定可能存在偏误（吴玉鸣，2007）。在此背景下，安琴兰（Anselin，1988）最早提出空间经济计量模型用以解决回归模型中复杂的空间相互作用与空间依存性问题。经过近30多年发展，空间计量经济学方法已逐渐成

为空间分析的主流方法。本书采用空间统计分析 *Moran's I* 指数和 *Moran* 散点图检验绿色技术变动率是否存在空间自相关性。

（一）空间相关性检验模型

判断地区间某一属性值是否存在空间相关性，常用的检验方法有两种，即整体空间自相关和局部空间相关性检验。其中前者是从区域整体分析绿色技术变动率的空间分布情况。最常使用的方法是莫兰（Moran，1950）提出 *Moran's I* 指数，其计算公式如下：

$$Moran's I = \frac{\sum\limits_{i=1}^{N}\sum\limits_{j=1}^{N} W_{ij}(GTPI_i - \overline{GTPI})(GTPI_j - \overline{GTPI})}{S^2 \sum\limits_{i=1}^{N}\sum\limits_{j=1}^{N} W_{ij}} \qquad (6-3)$$

其中，$GTPI_i$、$GTPI_j$ 分别表示省区 i 和 j 的绿色技术变动率；$\overline{GTPI}_i = \frac{1}{N}\sum\limits_{i=1}^{N} GTPI_i$ 表示所有省区绿色技术变动率的平均值；$S^2 = \frac{1}{n}\sum\limits_{i=1}^{N}((GTPI_i - \overline{GTPI})^2)$；$W_{ij}$ 为省区 i 和 j 的二进制空间权值矩阵的任一元素。其取值一般采用邻接矩阵原则，即如果两空间单元相邻，则矩阵元素为 1，不相邻则为 0，一般表示为：

$$W_{ij} = \begin{cases} 1 & \text{当区域 } i \text{ 和区域 } j \text{ 相邻} \\ 0 & \text{当区域 } i \text{ 和区域 } j \text{ 不相邻} \end{cases}$$

习惯上，令空间矩阵 W 所有对角线元素为 0，即当 $i=j$ 时，$W_{ij}=0$。

Mroan's I 指数可看作各地区属性值的乘积和，其取值范围在 -1 到 1 之间。具体到地区间绿色技术变动的空间依赖性问题上，若 *Mroan's I* 指数显著取正值，表示各地区间绿色技术变动为空间正相关，即存在空间集聚现象；当指数值小于 0 时，表明各地区间属性值为空间负相关，即存在空间分散现象；当其值等于 0 时，表明各地区间某变量与空间位置分布相互独立。*Mroan's I* 指数绝对值越大，表明各地区该属性的空间相关性越强。

根据 *Mroan's I* 指数计算结果，可设定原假设 "N 个地区的属性值之间不存在空间自相关"，构建标准化 Z 统计量对原假设进行检验。Z 统计量公式为：

$$Z(d) = \frac{Mroan's\ I - E(Mroan's\ I)}{\sqrt{VAR(Mroan's\ I)}} \qquad (6-4)$$

式（6-4）中，正态分布 $Mroan's\ I$ 指数的期望值 $E(Mroan's\ I)$ 及方差 $VAR(Mroan's\ I)$ 可以依据空间数据分别计算而得：

$$E_N(Mroan's\ I) = \frac{1}{N-1}$$

$$(VAR_N Mroan's\ I) = \frac{N^2 W_1 + N W_2 + 3 W_0^2}{W_0^2(N^2-1)} - E_N^2(Mroan's\ I) \qquad (6-5)$$

式（6-5）中，$W_0 = \sum_i^N \sum_j^N W_{ij}$, $W_1 = \frac{1}{2}\sum_i^N \sum_j^N (W_{ij}+W_{ij})^2$ $W_2 = \sum_i^N (W_i+W_j)^2$，$W_i$ 和 W_j 分别为空间权值矩阵中 i 行和 j 列之和。如果 $Mroan's\ I$ 指数的 Z 统计量大于正态分布函数 5% 显著性水平下的临界值 1.96，表明绿色技术变动率在空间分布上具有明显正相关关系，即表示如果一个地区绿色技术显著进步，那么与其相邻地区的绿色技术水平也得以提高。

尽管 $Mroan's\ I$ 指数从整体上分析了变量的空间分布状态，但必须指出，整体空间相关性分析方法具有一定局限性。如果整个研究样本内部分省区的绿色技术变动存在正相关，而另一部分地区之间存在负相关，两者抵消后计算而得的 $Mroan's\ I$ 指数可能显示区域间技术进步没有相关性（吴玉鸣、李建霞，2008）。因此，其他研究还使用局部自相关方法进行空间相关性检验，一般是采用地图的可视化方法，通过空间连接矩阵定义不同类型的"局部"范围，进而考察空间要素在局部范围内的相关性。如为了考察北京市房地产的空间异质性，孟斌等（2005）采用 $Moran$ 散点图方法分析了普通住宅的空间分布状况。

（二）绿色技术进步的空间相关性检验结果分析

首先使用整体 $Moran's\ I$ 指数以及 Z 统计量初步检验绿色技术变动是否

具有空间相关性。基于 2001—2010 年中国 30 个省区 $GTP\ I^{t,t+1}$ 值，利用公式（6 - 3）—公式（6 - 5）计算每年 Moran's I 指数及 Z 值，同时，为了考察节能减排政策实施前后空间相关性的变化，本书基于"十五"和"十一五"时期的绿色技术变动平均值分别计算了两个时期的 Moran's I 指数值，结果如表 6.5 所示。

表 6.5　中国 30 各省区绿色技术变动率 Moran's I 指数及其 Z 值

	Moran's I 指数值	标准差	正态性 Z 统计量
2001	0.3771	0.1075	3.8645
2002	− 0.0398	0.0995	− 0.0521
2003	0.3492	0.1031	3.7186
2004	0.3902	0.105	3.9794
2005	0.0406	0.11	0.6643
2006	0.0639	0.1057	0.9478
2007	− 0.0295	0.1065	0.0328
2008	0.0576	0.1053	0.8839
2009	0.1633	0.0974	2.0637
2010	0.2001	0.106	2.2888
"十五"时期	0.4723	0.1064	4.7968
"十一五"时期	0.1651	0.1066	1.9058

表 6.5 显示，在整个研究期内，2001 年、2003 年、2004 年、2009 年和 2010 年五年 Moran's I 指数分别为 0.3771、0.3492、0.3092、0.1633 和 0.2001，其 Z 值大于 5% 显著性水平的临界值 1.96，表明样本期内绿色技术变动率尽管在某些年份表现出　定的空间相关性，但是这一现象并不具有连续性。然而，当对各省区 2001—2005 年和 2006—2010 年 $GTP\ I^{t,t+1}$ 平均值分别进行空间相关性检验时，发现绿色技术变动：在"十五"时期表现出明显的空间相关性，而"十一五"时期的空间相关性较弱。因此，对于绿色技术变动是否存在空间相关性，仅依据整体 Moran's I 指数检验无法得出一致结论。

　　为此，基于整个研究期内各地区 *GTPI*$^{t,t+1}$平均值，本书还进行了局部 *Moran* 散点图分析。*Moran* 散点图主要是将整个研究期内绿色技术变动平均值与邻近地区技术变动情况描绘在四个象限内，可以通过软件 Geoda0.9.1 生成，结果如图6.4所示。在图6.4中，横轴表示各省区绿色技术变动平均值，纵轴表示整个样本期内邻近地区技术变动率的加权平均值，其权重为空间权重。第一象限表示技术进步地区被发生绿色技术进步的某些地区所包围，表明正空间相关性。第二象限表示技术退步地区被技术进步地区包围，代表负空间相关性。第三象限表示技术退步地区被技术退步地区包围，代表正空间相关性。第四象限表示技术进步地区被技术退步地区包围，代表负空间相关性。综上所述，第一、三象限表示地区绿色技术进步的空间相似性，而第二、四象限则表示空间异质性，即无空间相关性。

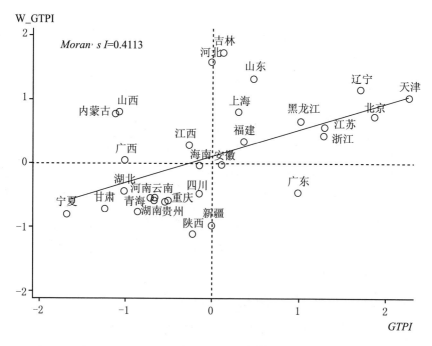

图6.4　样本期内中国30各省区绿色技术变动率 *GTPI*$^{t,t+1}$ 的 *Moran* 散点图

　　图6.4显示，从2001—2010年，有黑龙江、吉林、辽宁、北京、天

津、山东、江苏、上海、浙江、福建等 10 个地区分布在第一象限，甘肃、陕西、宁夏、青海、河南、四川、湖北、重庆、湖南、云南、贵州、海南等 12 个地区分布在第三象限，表明 73.3% 的省区表现出相似的空间关联性，即说明邻近区域间由于经济发展基础、资源要素禀赋、社会文化习俗、人力资本构成等方面都具有较为相似的特征，使得相邻地区有着更为相似的技术水平变化状态，技术变动呈现明显的空间依赖性。尽管如此，除三个地区分布在坐标轴上之外，仍有少数几个地区分布在第二、四象限，其中，5 个地区分布在第二象限，1 个地区分布在第四象限，表明 6 个省区的绿色技术变动并未显示出空间相似性。总之，*Moran* 散点图结果表明，除个别省区绿色技术变动出现了空间差异性之外，绝大多数地区的技术变化呈现空间依赖性。

四、中国省际绿色技术进步的收敛性检验

上述研究结果表明，绿色技术进步存在一定的区域差异性，而空间相关性检验结果又表明，从区域分布上看，样本期内绿色技术进步率存在一定空间集聚性，为进一步了解此区域差异（或空间集聚）随时间的变化趋势，本书借用经济增长理论的收敛性分析方法，对"十一五"时期各省区技术进步率进行收敛性检验。

在此之前，需要对 30 个省区进行区域划分。从中华人民共和国成立至今，对于中国经济区域划分存在多种划分方式，其中"七五"时期提出的中国三大经济地带划分方式最为常用。它依据地理位置、经济建设条件和现实经济技术水平，将中国划分为东部沿海、中部、西部三大经济地带。其中，东部地带包括辽宁、北京、天津、河北、山东、江苏、上海、浙江、福建、广东、广西、海南等 12 个省区市，中部地带包括山西、内蒙古、吉林、黑龙江、安徽、河南、湖北、湖南、江西等 9 个省区，西部地带包括陕西、甘肃、青海、宁夏、新疆、四川、重庆、云南、贵州、西藏

10个省区市，总体来说，东部地区的经济发展水平较高，中部地区次之，西部最低。后来，随着西部大开发、东部老工业基地振兴、中部崛起等区域经济协调发展战略的实施，"十一五"时期提出将全国所有内陆省区划分为东部、中部、西部、东北四大板块。由于三大经济地带划分依据考虑了省区地理位置及地区经济技术水平等条件，与本书内容较为一致，因此，选用此划分方法。然后，采用普遍使用的三种收敛性分析方法——σ收敛、绝对β收敛和条件β收敛，对全国及东部、中部和西部省区绿色技术进步率进行收敛性检验，考察绿色技术进步的区域差异是否随时间推移而缩小。

（一）三种收敛性检验模型

收敛性检验是新古典经济学派提出的，用于考察发达和欠发达地区经济发展差异随时间变化的分析方法。该学派认为由于资本的边际产出呈现递减趋势，经济发展最终将趋于稳定状态。在这一过程中，不同经济体的增长速度存在明显差异，一般欠发达地区的增长速度要高于发达地区，最终使得欠发达地区和发达地区的经济发展趋同。经济增长理论把这种可能存在的现象称之为经济增长的收敛性。截至目前，存在两种方法用于检验地区经济增长的收敛性：σ收敛和β收敛。σ收敛是与横截面数据相关的假说，检验不同经济体之间人均收入的离差随时间推移是否趋于下降。β收敛是与时间序列相关的假说，考察初期人均产出水平较低的经济系统经济增长速度是否快于初期人均产出水平较高的经济系统增长速度，也就是说，不同经济系统间的人均产出增长率与初始人均产出水平是否呈现负相关。本书也选用上述两种检验方法分析绿色技术进步率的收敛性。

根据σ收敛的理论假设，首先计算绿色技术进步率$GTPI^{t,t+1}$的离差，其计量模型为，

$$\sigma_t = \left(\frac{1}{I-1} \sum_{i=1}^{I} GTPI_{it} - \overline{(GTPI_{it})^2} \right)^{\frac{1}{2}} \qquad (6-6)$$

式（6-6）中，$GTPI_{it}$是指地区i在第t年的绿色技术进步率，$\overline{GTPI_t}$

是指第 t 年所有地区绿色技术进步平均速率。如果 $\sigma_{t+1} > \sigma_t$，表明与 t 期相比，$t+1$ 期绿色技术进步率的离散度增加，即不存在 σ 收敛。相反，如果 $\sigma_{t+1} < \sigma_t$，则存在 σ 收敛。

基于 β 收敛假说，存在两种普遍采用的检验模型：绝对 β 收敛和条件 β 收敛。前者分析每个地区绿色技术进步率是否会达到相同的增长速度，后者则考虑了区域间发展基础的差异，认为不同地区有各自不同的稳态水平，因此，条件 β 收敛检验各地区绿色技术进步是否收敛于各自的稳定水平。

绝对 β 收敛的计量模型为：

$$\overline{\Delta GTPI_{iT}} = \beta_0 + \beta_1 GTP\,I_{i0} + \varepsilon_{it} \qquad (6-7)$$

其中，$\overline{\Delta GTPI_{iT}} = (GTPI_{iT} - GTP\,I_{i0})/T$，表示省区 i 从 $t=0$ 时期到 $t=T$ 时期绿色技术进步率的年均增长率；β_0 是常数项，β_1 是地区 i 初期绿色技术进步率 $GTP\,I_{i0}$ 的回归系数。若 β_1 显著为负，表示该地区绿色技术进步率的增长率与其初始值成反向变动关系，说明存在绝对 β 收敛。若 β_1 取显著正值，则说明绿色技术进步率不存在绝对 β 收敛。

若地区绿色技术进步不存在绝对 β 收敛，其可能会收敛于自身某一稳定水平，即条件 β 收敛，其计量模型为：

$$\Delta GTP\,I_{it} = \beta_0 + \beta_1 GTP\,I_{it-1} + \varepsilon_{it} \qquad (6-8)$$

其中，$\Delta GTP\,I_{it} = GTP\,I_{it} - GTP\,I_{it-1}$，表示地区 i 在第 t 年 $GTPI$ 增长率，β_0 是常数项。如果 β_1 显著为负表明存在条件 β 收敛，预示着地区 i 的绿色技术进步会收敛于自身稳定水平，反之则不存在收敛性。

（二）收敛性检验结果分析

基于各省区绿色技术进步的估算结果，根据式（6—6）、式（6—7）、式（6—8），分别对全国及三大区域的绿色技术进步率进行收敛性检验，本章节将对检验结果一一分析。

1. 绿色技术进步的 σ 收敛性检验

图 6.5 描绘了 2001—2010 年全国及三大地区绿色技术进步率的 σ 值。

整个样本期内，全国 $GTP\ I^{t,t+1}$ 的 σ 值呈现下降趋势，表明研究期内，尽管各省区绿色技术进步率存在差异，但这一差异逐年缩小，出现 σ 收敛。从区域内部来看，东部地区的 σ 值与全国的变动趋势较为一致，呈现下降趋势；中部地区在样本期的前六年（2001—2006 年）出现 σ 收敛，而自 2007 年之后并未出现明显的收敛趋势；与中东部地区不同，整个样本期内西部地区的 σ 值围绕 0.02 波动，并未呈现规律性的收敛趋势。由此，大致可以判断在节能减排政策实施之前，中东部的绿色技术进步率呈现 σ 收敛趋势，但政策实施之后，其收敛性并不明显；而西部地区的绿色技术进步率并未出现 σ 收敛趋势。

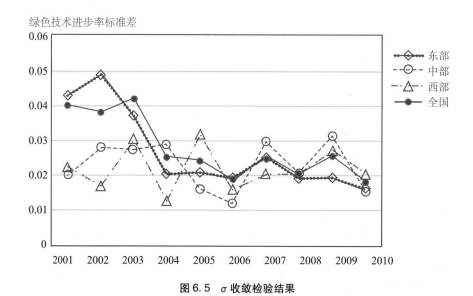

图 6.5　σ 收敛检验结果

2. 绿色技术进步的 β 收敛性检验

根据式（6-7）和式（6-8），采用面板数据的固定效应模型，本书分别对全国及三大区域的绿色技术进步率进行绝对 β 收敛性和条件 β 收敛性的检验，结果如表 6.6 所示。

表 6.6 显示，不管是绝对 β 收敛性检验还是条件 β 收敛性检验，在整个研究期内 β_1 都取显著负值，说明不管是从全国层面还是区域层面上看，

绿色技术进步率都将收敛于某一共同稳定水平。

表6.6　β 收敛检验结果

	全国	东部	中部	西部
绝对 β 收敛				
β_1	- 0.0989*	- 0.1067*	- 0.0811*	- 0.1438*
	(- 10.93)	(- 8.12)	(- 2.70)	(- 3.99)
调整的 R^2	- 0.8035	0.8551	0.4395	0.6504
F	119.55	65.89	7.27	15.88
条件 β 收敛				
β_1	- 0.4801*	- 0.5511*	- 0.4488*	- 0.6189*
	(- 10.33)	(- 7.64)	(- 4.78)	(- 5.97)
调整的 R^2	0.3707	0.4425	0.2739	0.3675
F	106.67	58.42	22.85	35.61

注：* 表示1%的显著性水平，括号内是参数估计值的 t 统计量。

第七章　中国粮食种植业绿色技术进步的实证分析

一、中国粮食生产现状

（一）中国粮食供给仍存在安全隐患

改革开放三十多年来，中国的粮食供给能力大幅度提高，推动了人民生活水平从温饱向小康过渡。据国家统计局发布数据显示，粮食产量由1978年的30477万吨上升到了2014年的60709.9万吨，尤其是自2004年以来，粮食总产量取得了"十一连增"的喜人成绩。同期，人均粮食产量由316.6公斤/人增加到443.8公斤/人。与此相对应，随着社会经济迅猛发展以及人民生活水平的显著提高，粮食消费的刚性需求也在急剧增加。2014年国务院办公厅发布的《中国食物与营养发展纲要（2001—2010年)》指出，到2020年预计人均粮食需求在420—435公斤、2030—2040年应该在450—470公斤/人的水平。根据国家计生委预测，到2030—2040年我国人口峰值达到16亿。若按470公斤标准计算，全国粮食消费需求要达到0.75万亿公斤，是现在我国粮食生产能力的1.5倍，即存在500亿公斤的缺口，给我国未来10—30年粮食供给安全造成巨大隐患。2015年国务院发展研究中心在出版的《中国特色农业现代化道路研究》一书中，也首次指出：到2020年，按14.3亿人口、人均粮食消费409—414公斤计算，粮食总需求量将达到58487万吨—59202万吨。按照中国的粮食生产能力计算，届时国内粮食（不含大豆）的供给缺口将为4000万吨—5000

万吨。因此，从供需平衡的角度来看，未来一段时期内中国无法摆脱粮食供给安全的威胁。

（二）中国粮食生产面临耕地面积不断减少的约束

耕地是粮食生产最重要的物质基础，是不可复制的农业自然资源。然而，随着工业化、城市化带来的耕地非农化利用而导致的耕地总量持续下降的趋势长时间难以逆转。据统计，我国耕地资源数量从 1996 年的 130039.2 千公顷减少到 2003 年的 123392.2 千公顷，累年减少了 6647 千公顷。此后，国家加强耕地总量动态平衡政策的实施，尤其是 2008 年提出实行最严格的耕地保护制度，使得 2004 年以后我国耕地数量进入平稳减少期，由 2004 年的 122432.01 千公顷减少到 2011 年的 121649.4 千公顷。甚至耕地总数量从 2012 年开始有所增加。除此之外，国家还因地制宜地开垦耕地，但由于耕地后备资源数量少、质量差，开发利用难度大，导致增加耕地面积、实现耕地总量动态平衡的战略举步维艰。因此，耕地的动态变化对我国未来粮食生产能力已构成持久的约束作用，日显稀缺的耕地资源已成为制约我国粮食供给安全的瓶颈。[1] 如居正（2012）和苏小珊等（2012）均认为中国粮食生产面临的最严峻的问题是耕地不足；叶兴庆（2012）也发现随着我国城市化和工业化的发展，人增地减的矛盾将越发尖锐。

（三）中国粮食生产的环境污染问题日趋严重

我国粮食产量的增加受益于家庭联产承包责任制为主的农户生产组织形式的改革，然而土地集约化利用伴随着化肥、农药、农膜和农业机械等现代农业生产要素的大量投入使用，粮食生产所引致的环境污染乃至由此导致的食品安全问题日渐严峻。

1. 化肥、农药等生产资料施用量不断增加，且利用率相对较低

中国每公顷土地化肥施用量从 20 世纪 50 年代的 4 公斤增加到 2010 年

---

① 聂英：《中国粮食安全的耕地贡献分析》，《经济学家》2015 年第 1 期。

的 434 公斤，增幅超过 100 倍，是国际公认的化肥施用安全上限（225 公斤/公顷）的 1.93 倍（蒋高明，2011）。① 尽管近年来国家采取积极的防治措施，但据农业部最新统计结果显示，2013 年我国化肥投入量达 5912 万吨，平均每公顷化肥投入量达 328.5 公斤，远高于世界平均水平（120 公斤/公顷），分别是美国的 2.6 倍与欧盟的 2.5 倍。与此同时，更令人担忧的是化肥使用效率远低于国际水平。田间试验数据显示，中国小麦、玉米和水稻的氮肥利用率 28.3%、28.2% 和 26.1%，远低于欧美发达国家 40%—60% 的水平（张福锁等，2008），而蔬菜、水果和花卉农田上单季作物的氮肥利用率仅为 10%（张维理，2004）。栾昊、仇焕广（Luan et al，2013）也证实中国化肥过量施用量达 46.9 公斤/亩，占总施用量的 42.5%。2015 年，中国社会科学院农村发展研究所、社会科学文献出版社在北京联合发布的《农村绿皮书：中国农村经济形势分析与预测（2015—2016）》研究发现，中国化肥综合利用效率平均为 30%，很大部分都流失进入土壤及水体之中。与此同时，农药施用总量从 20 世纪 50 年代初的几乎为零（束放等，2010）增加到 2009 年的 170 多万吨，平均每亩施用 0.96 公斤，其中有 60%—70% 残留在土壤中（蒋高明，2011）。另外，据统计，截至 2011 年年底，我国地膜用量达到 125.5 万吨，覆盖面积已达 3 亿亩。地膜的大量使用构成严重的"白色污染"，加速了耕地的退化。

2. 水土资源污染严重

化肥、农药等生产资料的过度使用，使得土地、水源等受到了严重的污染，降低了土壤的肥力和粮食生产潜力。2010 年环保部发布的《第一次全国污染源普查公报》显示，2007 年农业面源污染已经超过工业污染，成为中国第一大污染源。其中，主要水污染物排放量（不包括典型地区农村生活污染源）为：化学需氧量 1324.09 万吨，总氮 270.46 万吨，总磷 28.47 万吨，铜 2452.09 吨，锌 4862.58 吨。种植业总氮流失量 159.78 万

---

① 蒋高明：《中国 60 年化肥施用量增百倍有毒物质危及食品安全》，2011 年 5 月 27 日，见 www. chinanews. com。

吨（其中，地表径流流失量 32.01 万吨，地下淋溶流失量 20.74 万吨，基础流失量 107.03 万吨），总磷流失量 10.87 万吨。种植业地膜残留量 12.10 万吨。国务院发展研究中心国际技术经济研究所发布的《我国农业污染的现状分析及应对建议》黄皮书指出：目前全国有 1/5 耕地受到重金属污染，每年被重金属污染的粮食多达 1200 万吨。[①] 赵其国（2004）于 2002 年 5 月对江苏全省 8 市 28 县（区）的粮食食品（大米、小麦和面粉）质量进行了抽检，其中，铅检出率达 88.1%，超标率为 21.4%；对南京、苏州、无锡三市基本农田保护区产品的质量检测发现，重金属超标率几乎达 100%；南京、无锡的产品中重金属铅、汞、镉超标率分别达到 66.7%、33.3%、25%。[②] 李秀兰、胡雪峰（2005）在 2003—2004 年对上海市宝山区蔬菜进行的采样分析表明：铅和镉超标率分别达到 81.97% 和 54.1%。农药表面残留物直接对食品安全构成威胁。[③] 根据姚建仁（2004）的研究，中国每年农药中毒者超过 10 万人，死亡约 1 万人。[④]

二、中国耕地保护制度及环境治理措施

（一）中国耕地保护制度

我国目前的耕地保护制度主要包括土地用途管制制度、基本农田保护制度、耕地占补平衡制度、土地整治有关政策等。

首先，土地用途管制制度。为保证土地资源的合理利用，《中华人民共和国土地管理法》第四条规定"国家编制土地利用总体规划，规定土地用途，将土地分为农用地、建设用地和未利用地"，并且规定"严格限制农用地转为建设用地，控制建设用地总量，对耕地实行特殊保护"。此规定要求农业生产应该在规划确定的农用地范围进行，非农业建设项目应该在

---

①　课题组：《我国农业污染的现状及应对建议》，《国际技术经济研究》2006 年第 4 期。
②　赵其国：《现代生态农业与农业安全》，《科技与经济》2004 年第 1 期。
③　李秀兰、胡雪峰：《上海郊区蔬菜重金属污染现状及累积规律研究》，《化学工程师》2005 年第 5 期。
④　姚建仁：《点击农业污染》，《农药市场信息》2004 年第 17 期。

规划确定的建设用地范围内选址建设。

其次，基本农田保护制度。《中华人民共和国土地管理法》规定"国家实行基本农田保护制度"主要包括三方面内容：一是划定基本农田保护区；二是严禁占用基本农田；三是建立和严格执行基本农田保护制度。2004年，国务院出台《关于深化改革严格土地管理的决定》指出基本农田是确保国家粮食安全的基础。土地利用总体规划修编，必须保证现有基本农田总量不减少，质量不降低。规定基本农田要落实到地块和农户，并在土地所有权证书和农村土地承包经营权证书中注明。基本农田保护图件备案工作，应在新一轮土地利用总体规划修编后三个月内完成。基本农田一经划定，任何单位和个人不得擅自占用，或者擅自改变用途，这是不可逾越的"红线"。符合法定条件，确需改变和占用基本农田的，必须报国务院批准；经批准占用基本农田的，征地补偿按法定最高标准执行，对以缴纳耕地开垦费方式补充耕地的，缴纳标准按当地最高标准执行。禁止占用基本农田挖鱼塘、种树和其他破坏耕作层的活动，禁止以建设"现代农业园区"或者"设施农业"等任何名义，占用基本农田变相从事房地产开发。

第三，耕地占补平衡制度。耕地占补平衡是指《中华人民共和国土地管理法》中规定的"国家实行占用耕地补偿制度。非农业建设经批准占用耕地的，按照'占多少，垦多少'的原则，由占用耕地的单位负责开垦与所占用耕地的数量和质量相当的耕地；没有条件开垦或者开垦的耕地不符合要求的，应当按照省、自治区、直辖市的规定缴纳耕地开垦费，专款用于开垦新的耕地"。2004年，国务院出台《关于深化改革严格土地管理的决定》，对国家实行占用耕地补偿制度作了更加明确的规定："严格执行占用耕地补偿制度。各类非农业建设经批准占用耕地的，建设单位必须补充数量、质量相当的耕地，补充耕地的数量、质量实行按等级折算，防止占多补少、占优补劣。不能自行补充的，必须按照各省、自治区、直辖市的规定缴纳耕地开垦费。耕地开垦费要列入专户管理，不得减免和挪作他用。政府投资的建设项目也必须将补充耕地费用列入工程概算。"

（二）中国农业环境治理措施

近年来我国政府越来越重视农业环境问题的治理。2014 年中央一号文件提出要建立农业可持续发展的长效机制，促进生态友好型农业发展；2015 年中央一号文件明确提出要加强农业生态治理，突出解决农业面源污染问题；2016 年的中央一号文件也提出加大农业面源污染防治力度，实施化肥农药零增长行动。与此同时，2015 年 2 月 17 日农业部还发布了《到 2020 年化肥使用量零增长行动方案》，方案明确指出要扶持各种政策措施，如扩大测土配方施肥、增施有机肥等技术推广、对施用有机肥等环境友好型肥料予以补贴、探讨化肥价格方面的税费改革等，来支持化肥使用量零增长行动的开展。

1. 有机肥补贴政策

自 2004 年开始，上海、江苏、北京等部分经济发达地区陆续实施了以提高化肥利用效率、减轻环境影响的政策，主要是有机肥或者配方肥补贴措施。上海市于 2004 年最早实施有机肥补贴政策，2004—2008 年补贴标准为 250 元/吨；2009—2013 年降为 200 元/吨；北京市从 2007 年开始进行有机肥补贴，标准为 250 元/吨；从 2013 年开始其补贴标准上调为 450 元/吨；2006 年江苏省开始实施的有机肥补贴标准为 200 元/吨，并规定省级财政补贴 150 元/吨，市级财政补贴 50 元/吨。此外，山东 2008 年开始实施补贴，标准为 300 元/吨。然而，截至目前还未从国家层面上实施有机肥补贴政策。

表 7.1 我国部分地区有机肥/配方肥补贴标准

	上海	江苏	北京	山东
开始年份	2004 年	2006 年	2007 年	2008 年
补贴标准	2004—2008 年，250 元/吨 2009—2011 年，200 元/吨	200 元/吨	2007—2013 年，250 元/吨 2013 年至今，450 元/吨	300 元/吨

资料来源：程磊磊：《农业面源污染控制的经济激励政策》，中国人民大学，博士论文，2011 年。

2. 禁用剧毒高毒农药

2001 年修订的《农药管理条例》（国务院第 216 号）规定 "剧毒、高毒农药不得用于防治卫生毒虫，不得用于蔬菜、瓜果、茶叶和中草药材"。2002 年农业部第 199 号公告发布了国家明令禁止的高毒农药品种清单。次年，农业部又公布全面禁止甲胺磷等 5 种高毒有机磷农药在农业上的使用。

3. 秸秆循环利用措施

一方面是秸秆禁烧。1999 年发布了《秸秆禁烧和综合利用管理办法》，规定 "以机场为中心 15 千米为半径的区域；沿高速公路、铁路两侧各 2 千米和国道、省道公路干线两侧各 1 千米的地带均为秸秆禁烧范围"，同时，规定 "对违反规定在秸秆禁烧区内焚烧秸秆的，由当地环境保护行政主管部门责令其立即停烧，可以对直接责任人处以 20 元以下罚款；造成重大大气污染事故，导致公私财产重大损失或者人身伤亡严重后果的，对有关责任人员依法追究刑事责任"。另一方面，出台秸秆还田机械购置补贴。2005 年发布的《农业机械购置补贴专项资金使用管理暂行办法》明确规定秸秆还田机具、秸秆加工处理机械都在重点补贴范围之内，中央财政资金按不超过机具价格的 30% 进行补贴。

在此背景下，如何实现土地资源节约、环境保护和粮食供给能力提升三者协调发展成为当前农业生产研究的热点问题。一般认为，对于资源禀赋本就不富足的中国农业来说，提升各类生产要素的使用效率，增加全要素生产率对农业增长的贡献是长足且可持续的途径（马林静，2014）。为此，当前学者们开始聚焦于农业生产效率提升的相关研究。早期的学者多把资本、劳动和土地等投入要素剥离开来分别计算某生产要素的使用效率，并将其动态变化指标作为农业生产率的度量工具。这种以单要素生产率来评价整个农业生产率或者技术水平的方式容易产生偏误。因此，学者们更倾向于采用全要素生产率指数研究农业技术效率水平的提升。

三、农业全要素生产率研究进展

（一）农业全要素生产率的国内外研究现状

农业生产力的提高主要依靠两个方面：一是农业生产要素投入的增加，二是农业要素生产率的提高。我国是一个发展中国家，加之资源具有先天的稀缺性，使得我国农业发展必须依靠农业生产率的不断提高，而非通过加大要素投入的方式来实现。盖尔·约翰逊指出，中国国民财富增长的核心是农业生产率的增长。因而，客观评估我国的农业生产率的状况成为农业经济学者关注的重要内容。

早期，学术界通常用单要素生产率指标（如土地生产率、劳动生产率、资本生产率等）评价农业生产率的状况。但是，由于农业生产过程土地、劳动、资本等生产要素之间具有显著的替代性特征，单要素并不能充分反映生产率的综合变动水平（张军等，2010）。近年来农业经济的相关研究通常使用全要素生产率及其变化来衡量农业生产率的整体水平和变化程度。由于全要素生产率测度的是农业生产过程中总产量和全部要素投入量（加权后）之间的比重关系，能够比较全面地反映提升农业综合技术水平的各类技术水平提升和知识积累，因此，该指标已成为农业广义技术进步的重要指标。现有研究依据不同时期的样本数据，尝试运用不同的数学方法，从不同视角对中国的农业全要素生产率值进行研究。

早期对我国农业全要素生产率进行研究的文献比较一致的观点认为1978年以前我国农业全要素生产率增长基本停滞，改革初期全要素生产率增长较快，家庭承包责任制对全要素生产率的增长发挥了重要作用。徐迎风（Xu，1999）表明1980—1990年农业全要素生产率增长都相当可观。但樊胜根、张晓波（Fan and Zhang，2002）发现官方数据可能会夸大农业改革对全要素生产率增长的贡献。受完全效率假设和"索洛余值"法影响，诸多研究长期将全要素生产率增长与技术进步直接等同起来，并一直当作科技进步率的标准测算方法。郑京海等（2008）提出采用索洛残差估

计的全要素生产率可以被当作技术进步精确测度，但由于学者们对全要素
生产率理解存在一定的偏差，现有增长核算框架在相当大程度上被机械地
套用，认为对于研究中国问题而言，现有测算方法上也还存在一些不足。
之后，随着认识不断深化，以生产技术前沿方法（PFA）构建全要素生产
率核算框架的研究日益增多，主要包括随机前沿生产函数和数据包络分
析。其中，随机前沿分析方法通过预先设定函数形式，借助计量经济学方
法对其技术效率进行估算。该方法可以有效排除随机干扰项对技术效率的
影响，但是样本数据数量和质量对结果的有效性影响较大。数据包络分析
方法是基于纯数学的线性规划来确定前沿面，对样本点数据量要求不高，
并且无需设定具体函数形式，减少了模型设定误差。更为重要的是，该方
法在使用距离函数构造全要素生产率指数时，不仅考虑技术使用的非效
率，而且能够定义某一特定方向的生产技术前沿，通过调整距离函数的参
数便于分析经济体多目标协调行为等（杰夫等，2002）。① 之后的研究更多
采用数据包络分析方法测算农业全要素生产率，如朗伯和帕克（1998）、
孟令杰（2000）和陈卫平（2006）分别基于不同时期数据测度农业全要素
生产率。② 其研究结论相对一致，认为转型期我国农业全要素生产率增长
较快，但阶段性波动非常明显，而且地区间发展不平衡；通过该指数进一
步分解后发现前沿技术水平的提升是农业全要素生产率增长的主要驱动
力，而技术效率却起到相反的作用。类似的结论也被更多学者所证实，如
李谷成（2007）、石慧等（2008）和全炯振（2008）分别对各省区农业全

---

① Jaffe A. B. , Newell R. , Stavins R. N, "Environmental Policy and Technological Change", *Environmental and Resource Economics*, No. 1, 2002. 郑京海、胡鞍钢、Arne Bigsten：《中国的经济增长能否持续？——一个生产率视角》，《经济学（季刊）》2008 年第 3 期。

② Wu S. , Walker D. , Devadoss S. , et al. , "Productivity Growth and Its Components in Chinese Agriculture after Reforms", *Review of Development Economics*, No. 3, 2001. Lambert DK. , Parker E. , "Productivity in Chinese Provincial Agriculture", *Journal of Agricultural Economics*, No. 49, 1998. Mao W. N. , Koo W. W. , "Productivity Growth, Technological Progress, and Efficiency Change in Chinese Agriculture after Rural Economic Reforms: A DEA Approach", *China Economic Review*, No. 8, 1997. 陈卫平、郑风田：《中国的粮食生产力革命：1953—2003 年中国主要粮食作物全要素生产率增长及其对产出的贡献》，《经济理论与经济管理》2006 年第 4 期。孟令杰：《中国农业产出技术效率动态研究》，《农业技术经济》2000 年第 5 期。

要素生产率进行了详尽分解，发现技术进步是全要素生产率增长来源，技术效率和规模效率是恶化的。[1]

　　考虑到粮食生产是农业的重中之重，部分学者着重研究粮食种植业的全要素生产率。朱希刚（1999）发现物质投入是粮食产量增加的最主要的因素，而技术进步的贡献仅占1/3。[2] 类似的结论被不同学者所证实，如陈卫平、郑风田（2006）对1953—2003年粮食全要素生产率进行跨时期分析，认为以1979年为分界点，中国主要粮食产出增长的源泉经历了一场以投入增加为主向以全要素生产率增长为主的粮食生产力革命；1997年以来中国主要粮食产出增长下降的主要原因是投入要素的下降。魏丹等（2010）和黄金波等（2010）分别使用数据包络分析方法和随机前沿技术均发现要素投入增加是粮食增长的主要驱动力。[3] 与此相反，部分学者得出不一致的结论，如亢霞等（2005）运用随机前沿函数估计了我国主要粮食作物的效率及其变动趋势，认为扩大经营规模对粮食产量有积极作用，但要素投入增产潜力有限，并指出提高粮食生产技术效率是粮食增产的必然选择。[4] 闵锐（2012）对湖北省免除农业税和实施粮食补贴后的粮食全要素进行核算和分解，表明湖北省的粮食作物生产主要依靠技术进步单独驱动，技术效率提高的作用相对有限。[5] 肖红波（2012）认为虽然新世纪以来我国粮食作物的全要素生产率不断提高，但仍然存在技术效率不高，

　　① 李谷成、冯中朝、范丽霞：《农户家庭经营技术与全要素生产率增长分解（1999—2003年）——基于随机前沿生产函数与来自湖北省农户数据的分析》，《数量经济技术经济研究》2007年第8期。全炯振：《中国农业全要素生产率增长的实证分析：1978—2007年——基于随机前沿分析（SFA）方法》，《中国农村经济》2009年第9期。石慧、孟令杰、王怀明：《中国农业生产率的地区差距及波动性研究　　基于随机前沿生产函数的分析》，《经济科学》2008年第3期。

　　② 朱希刚：《我国粮食生产率增长分析》，《农业经济问题》1999年第3期。

　　③ 魏丹、闵锐、王雅鹏：《粮食生产率增长，技术进步，技术效率——基于中国分省数据的经验分析》，《中国科技论坛》2010年第8期。黄金波、周先波：《中国粮食生产的技术效率与全要素生产率增长：1978—2008》，《南方经济》2010年第9期。

　　④ 亢霞、刘秀梅：《我国粮食生产的技术效率分析——基于随机前沿分析方法》，《中国农村观察》2005年第4期。

　　⑤ 闵锐：《粮食全要素生产率：基于序列DEA与湖北主产区县域面板数据的实证分析》，《农业技术经济》2012年第1期。

纯技术效率相对偏低的问题，应当加强技术应用和规模化种植。[①] 马林静（2015）则将研究重点聚焦在农村劳动力资源变迁上，其研究结果表明：无论是宏观层面还是微观层面，农村劳动力非农转移能够显著提升粮食生产技术效率水平，但是其影响程度在宏观区域上存在差异性。[②]

此外，部分研究着重分析了某粮食作物的生产情况。例如，王明利等（2006）对不同种类水稻种植业的全要素生产率进行测算和分解；张越杰等（2007）以吉林省为例对东北水稻生产效率进行了分析，认为吉林省水稻生产全要素生产率呈现下降趋势，主要是存在技术进步水平低、规模无效率的问题。[③] 除此之外，陈卫平、郑风田（2006）运用 Torngvist‐Theil 指数法和增长账户法对 1985—2003 年间我国玉米全要素生产率的变动情况进行了分析，认为我国玉米全要素生产率增长呈现出明显的波动性特征；[④] 杨春（2007）、丁岩（2008）、姜天龙（2012）等都将着眼点放在玉米的种植和生产效率上。[⑤]

（二）考虑资源环境约束的农业全要素生产率的国内外研究进展

上述研究在分析农业全要素生产率时多考虑传统的资本、劳动和土地等投入要素，而对于产出要素的选择也基本只考虑具有市场价值的经济产出，对与农业可持续发展息息相关的资源与环境要素相关的投入产出指标

[①] 肖红波、王济民：《新世纪以来我国粮食综合技术效率和全要素生产率分析》，《农业技术经济》2012 年第 1 期。

[②] 马林静、王雅鹏、王娟：《中国粮食生产技术效率的空间非均衡与收敛性分析》，《农业技术经济》2015 年第 4 期。

[③] 王明利、吕新业：《我国水稻生产率增长，技术进步与效率变化》，《农业技术经济》2006 年第 6 期。张越杰、霍灵光、王军：《中国东北地区水稻生产效率的实证分析——以吉林省水稻生产为例》，《中国农村经济》2007 年第 5 期。

[④] 陈卫平、郑风田：《中国的粮食生产力革命——1953—2003 年中国主要粮食作物全要素生产率增长及其对产出的贡献》，《经济理论与经济管理》2006 年第 4 期。

[⑤] 姜天龙：《吉林省农户粮作经营行为和效率的实证研究》，博士论文，吉林农业大学，2012 年。丁岩、翟印礼、周艳波、范强：《辽吉两省玉米全要素生产率的比较研究——基于莫氏指数的研究》，《商业研究》2008 年第 12 期。杨春、陆文聪：《中国玉米生产率增长、技术进步与效率变化：1990—2004 年》，《农业技术经济》2007 年第 4 期。

体系则考虑相对较少，使得研究结论与农业生产实际存在一定偏差，甚至会导致基于此生产率结果而做出的政府决策发生偏误，最终对农业生产的发展产生负面影响。因此，随着资源环境对于农业生产率的约束作用日益凸显，考虑资源环境因素的农业全要素生产率研究也逐渐成为学者关注的热点。

　　近年来一些学者开始尝试将环境因素纳入到效率分析框架中研究中国农业经济的增长。如李谷成（2011）等利用考虑非合意产出的非径向、非角度 SBM 方向性距离函数模型对 1979—2008 年环境规制条件下我国分省域农业技术效率进行实证评价，认为环境问题在很大程度上仍然是一个发展问题。杨俊（2011）等考虑环境因素，运用方向性距离函数测算了我国农业全要素生产率，研究表明中国农业全要素生产率呈增长态势，分解后发现农业生产率的改进主要来源于技术进步；[①] 薛建良等（2011）提出了一种度量和评估包含环境影响的农业生产率方法，计算了 1990—2008 年我国的农业全要素生产率，表明经过环境调整后的中国农业生产率增长呈现减小趋势，且呈现较大的时期变化；[②] 梁流涛等（2012）在方向性距离函数的框架下测度环境污染影响下我国 1997—2009 年间的农业技术效率，并探讨农业环境技术效率的时空分异特征及其演变的影响因素，发现全国农业环境技术效率总体上呈现增加—减少—增加的变化趋势，区域经济发展水平、农业生产条件对农业环境技术效率的区域差异存在重要影响，而且影响农业环境技术效率的因素是多方面的；[③] 潘丹、应瑞瑶（2013）考虑环境污染因素，运用 SBM 方向距离函数模型测算了 1998—2009 年中国地区农业生产率，并考察了其影响因素，研究结果表明考虑环境污染约束的

---

　　① 杨俊、陈怡：《基于环境因素的中国农业生产率增长研究》，《中国人口资源与环境》2011年第 21 期。李谷成、范丽霞、闵锐：《资源、环境与农业发展的协调性——基于环境规制的省级农业环境效率排名》，《数量经济技术经济研究》2011 年第 10 期。

　　② 薛建良、李秉龙：《基于环境修正的中国农业全要素生产率度量》，《中国人口资源与环境》2011 年第 21 期。

　　③ 梁流涛、曲福田、冯淑怡：《基于环境污染约束视角的农业技术效率测度》，《自然资源学报》2012 年第 9 期。

农业生产率没有出现收敛现象，农村经济发展水平、农业基础设施投资、产业结构调整及城乡收入差距对农业生产率有显著影响。[①] 这些研究大多数都研究了农业主要的"坏产出"（面源污染和碳排放）与农业全要素生产率之间的关系。

随着气候变化给人类生产生活所带来的不利影响日渐显现，低碳产业发展更多为学者们所关注。一般认为第二、第三产业是碳排放的主导部门，但快速发展的农业对气候变暖作用也不容忽视（吴贤荣等，2014）。[②] 如赵文晋等（2010）通过测算发现我国农业碳排放占温室气体排放总量的比重达 16%—17%，其中，化肥、饲料及燃料又是二氧化碳的主要来源，排放高达 75%（世界粮农组织，2009）。此外，碳排放的减少意味着农药、化肥等要素施用量的降低，对土壤生产潜力的提升有积极的作用。在此背景下，部分学者对考虑碳排放约束的农业全要素生产率的关系进行了测算和研究。如赵成柏、毛春梅（2011）估算了碳排放约束和传统全要素生产率及其构成，其结果得出我国全要素生产率增长水平不断提高，技术效率变化是全要素生产率增长的源泉。[③] 但是刘战伟（2014）对河南省碳排放约束下的农业全要素生产率进行测算后得出，考虑碳排放的河南省农业全要素生产率主要依靠技术进步，虽然生产率呈增长趋势，但是波动较大，且地区间差异很大。[④] 田云等（2015）利用 DEA – Malmquist 模型对中国 31 个省区碳排放约束下的农业生产率进行了测度，并分析了碳排放的主要来源。[⑤] 研究结果表明忽视碳排放因素导致了我国对于农业全要素生产率的

---

①　潘丹、应瑞瑶：《中国农业生态效率评价方法与实证——基于非期望产出的 SBM 模型分析》，《生态学报》2013 年第 12 期

②　吴贤荣、张俊飚、田云等：《中国省域农业碳排放：测算，效率变动及影响因素研究——基于 DEA – Malmquist 指数分解方法与 Tobit 模型运用》，《资源科学》2014 年第 36 期。

③　赵成柏、毛春梅：《碳排放约束下我国地区全要素生产率增长及影响因素分析》，《中国科技论坛》2011 年第 11 期。

④　刘战伟：《碳排放约束下河南省农业全要素生产率增长与分解》，《浙江农业学报》2014 年第 26 期。

⑤　田云、张俊飚、吴贤荣等：《碳排放约束下的中国农业生产率增长与分解研究》，《干旱区资源与环境》2015 年第 11 期。

预期偏高，考虑了碳排放的农业生产率实际上不仅增速缓慢，而且存在明显的空间非均衡性。吴丽丽等（2013）将研究对象聚焦于油菜作物，并对我国13个油菜主产区碳排放约束下的油菜的全要素生产率进行相关研究。[①] 此外，随着农业现代化进程的加快，农业机械的使用量大幅度提升，农业行业的能源效率也引起学者们的关注。于伟咏等（2015）运用方向性距离函数和数据包络分析方法，测算了2000—2011年中国31个省区的农业能源效率，并对农业全要素生产率和收敛性进行了分解及检验，研究指出虽然当前不同区域间农业全要素生产率存在差异，但是存在绝对收敛和条件收敛特征，因此地区间生产率差距缩小并且最终稳定在同一水平将是必然。[②]

综上所述，由于全要素生产率测度的是所有生产要素的综合使用效率，反映生产过程中综合技术进步，农业部门各种类型的全要素生产率分析已广泛展开，并得出许多有价值和现实指导意义的结论。然而，随着农业经济的发展，现有分析框架仍需进一步完善。首先，考虑资源环境约束的农业全要素生产率研究大多只考虑环境约束，而对土地或水资源对生产的约束作用鲜有考虑。其次，尽管少数文献开始关注粮食作物的全要素生产率研究，但大多对资源环境约束下的全要素生产分析较少涉及。考虑到随着农业现代化的逐步深入推进，粮食生产对化肥、农业机械等生产要素的依赖性将逐渐提高，对环境和土地资源的潜在危害也将日益加大，使用未考虑资源环境约束的生产率分析结论指导未来粮食作物生产可能产生偏误。因此，本书从粮食作物的生产实际出发，对现有研究框架进行拓展，分析同时考虑土地资源和环境约束的全要素生产率，着重关注粮食生产部门的绿色技术进步特征，对提升粮食供给能力，并同时保证生态安全和食品安全的农业发展具有重要的指导意义。

---

① 吴丽丽、郑炎成、李谷成：《碳排放约束下我国油菜全要素生产率增长与分解——来自13个主产区的实证》，《农业现代化研究》2013年第1期。

② 于伟咏、漆雁斌、李阳明：《碳排放约束下中国农业能源效率及其全要素生产率研究》，《农村经济》2015年第8期。

四、粮食生产部门绿色全要素生产率实证结果分析

(一) 数据来源及说明

如前所述，测算全国省际层面粮食作物的绿色全要素生产率需要使用的数据主要包括生产中各要素投入量及粮食作物产出量。从具体生产过程看，粮食作物生产的投入要素主要包括土地、劳动力、种子秧苗、化肥、农家肥、农膜、农药、畜力、机械与设备和其他物资投入。考虑到数据的可获得性和投入要素对粮食作物生产的不同作用，本书选择土地、劳动力、化肥、农用机械四种主要投入要素，以及经济产出和污染物排放两种产出。同时，考虑到 2014 年和 2015 年的相关数据暂未更新，样本期选取2000—2013 年各省区样本数据。另外，鉴于数据的可获得性，在横截面的选择上，本书只选取了不包括港澳台地区的大陆省份为研究单元，而且由于数据包络分析方法对异常数据的敏感性，在样本单元的选择中不包括西藏自治区。此处所有的原始数据均来自于历年《中国统计年鉴》《中国农业年鉴》《中国农村统计年鉴》《新中国六十年农业统计资料》等统计数据库。

1. 投入变量

基于粮食生产过程中的实际情况，并结合统计年鉴的相关指标解释，此处各投入要素的替代指标分别如下：

(1) 土地投入。土地是粮食生产最根本的载体。本书选取各省份历年粮食作物播种面积作为土地要素的替代指标，单位为千公顷，其数据可从历年《中国农村统计年鉴》中直接获取。

(2) 劳动力投入。劳动力是农业生产最基本的投入要素，其最合适的度量指标应该是从事粮食生产的实际用工时，但各类统计年鉴中并未对其进行系统统计，因此，本书选取各省级区域历年粮食生产的从业人员数作为替代指标，单位为万人。然而，相关统计年鉴中只统计了农林牧渔从业人员，并未针对粮食作物的劳动力人数进行单独统计，为保证与粮食产出

统计口径一致，该投入要素变量需均根据相应公式进行换算（马文杰，2008）。具体来看，从事粮食生产的劳动力人数（$L_{粮食}$）按以下公式核算：

$$L_{粮食} = \frac{农业产值}{农林牧渔业产值} \times \frac{粮食播种面积}{农作物播种面积} \times 第一产业从业人数$$

$$(7-1)$$

（3）化肥投入。化肥为农作物生长提供各种必要的元素，是农业生产中最重要的资料投入。本书基于各省市历年的化肥施用量（折纯量）数据折算出粮食作物的化肥投入量，其计算公式如下：

$$粮食作物化肥施用量 = 化肥施用量 \times \frac{粮食播种面积}{农作物播种总面积} \quad (7-2)$$

（4）粮食生产机械总动力。机械的运用能够极大地提高农业生产的效率和释放劳动力。农业机械是指用于种植业、畜牧业、渔业、农产品初加工、农用运输和农田基本建设等活动的机械及设备。《中国农村统计年鉴》中统计了各省区的全部农业机械动力的额定功率之和（单位为万千瓦），称为农业机械总动力。此处运用该指标核算粮食生产的机械总动力，其计算公式如下：

$$粮食生产的机械总动力 = 农业机械总动力 \times \frac{粮食播种面积}{农作物播种总面积}$$

$$(7-3)$$

2. 产出变量

（1）经济产出，即"好产出"。此处选取粮食总产量作为替代指标，可直接从《中国农村统计年鉴》获取，单位为万吨。

（2）非合意产出，即"坏产出"。本书选取粮食生产过程中化肥施用所造成的环境污染。包括由于淋失、径流和土壤侵蚀作用引起的化肥氮磷素损失可导致地表水和地下水的严重污染，表现为硝酸盐污染和富营养化污染；化肥的不当施用会显著改变耕作土壤理化性状，导致重金属污染、土壤酸化和土壤板结等；同时，由于化肥施用引致的氨、氮氧化物、一氧化二氮排放亦会加速温室效应和臭氧层破坏的进程。综上所述，在对国内有关农田氮磷素转换比例和污染物产生形式等研究成果归纳的基础上，同时考虑到运用数据包络分析方法所估算的距离函数数值并不受变量单位的影响，本书采用以下公式对各省区化肥使用的污染物进行核算：

$$U_{fert} = \sum_{i=1}^{2} M_i \times C_{ei} \qquad (7-4)$$

上式中，U_{fert} 表示污染物产生量，M_i 表示氮肥或磷肥的施用折纯量，C_{ei} 是指营养元素的流转系数。综合国内外关于化肥养分运移转化方面的研究成果，假定氮肥施用中，作物利用率约为 20%—50%，平均 35%；大气流失率 10%—30%，流向土壤约 30%—40%，地下淋溶 0.5%，地面径流率 10%。磷肥施用中：植物吸收 7%—15%，平均 11%，其余部分约 5% 扩散到大气，土壤吸附固定 55%—75%，被径流带入地表水和地下水 5%—10%。[①]

综述所示，本章各变量指标及其数据来源的简要情况如表 7.2 所示。

表 7.2　粮食作物各投入产出变量指标基本情况

变量	指标	测量单位	来源
资源投入	土地投入	千公顷	《中国农村统计年鉴》
	化肥投入	万吨	基于《中国农村统计年鉴》获取的基础数据，运用公式（7-2）核算而得
非资源投入	劳动力投入	万人	基于《中国农村统计年鉴》获取的基础数据，运用公式（7-1）核算而得
	机械总动力	万千瓦	基于《中国农村统计年鉴》获取的基础数据，运用公式（7-3）核算而得
合意产出	粮食总产量	万吨	《中国农村统计年鉴》
非合意产出	污染物排放量	万吨	基于《中国农村统计年鉴》获取的基础数据核算而得

---

① 苏成国等：《农田氮素的气态损失与大气氮湿沉降及其环境效应》，《土壤》2005 年第 2 期。张东升等：《城乡交错区蔬菜生态系统氮循环的数值模拟研究》，《土壤学报》2007 年第 3 期。

（二）原始数据的描述性统计量

为了直观了解上述 6 个变量数据在样本期的整体变动趋势，此处将它们的描述性统计量列出（见表 7.3）。

表 7.3　粮食作物投入产出变量的描述性统计量（2000—2013）

变量	均值	最大值	最小值	标准差	偏度
总播种面积	3654.4	48882.6	88.1	3391.7	6.0
化肥投入量（折纯）	111.1	490.2	3.4	89.9	1.3
劳动投入量	375.2	1560.6	8.1	279.6	1.2
机械总动力	904.8	6978.8	20.1	1007.2	2.6
粮食总产量	1687.8	6004.1	58	1306.9	0.89
污染物排放量	29.29	99.3	1.2	22.2	1.0

如表 7.3 所示，总体而言，粮食总播种面积的波动幅度最大，其最大值是最小值的 554 倍多；其次为机械总动力变量，最大值是最小值的 347 倍多；波动幅度最小的是污染物排放量，其最大值仅约为最小值的 82 倍。这一结论也同时从各变量数据的标准差数值上得到验证。从偏度上来看，6 个变量的偏度系数均大于零，即所有变量数据为右偏。从偏度系数值上看，粮食总播种面积的偏度最大，机械总动力变量的次之，而粮食总产量变量的偏度最小仅为 0.89。

（三）粮食生产部门绿色技术进步实证结果分析

本章节基于上述投入产出数据，运用第五章所提出的方法对粮食生产部门的绿色技术进步及两个组成部分进行估算。估算过程中，考虑土地投入和化肥投入两种资源性投入变量同比例缩减，粮食产量扩张，污染物排放量按一定比例减少，其中三者变动比例不一致。同时，考虑到保持粮食产量持续增加仍然是本部门的主要任务，在三个变动比例变量的权重仍设定为（1/4，1/2，1/4）。

1. 粮食作物绿色技术进步的时序演变规律

（1）粮食作物绿色技术进步的整体特征

从总体来看，2001—2013 年间我国粮食作物绿色全要素生产率指数呈现缓慢上升趋势，年均增长 0.36%。具体从其两组成部分来看，绿色前沿技术创新指数的年均增长率为 1.25%，而绿色技术效率变化指数呈现下降趋势，年均变化率为 −0.89%。这一结果表明样本期内我国粮食作物绿色技术水平整体处于缓慢提高状态，其动力主要来源于前沿绿色技术创新水平的提高，贡献率高达 347%；与之相反，技术效率却在一定程度上起到阻碍作用，贡献率为 −247%。

表 7.4　全国粮食作物绿色全要素生产率指数及其组成部分（2000—2013）

年度	GTPI	GTC	GTEC
2001—2000	− 0.0015	0.0012	− 0.0027
2002—2001	− 0.0042	0.0659	− 0.0701
2003—2002	− 0.0154	0.0061	− 0.0215
2004—2003	0.0193	− 0.0013	0.0206
2005—2004	− 0.0014	0.0176	− 0.0189
2006—2005	0.0012	0.0114	− 0.0102
2007—2006	0.0002	0.0007	− 0.0005
2008—2007	0.0144	0.0043	0.0102
2009—2008	− 0.0138	0.0043	− 0.0181
2010—2009	0.0145	0.0020	0.0125
2011—2010	0.0113	0.0138	− 0.0025
2012—2011	0.0256	0.0069	0.0188
2013—2012	− 0.0029	0.0297	− 0.0326
年平均	0.0036	0.0125	− 0.0089

注："年平均"为历年数据的算术平均值。

具体到各年的变动情况来看，在考察期内，2001—2000 年、2002—2001 年、2003—2002 年、2005—2004 年、2009—2008 年、2013—2012 年

六个年份的绿色全要素生产率指数小于零，其余年份的值均大于零，且后者的绝对数值相对较大。其中，2012—2011 年的 GTPI 值达到最大，为 2.56%。表明随着时间推移，绿色技术水平在不断提高，尤其是 2006 年以来，尽管个别年份的技术进步速率相比前一年有稍微下降，但总体上升的趋势不变，且增长速率在不断提高。其中，2012 年的绿色技术水平提升幅度最大。与之相反，2003 年的 GTPI 值最小，为 -1.54%，表明相比 2002 年而言，2003 年粮食种植业的绿色技术水平下降幅度最大。

从两种作用途径来看，绿色前沿技术创新指标除 2004 年小于 0 之外，其余各年份均大于 0。其中，2002 年的 GTC 值最大为 6.59%，最小值出现在 2007 年，仅为 0.7%。表明粮食作物领域内的新绿色技术创开发活动在不断进行，使得绿色技术的前沿水平持续向外扩展。与绿色技术创新指标相反，绿色技术效率指标表现不佳。仅有 2004—2003 年、2008—2007 年、2010—2009 年、2012—2011 年四个年份的 GTEC 指标大于 0，其余年份均小于 0。其中，2002 年的绿色技术水平相对 2002 年的下降最为显著，高达 -7.01%；而 2007 年的绿色技术水平下降幅度最小，仅为 -0.5%。表明由于各地区绿色技术运用能力存在显著差异，导致很多前沿的绿色技术仅为极少数地区所用，其先进技术推广使用的效率较低，导致地区间绿色技术水平的差距越来越大。

（2）2001—2013 年我国粮食作物绿色技术进步的时序演变规律

为分析我国粮食作物绿色技术进步及其分解在时间跨度上的演变规律，此处描述了图 7.1。总体而言，从时序演变上看，我国粮食作物绿色全要素生产率指数大致经历了"持续下降""平稳增加"和"波动上升"三个发展阶段。

2001—2003 年期间，我国粮食作物绿色全要素生产率指数呈现下降状态，说明在此期间粮食种植方面的绿色技术进步动力不足。其可能的原因是从 2000—2003 年间粮食产量出现快速下降趋势，种粮农户主要关注于粮食增收的各类渠道，而对于该方式是否有利于减少环境污染，尤其是减少化肥施用量则无关紧要，同时对于土地节约利用的意识也相对较差。从而，使得这段时期内粮食作物的绿色全要素生产率出现下滑趋势。

2004—2008 年期间，我国粮食作物绿色全要素生产率指数呈现平稳增加的趋势。其主要原因是从 2004 年开始，连续 13 年的中央一号文件聚焦"三农"发展政策，其内容从初期的探索农民收入增加的各类渠道，到之后农业综合生产能力提升，以及后期关注依靠科技进步增加农产品供给能力，并连续数年提出农业现代化与绿色农业的发展。中央政策的强力倾斜极大地解放了农村生产力，增强了农民种田积极性，同时，随着绿色农业概念的提出，对农业生产领域的绿色技术的关注度和使用率也在不断提升。

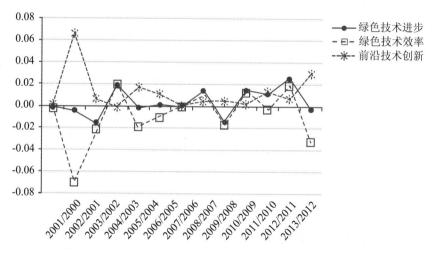

图 7.1　2001—2013 年全国粮食作物绿色全要素生产率及其组成部分

2009—2013 年，我国粮食作物绿色技术进步指数呈现波动上升的阶段。一方面，国家层面的日益重视，引导更多农业企业在生产技术上不断提升。同时，随着市场经济发展，尽管农业的基础性地位在不断加强，但其在经济中的比重却在不断下降，所以农户在技术进步和创新上的积极性并不稳定，尤其是在现阶段持续增加粮食产量，保障十几亿人口的温饱问题仍然是农业部门的首要任务，而绿色农业仅仅从概念上刚刚提出，生产者对粮食生产领域的绿色技术开发和使用的积极性更易受到外部政策环境的影响而出现波动。从而，导致现阶段我国粮食作物绿色技术进步的动力还未稳固，总体上依旧处于波动甚至往返的趋势中。

（3）我国粮食作物绿色技术进步作用途径的时序规律

具体从作用途径上来看，就变化趋势而言，绿色技术效率与绿色全要素生产率指数的比较一致，但技术效率指标在整个考察期内基本均处于小于0的状态。表明绿色技术进步上述变动趋势主要源自于技术效率的波动。就前沿技术创新指标而言，其在整个考察期内除了2004年之外均大于0，且整体处于稳定波动增长状态。表明前沿技术的创新活动不断进行，导致绿色技术前沿随时间变化在不断向外扩展，从而导致绿色技术整体也处于不断提升状态。尤其是随着食品安全问题事件的不断出现，粮食种植业的绿色技术创新水平提升更快，2013年比2012年提高了近3%。由此可见，要想不断提升粮食种植部门的绿色技术水平，在不断开发新绿色技术的同时，要更多关注现有绿色技术的推广使用，以及其使用效率的提升。

2. 粮食作物绿色技术进步的空间分布特征

（1）各省区市粮食作物绿色技术进步指数分析

为分析粮食作物绿色技术进步的省际差异及空间分布特征，此处进一步将各省区整个样本期的绿色全要素生产率及其分解指数分布进行算术平均，陈列于表7.5中。如表7.5所示，整个研究期我国粮食作物绿色技术进步指数的平均数为0.0036，其中，北京、天津、辽宁、山西、甘肃等21个省区市的粮食作物绿色技术进步指数为正值，占整个决策单元的70%；而有包括江苏、浙江、湖北、湖南、广西、四川、贵州、云南、新疆等9个省区的绿色全要素生产率指数为负值。表明在整个样本期内，绝大多数省区绿色技术平均处于不断提升状态。对于绿色技术平均处于进步状态的21个省区而言，辽宁省的进步速度最大，其绿色全要素生产率指数为0.0225，表明在2001—2013年期间绿色技术水平年均增速为2.25%。全要素生产率指数排在前十位的其余省区市依次为甘肃（0.0216）、山西（0.0187）、河北（0.0171）、安徽（0.0097）、广东（0.0091）、北京（0.0078）、内蒙古（0.0078）、宁夏（0.0073）、上海（0.0071）。与之相对应，对于绿色技术水平处于相对退步状态的省份而言，贵州省的退步最为明显，其年均下降 1.14%，其余依次为广西（-0.0102）、四川（-0.0100）、江苏（-0.0093）、云南（-0.0080）、湖南（-0.0046）、湖北（-0.0042）、新疆（-0.0037）、浙江（-0.0030）。

表 7.5　2001—2013 年中国省际粮食作物绿色技术进步及其分解

省区	GTPI	GTC	GTEC
北京	0.0078	0.0203	-0.0124
天津	0.0042	0.0131	-0.0089
河北	0.0171	0.0179	-0.0009
山西	0.0187	0.0152	0.0035
内蒙古	0.0078	0.0132	-0.0054
辽宁	0.0225	0.0135	0.0090
吉林	0.0068	0.0008	0.0059
黑龙江	0.0046	0.0046	0.0000
上海	0.0071	0.0071	0.0000
江苏	-0.0093	0.0083	-0.0176
浙江	-0.0030	0.0135	-0.0165
安徽	0.0097	0.0174	-0.0076
福建	0.0019	0.0226	-0.0206
江西	0.0066	0.0110	-0.0044
山东	0.0023	0.0172	-0.0149
河南	0.0063	0.0226	-0.0163
湖北	-0.0042	0.0123	-0.0165
湖南	-0.0046	0.0067	-0.0113
广东	0.0091	0.0178	-0.0088
广西	-0.0102	0.0104	-0.0205
海南	0.0063	0.0163	-0.0100
重庆	0.0032	0.0065	-0.0033
四川	-0.0100	0.0003	-0.0103
贵州	-0.0114	0.0087	-0.0201

续表

省区	GTPI	GTC	GTEC
云南	－ 0.0080	0.0069	－ 0.0149
陕西	0.0018	0.0282	－ 0.0264
甘肃	0.0216	0.0187	0.0030
青海	0.0009	0.0076	－ 0.0067
宁夏	0.0073	0.0080	－ 0.0007
新疆	－ 0.0037	0.0085	－ 0.0122
平均值	0.0036	0.0125	－ 0.0089

粮食作物绿色技术进步指数呈现负增长的省份主要集中在我国经济欠发达的西部地区，包括西北部的新疆、西南部的四川、云南、贵州、广西；中部的湖北和湖南两个省份地理位置上要偏西南。而东部的浙江、江苏之所以存在绿色技术进步指数下降，与经济发展的重心转移有很大关系，这两个省份之前一直是农业大省，但是现在经济发展则转向了第二和第三产业；而新疆之所以会出现粮食作物技术进步呈负增长的情况，并不是意味着其农业技术在下降，相反，是因为新疆将农业重心放在了水果方面，使得在粮食作物方面的绿色技术水平的提升动力不足。西南地区相邻的省份都出现了粮食作物绿色技术进步指数呈现负增长，与这些省份的注重粮食生产而不注重粮食生产中的环境问题密切相关。

（2）各省区粮食作物绿色技术进步指数分解

上述分析结论表明，绿色技术进步存在显著的区域差异，而绿色全要素生产率指数分解有助于进一步分析各省区绿色技术进步（或退步）的原因。由表7.4可知，考察期内30个省区的粮食作物绿色技术创新指数均大于0。其中，陕西省技术创新速度最高，年均增速高达2.82%，河南和福建紧随其后，其指数值均在2.26%以上。而在30个省份中，绿色技术创新指数小于1%的有12个省区，其中，四川省的技术创新指数最小，仅为0.03%，其余依次为吉林（0.08%）、黑龙江（0.46%）、重庆（0.65%）、湖南（0.67%）等，而这些省份也往往是技术进步指数较低的省份。

与之相反，30 个省份粮食作物绿色技术效率指数年均值大于 0 的省份仅有辽宁（0.009）、吉林（0.0059）、山西（0.0035）和甘肃（0.003）4 个，只占决策单元总数的 13.33%，表明对于这 4 个省区而言，其绿色技术进步是前沿技术创新和技术效率共同作用的结果。相反，有 24 个省份的绿色技术效率指数都为负值，其技术效率非但没有提高，反而出现了相对退化。其中，陕西省的退步最明显，高达 -2.64%，依次为福建（-2.06%）、广西（-2.05%）以及贵州（-2.01%）。表明对于这些地区而言，绿色技术进步的主要驱动力源自在自身能力范围内所开发的新绿色技术，而技术效率分支却起到了负作用。

第八章　中国绿色技术进步研究总结

　　本书遵循"提出问题—概念界定—指标构建—实证检验—路径探讨"的研究思路，采用理论分析和实证检验相结合的方法，研究了我国资源环境政策的绿色技术进步效应及其作用途径。本章在对此前各章节研究结论进行总结的基础上，基于中国经济发展的现实情况，对促进绿色技术进步的环境政策优化设计提出建议，同时深入讨论与该研究课题相关的未来研究方向。

一、绿色技术进步研究结论

　　截至目前，对中国资源环境政策的绿色技术进步效应进行系统研究的文献尚不多见。在此背景下，本书在对相似研究—环境政策的技术进步效应—的理论模型和实证方法进行系统梳理之后，认为要想准确地分析中国资源环境政策（如节能减排政策）的绿色技术进步效应，需要从分析视角、绿色技术进步内涵、实证分析方法三个方面对现有研究加以适当地拓展。鉴于此，本书首先从广义技术进步的概念对绿色技术进步内涵给予明确界定，在此基础上讨论其测度指标，并在前沿分析框架内阐释该指标构建及估算，最后运用中国省区层面投入产出数据集进行实证分析，分析我国节能减排政策的绿色技术进步效应以及粮食作物绿色技术变动及其作用途径。其主要研究结论可归纳为如下几个方面：

（一）绿色技术进步概念界定

为了实现经济发展—资源节约—环境保护三者协调发展，自 2005 年以来中国政府实施了一揽子以提高资源使用效率和改善环境质量为目标的政策措施。从作用方式上看，这些措施既包括法律法规等直接管制手段，也涉及税收、补贴等市场型的激励工具，还以提供信息服务和加大宣传活动为主的信息提供方式为辅助措施。从作用对象上看，它们既调整生产者的生产行为，如产品设计、生产工艺或设备等纯技术，或管理方式、组织制度等软实力，也影响消费者的消费偏好。

对应于此，本书在对相关概念进行分析辨别的基础上对绿色技术进步的概念进行清晰界定。将其定义为：与正在使用的技术或管理方式相比，在整个生命周期内，提高了某组织单位（开发或使用它）资源效率或（和）环境绩效的一系列新产品、生产方式或工艺、组织结构、管理方式或制度方法的创新或推广。它是一种广义的技术进步概念，包括提高了使用者资源效率或（和）环境绩效的各种形式知识的积累或改进，具有综合性、应用型及"三重"目标性等特点。综合性体现在两个方面，一是内容上包括纯技术和制度两个层面；二是作用方式上可以是新技术开发，也可以是现有成熟技术的推广使用。应用型是指判断一项新技术（或管理方式）的使用是否属于绿色技术进步范畴，主要看这一过程是否最终提高了使用者资源效率或环境绩效，而不关心它最初设计或使用的目标是否如此。"三重"收益是指新技术使用的最终目的是实现经济增长、资源效率提高、环境质量改善三方面效益，而"三重"收益的获得通过资源效率或（和）环境绩效提高体现出来，即与正在使用的技术（或管理方式）相比，某项技术或管理方法的使用至少保证在不损害使用者经济产出情况下节约其资源投入量或降低其污染物排放量。最差情况是经济产出保持不变，资源投入量和污染物排放量有所减少，而最优情景则是非资源投入不变时，经济高速增长、资源消费量和污染物排放量大幅度降低。

最后，为实现实证分析目的，本书综合对比了现有测度技术进步的三类指标：投入侧、产出侧、技术进步的最终影响指标，最终认为用绿色全要素生产率增长指数度量绿色技术进步是相对合适的。

（二）绿色技术进步测度指标构建

目前，使用距离函数构建特定方向上全要素生产率指数，已成为学术界的共识，本书也选用此方法讨论绿色技术进步指标的测度。首先，定义了绿色方向性距离函数。具体地，先设定一个考虑经济增长、资源节约和污染物减排的三维方向向量，对传统二维方向性距离函数进行拓展，将其命名为绿色方向性距离函数。该函数定义了绿色生产技术前沿，即在非资源投入不变的条件下，用最小资源投入生产最大的合意产出但排放最少的污染物。然后，基于绿色方向性距离函数，运用卢恩伯格生产率指数构建方法构建了绿色全要素生产率指数。该指数值度量了某生产决策单元使用新技术后的绿色技术水平相对于前一期技术水平的变动率，数值大于 0 表示绿色技术进步，小于 0 表示技术水平相对退步，而等于 0 则说明技术相对停滞。第三，考虑到技术进步获得可能通过前沿技术创新和与现有绿色技术相关的制度环境改善两种途径实现，本书遵照全要素生产率指数分解方法，将绿色技术进步分解为绿色技术创新和技术效率改善两种作用形式。最后，详细阐述了用数据包络分析方法构造序列技术前沿，并通过求解线性规划方程求得绿色距离函数值，以最终求得各决策单元的绿色全要素生产率指数值。

（三）中国节能减排政策的绿色技术进步效果分析

积极促进资源消耗、污染物排放与经济增长之间实现脱钩，是中国当前有效应对资源短缺与污染物（包括温室气体）减排的关键举措，而大力推动区域绿色技术进步是实现这一目标的重要环节。本书试图研究自 2005 年以来我国实施的节能减排政策对全国乃至区域层面绿色技术进步的影响，并考察不同省份实现绿色技术进步的路径差异。为了便于综合考量所有与绿色技术进步相关的知识积累，选用能够反映能源节约型与环境友好型生产率指数作为绿色技术进步的测量指标。同时，选用该指标还具有另外一个优点，即通过对该指标的变化进行进一步分解，便能够识别与比较各区域实现绿色技术进步的路径差异。

研究结果表明：首先，随着一系列重要的节能减排政策有序实施，中国的绿色技术进步的步伐明显加快。具体来看，全国的绿色全要素生产率得分在2001—2005年的均值仅为0.42%，而在2006—2010年则快速提升至1.77%。其次，从驱动绿色技术进步的主要动力来看，对先进的能源节约与污染物减排技术工艺进行研发与广泛采用，是促进我国绿色技术水平提升的主要途径，而优化制度设计及提升管理技能对生产者绿色技术水平提升的促进作用尚未得以充分发挥，尽管该因素的贡献份额从2007年开始呈现逐渐增强的趋势。最后，从区域绿色技术进步的实现途径来看，不同省份之间存在着较为显著的差异。对于大多数经济发达省份及部分资源密集型省份，前沿技术研发与成熟技术的广泛采用是促进当地绿色技术进步的主要途径；而对于其他省份来说，优化制度设计及提升管理水平的贡献相对更大。综上所述，节能减排政策实施确实促进中国绿色技术平稳且快速地发展，但这一结果主要是得益于绿色前沿技术的创新及加速的推广使用，而与绿色技术相关的制度环境的优化和管理技能的提升的作用有限，预示着未来绿色政策在刺激生产者从事绿色技术创新活动，应该更多提升现有绿色技术使用效率。

此外，从区域层面来看，绿色技术进步存在显著的区域差异性。然而，考虑到新技术具有外溢性特点，本书尝试采用空间统计分析 Moran's I 指数和 Moran 散点图检验绿色技术变动率是否存在空间自相关性。其结果表明，从区域分布上看，样本期内绿色技术进步率存在一定空间集聚性，为进一步了解此区域差异（或空间集聚）随时间的变化趋势，本书借用经济增长理论的收敛性分析方法，对节能减排政策实施之后的各省区技术进步率进行收敛性检验。结果发现，这一时期绿色技术进步率的区域差异呈逐年缩小趋势。

（四）中国粮食生产部门的绿色技术进步分析

在粮食供给安全、生态安全和食品安全等问题日益凸显的背景下，积极促进粮食种植部门资源节约、污染物减排和粮食产量增加三者协调发展，已成为我国当前和今后相当长一段时期内农业发展的主要任务，而大量推进粮食种植行业的绿色技术的创新和推广使用是实现这一目标的重要环节。基于2000—2013年省际层面的粮食种植业的投入产出数据，本书评估了该样本期内粮食种植业的绿色全要素生产率指数时空分异规律。同时，通过对该指标的变化进行分解剖析了各区域实现绿色技术进步的路径差异。

研究结果表明：首先，从全国层面看，样本期内我国粮食作物绿色技术水平整体处于缓慢提高状态，年均增长率为0.36%；其动力主要来源于前沿绿色技术创新水平的提高，技术效率却在一定程度上起到阻碍作用。从时序规律看，我国粮食作物绿色全要素生产率大体经历了"持续下降""平稳增加"和"波动上升"三个阶段，其中绿色技术效率与其变动规律比较一致，而绿色技术创新则整体处于稳定波动增长状态。其次，从区域层面看，在整个样本期内，绝大多数省区绿色技术平均处于不断提升状态，而绿色技术进步指数呈现负增长的省份主要集中在我国经济欠发达的西部区。从实现途径上看，仅有4个省区的绿色技术进步是前沿技术创新和技术效率共同作用的结果，而80%省区绿色技术进步的主要驱动力源自在自身能力范围内所开发的新绿色技术，而技术效率却起到了负作用。

基于以上结论，对于中国绿色技术水平提升而言，本书提出如下政策建议。首先，鉴于绿色技术效率对中国绿色技术进步的促进作用尚未得以充分发挥，因此，可以通过进一步优化制度设计、提升管理水平等措施来将我国生态创新活动推进到更高的水平。其次，考虑到不同省份在生态创新实现路径方面的显著差异，政策制定者应根据各地区独特的资源禀赋、环境容量及经济发展水平等，制定更加符合当地发展情况的资源环境政策措施，而不宜采用"一刀切"的方式，对全国所有省份采取相同的政策规制。只有采用这样的办法，中国资源环保长效机制的建立方能指日可待。

二、绿色技术进步研究展望

绿色技术的创新或推广使用对于中国经济可持续发展有着重要的战略意义，但关于此领域的系统研究尚不多见。由于受知识储备和数据可获得性所限，本书的相关分析还存在些许不足，仍存在进一步改进、完善的地方。

首先，就资源环境政策的技术进步效应分析而言，本书主要从宏观层面上进行了实证检验，但对于各政策工具对绿色技术进步的作用机理，并未从微观上深入探究。如本书实证分析结论得出刺激企业进行绿色技术创新投资是未来政策措施的关注点，但对于何种政策工具可以激励企业进行这类投资，哪类政策工具的激励作用最大而成本最小，本书并未给出明确答案。在后续研究中，笔者希望基于本书提出的理论分析框架，进一步探究各种政策工具对绿色技术创新或推广使用的传导机制。结合中国经济发展的实际情况，从微观角度运用一般均衡分析方法，讨论哪类或哪种政策工具的绿色技术进步激励作用更大。

其次，深化绿色方向性距离函数的应用。正如本书所提及的，绿色方向性距离函数具有重要的实践意义，从 α_r 的取值可以判断某生产者现在使用生产技术是偏向高资源消耗型或环境恶化型，进而推断该生产者为提高自身绿色技术水平未来所应该优先选择的技术类型——资源节约型技术或污染物削减类技术，从而为各地区提高自身的绿色技术水平提供更为具体的理论指导。

最后，与许多已有研究一样，本书采用数据包络分析方法评估了中国30个省区市资源环境政策的绿色技术效果以及粮食作物绿色技术的变动状况。从理论上，该方法对决策单元有严格的要求，即所有决策单元之间是相互独立的（森马和威尔逊，Simar and Wilson，2008）。[1] 然而在实际经济

---

① Simar L.，Wilson P. W.，"Statistical Inferencein Nonparametric Frontier Models: Recent Developments and Perspectives"，in Fried，H. O.，Knox – Lovell，C. A.，Schmidt S. S.（Eds.），*The Measurementof Productive Efficiency and Productivity Growth*，NewYork：Oxford University Press，2008.

发展过程中，由于不同省份之间存在着大规模的劳动力流动、实物贸易、资本流动以及信息流通，使得它们不可能达到真正意义上的相互独立（安瑟兰，Anselin，1988；勒萨热和佩斯，LeSage & Pace，2009）。[①] 因此，从长期视角来看，最终评估结果有可能存在一定的有偏性。其次，在运用数学规划方法计算交叉期距离函数值时，由于决策单元的观测值可能不在某技术集内，导致距离函数值无解，即无法求出正的距离函数值（贝里克和科斯腾斯，2009）。[②] 为此，先前的研究尝试运用不同方法对此进行处理，如费尔等（2001）试图使用窗口期技术降低不可行解的比例，马尔贝格和撒修（2011）采用放松距离函数值非负的假设条件降低不可解的数量，[③] 而皮卡索·塔德傲等（2014）认为对于出现不可行解的决策单元距离函数值可简单地设置为零或直接忽略掉。[④] 本书在前文运算中尝试用费尔等（2001）和马尔贝格和撒修（2011）提出的方法以降低不可行解的比例（占总规划方程的 5.3%），但结果并不理想，因此，在前文计算时将其简单设置为零。由此，在使用数据包络分析方法时消除不可行解是未来研究中值得拓展的一个科学问题。

① Anselin L., *Spatial Econometrics: Methods and Models*, Dordrecht: Kluwer Academic Publisher, 1988. LeSage J. P., Pace R. K., *Introductionto Spatial Econometrics*, BocaRaton, FL: CRC Press, 2009.

② Briec W., Kerstens K., "The LuenbergerProductivity Indicator: An Economic Specification Leading to Infeasibilities", *Economic Modelling*, No. 3, 2009.

③ Mahlberg B., Sahoo B. H., "Radial and Non-radial Decompositions of Luenberger Productivity Indicator with an Illustrative Application", *International Journal Production Economics*, No. 2, 2011.

④ Färe R., Grosskopf S., Pasurka C. A., "Accountingfor Air Pollution Emissionsin Measures of State Manufacturing Productivity Growth", *Journal of Regional Science*, No. 3, 2001.

附录一："十一五"节能减排综合性工作方案

一、进一步明确实现节能减排的目标任务和总体要求

（一）主要目标。到 2010 年，万元国内生产总值能耗由 2005 年的 1.22 吨标准煤下降到 1 吨标准煤以下，降低 20% 左右；单位工业增加值用水量降低 30%。"十一五"期间，主要污染物排放总量减少 10%，到 2010 年，二氧化硫排放量由 2005 年的 2549 万吨减少到 2295 万吨，化学需氧量（COD）由 1414 万吨减少到 1273 万吨；全国设市城市污水处理率不低于 70%，工业固体废物综合利用率达到 60% 以上。

（二）总体要求。以邓小平理论和"三个代表"重要思想为指导，全面贯彻落实科学发展观，加快建设资源节约型、环境友好型社会，把节能减排作为调整经济结构、转变增长方式的突破口和重要抓手，作为宏观调控的重要目标，综合运用经济、法律和必要的行政手段，控制增量、调整存量，依靠科技、加大投入，健全法制、完善政策，落实责任、强化监管，加强宣传、提高意识，突出重点、强力推进，动员全社会力量，扎实做好节能降耗和污染减排工作，确保实现节能减排约束性指标，推动经济社会又好又快发展。

二、控制增量，调整和优化结构

（三）控制高耗能、高污染行业过快增长。严格控制新建高耗能、高

污染项目。严把土地、信贷两个闸门，提高节能环保市场准入门槛。抓紧建立新开工项目管理的部门联动机制和项目审批问责制，严格执行项目开工建设"六项必要条件"（必须符合产业政策和市场准入标准、项目审批核准或备案程序、用地预审、环境影响评价审批、节能评估审查以及信贷、安全和城市规划等规定和要求）。实行新开工项目报告和公开制度。建立高耗能、高污染行业新上项目与地方节能减排指标完成进度挂钩、与淘汰落后产能相结合的机制。落实限制高耗能、高污染产品出口的各项政策。继续运用调整出口退税、加征出口关税、削减出口配额、将部分产品列入加工贸易禁止类目录等措施，控制高耗能、高污染产品出口。加大差别电价实施力度，提高高耗能、高污染产品差别电价标准。组织对高耗能、高污染行业节能减排工作专项检查，清理和纠正各地在电价、地价、税费等方面对高耗能、高污染行业的优惠政策。

（四）加快淘汰落后生产能力。加大淘汰电力、钢铁、建材、电解铝、铁合金、电石、焦炭、煤炭、平板玻璃等行业落后产能的力度。"十一五"期间实现节能1.18亿吨标准煤，减排二氧化硫240万吨；今年实现节能3150万吨标准煤，减排二氧化硫40万吨。加大造纸、酒精、味精、柠檬酸等行业落后生产能力淘汰力度，"十一五"期间实现减排化学需氧量（COD）138万吨，今年实现减排COD 62万吨（详见附表）。制订淘汰落后产能分地区、分年度的具体工作方案，并认真组织实施。对不按期淘汰的企业，地方各级人民政府要依法予以关停，有关部门依法吊销生产许可证和排污许可证并予以公布，电力供应企业依法停止供电。对没有完成淘汰落后产能任务的地区，严格控制国家安排投资的项目，实行项目"区域限批"。国务院有关部门每年向社会公告淘汰落后产能的企业名单和各地执行情况。建立落后产能退出机制，有条件的地方要安排资金支持淘汰落后产能，中央财政通过增加转移支付，对经济欠发达地区给予适当补助和奖励。

（五）完善促进产业结构调整的政策措施。进一步落实促进产业结构调整暂行规定。修订《产业结构调整指导目录》，鼓励发展低能耗、低污染的先进生产能力。根据不同行业情况，适当提高建设项目在土地、环保、节能、技术、安全等方面的准入标准。尽快修订颁布《外商投资产业指导目录》，鼓励外商投资节能环保领域，严格限制高耗能、高污染外资项目，促进外商投资产业结构升级。调整《加工贸易禁止类商品目录》，提高加工贸易准入门槛，促进加工贸易转型升级。

（六）积极推进能源结构调整。大力发展可再生能源，抓紧制订出台可再生能源中长期规划，推进风能、太阳能、地热能、水电、沼气、生物质能利用以及可再生能源与建筑一体化的科研、开发和建设，加强资源调查评价。稳步发展替代能源，制订发展替代能源中长期规划，组织实施生物燃料乙醇及车用乙醇汽油发展专项规划，启动非粮生物燃料乙醇试点项目。实施生物化工、生物质能固体成型燃料等一批具有突破性带动作用的示范项目。抓紧开展生物柴油基础性研究和前期准备工作。推进煤炭直接和间接液化、煤基醇醚和烯烃代油大型台套示范工程和技术储备。大力推进煤炭洗选加工等清洁高效利用。

（七）促进服务业和高技术产业加快发展。落实《国务院关于加快发展服务业的若干意见》，抓紧制定实施配套政策措施，分解落实任务，完善组织协调机制。着力做强高技术产业，落实高技术产业发展"十一五"规划，完善促进高技术产业发展的政策措施。提高服务业和高技术产业在国民经济中的比重和水平。

三、加大投入，全面实施重点工程

（八）加快实施十大重点节能工程。着力抓好十大重点节能工程，"十一五"期间形成 2.4 亿吨标准煤的节能能力。今年形成 5000 万吨标准煤节能能力，重点是：实施钢铁、有色、石油石化、化工、建材等重点耗能行业余热余压利用、节约和替代石油、电机系统节能、能量系统优化，以及工业锅炉（窑炉）改造项目共 745 个；加快核准建设和改造采暖供热为主的热电联产和工业热电联产机组 1630 万千瓦；组织实施低能耗、绿色建筑示范项目 30 个，推动北方采暖区既有居住建筑供热计量及节能改造 1.5 亿平方米，开展大型公共建筑节能运行管理与改造示范，启动 200 个可再生能源在建筑中规模化应用示范推广项目；推广高效照明产品 5000 万支，中央国家机关率先更换节能灯。

（九）加快水污染治理工程建设。"十一五"期间新增城市污水日处理能力 4500 万吨、再生水日利用能力 680 万吨，形成 COD 削减能力 300 万吨；今年设市城市新增污水日处理能力 1200 万吨，再生水日利用能力 100 万吨，形成 COD 削减能力 60 万吨。加大工业废水治理力度，"十一五"形成 COD 削减能力 140 万吨。加快城市污水处理配套管网建设和改造。严格饮用水水源保护，加大污染防治力度。

（十）推动燃煤电厂二氧化硫治理。"十一五"期间投运脱硫机组 3.55 亿千瓦。其中，新建燃煤电厂同步投运脱硫机组 1.88 亿千瓦；现有燃煤电厂投运脱硫机组 1.67 亿千瓦，形成削减二氧化硫能力 590 万吨。今年现有燃煤电厂投运脱硫设施 3500 万千瓦，形成削减二氧化硫能力 123 万吨。

（十一）多渠道筹措节能减排资金。十大重点节能工程所需资金主要靠企业自筹、金融机构贷款和社会资金投入，各级人民政府安排必要的引导资金予以支持。城市污水处理设施和配套管网建设的责任主体是地方政府，在实行城市污水处理费最低收费标准的前提下，国家对重点建设项目给予必要的支持。按照"谁污染、谁治理，谁投资、谁受益"的原则，促使企业承担污染治理责任，各级人民政府对重点流域内的工业废水治理项目给予必要的支持。

四、创新模式，加快发展循环经济

（十二）深化循环经济试点。认真总结循环经济第一批试点经验，启动第二批试点，支持一批重点项目建设。深入推进浙江、青岛等地废旧家电回收处理试点。继续推进汽车零部件和机械设备再制造试点。推动重点矿山和矿业城市资源节约和循环利用。组织编制钢铁、有色、煤炭、电力、化工、建材、制糖等重点行业循环经济推进计划。加快制订循环经济评价指标体系。

（十三）实施水资源节约利用。加快实施重点行业节水改造及矿井水利用重点项目。"十一五"期间实现重点行业节水 31 亿立方米，新增海水淡化能力 90 万立方米/日，新增矿井水利用量 26 亿立方米；今年实现重点行业节水 10 亿立方米，新增海水淡化能力 7 万立方米/日，新增矿井水利用量 5 亿立方米。在城市强制推广使用节水器具。

（十四）推进资源综合利用。落实《"十一五"资源综合利用指导意见》，推进共伴生矿产资源综合开发利用和煤层气、煤矸石、大宗工业废弃物、秸秆等农业废弃物综合利用。"十一五"期间建设煤矸石综合利用电厂 2000 万千瓦，今年开工建设 500 万千瓦。推进再生资源回收体系建设试点。加强资源综合利用认定。推动新型墙体材料和利废建材产业化示范。修订发布新型墙体材料目录和专项基金管理办法。推进第二批城市禁止使用实心粘土砖，确保 2008 年底前 256 个城市完成"禁实"目标。

（十五）促进垃圾资源化利用。县级以上城市（含县城）要建立健全垃圾收集系统，全面推进城市生活垃圾分类体系建设，充分回收垃圾中的废旧资源，鼓励垃圾焚烧发电和供热、填埋气体发电，积极推进城乡垃圾无害化处理，实现垃圾减量化、资源化和无害化。

（十六）全面推进清洁生产。组织编制《工业清洁生产审核指南编制通则》，制订和发布重点行业清洁生产标准和评价指标体系。加大实施清洁生产审核力度。合理使用农药、肥料，减少农村面源污染。

五、依靠科技，加快技术开发和推广

（十七）加快节能减排技术研发。在国家重点基础研究发展计划、国家科技支撑计划和国家高技术发展计划等科技专项计划中，安排一批节能减排重大技术项目，攻克一批节能减排关键和共性技术。加快节能减排技术支撑平台建设，组建一批国家工程实验室和国家重点实验室。优化节能减排技术创新与转化的政策环境，加强资源环境高技术领域创新团队和研发基地建设，推动建立以企业为主体、产学研相结合的节能减排技术创新与成果转化体系。

（十八）加快节能减排技术产业化示范和推广。实施一批节能减排重点行业共性、关键技术及重大技术装备产业化示范项目和循环经济高技术产业化重大专项。落实节能、节水技术政策大纲，在钢铁、有色、煤炭、电力、石油石化、化工、建材、纺织、造纸、建筑等重点行业，推广一批潜力大、应用面广的重大节能减排技术。加强节电、节油农业机械和农产品加工设备及农业节水、节肥、节药技术推广。鼓励企业加大节能减排技术改造和技术创新投入，增强自主创新能力。

（十九）加快建立节能技术服务体系。制订出台《关于加快发展节能服务产业的指导意见》，促进节能服务产业发展。培育节能服务市场，加快推行合同能源管理，重点支持专业化节能服务公司为企业以及党政机关办公楼、公共设施和学校实施节能改造提供诊断、设计、融资、改造、运行管理一条龙服务。

（二十）推进环保产业健康发展。制订出台《加快环保产业发展的意见》，积极推进环境服务产业发展，研究提出推进污染治理市场化的政策措施，鼓励排污单位委托专业化公司承担污染治理或设施运营。

（二十一）加强国际交流合作。广泛开展节能减排国际科技合作，与有关国际组织和国家建立节能环保合作机制，积极引进国外先进节能环保技术和管理经验，不断拓宽节能环保国际合作的领域和范围。

六、强化责任，加强节能减排管理

（二十二）建立政府节能减排工作问责制。将节能减排指标完成情况纳入各地经济社会发展综合评价体系，作为政府领导干部综合考核评价和企业负责人业绩考核的重要内容，实行问责制和"一票否决"制。有关部门要抓紧制订具体的评价考核实施办法。

（二十三）建立和完善节能减排指标体系、监测体系和考核体系。对全部耗能单位和污染源进行调查摸底。建立健全涵盖全社会的能源生产、流通、消费、区域间流入流出及利用效率的统计指标体系和调查体系，实施全国和地区单位 GDP 能耗指标季度核算制度。建立并完善年耗能万吨标准煤以上企业能耗统计数据网上直报系统。加强能源统计巡查，对能源统计数据进行监测。制订并实施主要污染物排放统计和监测办法，改进统计方法，完善统计和监测制度。建立并完善污染物排放数据网上直报系统和减排措施调度制度，对国家监控重点污染源实施联网在线自动监控，构建污染物排放三级立体监测体系，向社会公告重点监控企业年度污染物排放数据。继续做好单位 GDP 能耗、主要污染物排放量和工业增加值用水量指标公报工作。

（二十四）建立健全项目节能评估审查和环境影响评价制度。加快建立项目节能评估和审查制度，组织编制《固定资产投资项目节能评估和审查指南》，加强对地方开展"能评"工作的指导和监督。把总量指标作为环评审批的前置性条件。上收部分高耗能、高污染行业环评审批权限。对超过总量指标、重点项目未达到目标责任要求的地区，暂停环评审批新增污染物排放的建设项目。强化环评审批向上级备案制度和向社会公布制度。加强"三同时"管理，严把项目验收关。对建设项目未经验收擅自投运、久拖不验、超期试生产等违法行为，严格依法进行处罚。

（二十五）强化重点企业节能减排管理。"十一五"期间全国千家重点耗能企业实现节能 1 亿吨标准煤，今年实现节能 2000 万吨标准煤。加强对重点企业节能减排工作的检查和指导，进一步落实目标责任，完善节能减排计量和统计，组织开展节能减排设备检测，编制节能减排规划。重点耗能企业建立能源管理师制度。实行重点耗能企业能源审计和能源利用状况报告及公告制度，对未完成节能目标责任任务的企业，强制实行能源审计。今年要启动重点企业与国际国内同行业能耗先进水平对标活动，推动企业加大结构调整和技术改造力度，提高节能管理水平。中央企业全面推进创建资源节约型企业活动，推广典型经验和做法。

（二十六）加强节能环保发电调度和电力需求侧管理。制定并尽快实施有利于节能减排的发电调度办法，优先安排清洁、高效机组和资源综合利用发电，限制能耗高、污染重的低效机组发电。今年上半年启动试点，取得成效后向全国推广，力争节能2000万吨标准煤，"十一五"期间形成6000万吨标准煤的节能能力。研究推行发电权交易，逐年削减小火电机组发电上网小时数，实行按边际成本上网竞价。抓紧制定电力需求侧管理办法，规范有序用电，开展能效电厂试点，研究制定配套政策，建立长效机制。

（二十七）严格建筑节能管理。大力推广节能省地环保型建筑。强化新建建筑执行能耗限额标准全过程监督管理，实施建筑能效专项测评，对达不到标准的建筑，不得办理开工和竣工验收备案手续，不准销售使用；从2008年起，所有新建商品房销售时在买卖合同等文件中要载明耗能量、节能措施等信息。建立并完善大型公共建筑节能运行监管体系。深化供热体制改革，实行供热计量收费。今年着力抓好新建建筑施工阶段执行能耗限额标准的监管工作，北方地区地级以上城市完成采暖费补贴"暗补"变"明补"改革，在25个示范省市建立大型公共建筑能耗统计、能源审计、能效公示、能耗定额制度，实现节能1250万吨标准煤。

（二十八）强化交通运输节能减排管理。优先发展城市公共交通，加快城市快速公交和轨道交通建设。控制高耗油、高污染机动车发展，严格执行乘用车、轻型商用车燃料消耗量限值标准，建立汽车产品燃料消耗量申报和公示制度；严格实施国家第三阶段机动车污染物排放标准和船舶污染物排放标准，有条件的地方要适当提高排放标准，继续实行财政补贴政策，加快老旧汽车报废更新。公布实施新能源汽车生产准入管理规则，推进替代能源汽车产业化。运用先进科技手段提高运输组织管理水平，促进各种运输方式的协调和有效衔接。

（二十九）加大实施能效标识和节能节水产品认证管理力度。加快实施强制性能效标识制度，扩大能效标识应用范围，今年发布《实行能效标识产品目录（第三批）》。加强对能效标识的监督管理，强化社会监督、举报和投诉处理机制，开展专项市场监督检查和抽查，严厉查处违法违规行为。推动节能、节水和环境标志产品认证，规范认证行为，扩展认证范围，在家用电器、照明等产品领域建立有效的国际协调互认制度。

（三十）加强节能环保管理能力建设。建立健全节能监管监察体制，整合现有资源，加快建立地方各级节能监察中心，抓紧组建国家节能中心。建立健全国家监察、地方监管、单位负责的污染减排监管体制。积极研究完善环保管理体制机制问题。加快各级环境监测和监察机构标准化、信息化体系建设。扩大国家重点监控污染企业实行环境监督员制度试点。加强节能监察、节能技术服务中心及环境监测站、环保监察机构、城市排水监测站的条件建设，适时更新监测设备和仪器，开展人员培训。加强节能减排统计能力建设，充实统计力量，适当加大投入。充分发挥行业协会、学会在节能减排工作中的作用。

七、健全法制，加大监督检查执法力度

（三十一）健全法律法规。加快完善节能减排法律法规体系，提高处罚标准，切实解决"违法成本低、守法成本高"的问题。积极推动节约能源法、循环经济法、水污染防治法、大气污染防治法等法律的制定及修订工作。加快民用建筑节能、废旧家用电器回收处理管理、固定资产投资项目节能评估和审查管理、环保设施运营监督管理、排污许可、畜禽养殖污染防治、城市排水和污水管理、电网调度管理等方面行政法规的制定及修订工作。抓紧完成节能监察管理、重点用能单位节能管理、节约用电管理、二氧化硫排污交易管理等方面行政规章的制定及修订工作。积极开展节约用水、废旧轮胎回收利用、包装物回收利用和汽车零部件再制造等方面立法准备工作。

（三十二）完善节能和环保标准。研究制订高耗能产品能耗限额强制性国家标准，各地区抓紧研究制订本地区主要耗能产品和大型公共建筑能耗限额标准。今年要组织制订粗钢、水泥、烧碱、火电、铝等 22 项高耗能产品能耗限额强制性国家标准（包括高耗电产品电耗限额标准）以及轻型商用车等 5 项交通工具燃料消耗量限值标准，制（修）订 36 项节水、节材、废弃产品回收与再利用等标准。组织制（修）订电力变压器、静电复印机、变频空调、商用冰柜、家用电冰箱等终端用能产品（设备）能效标准。制订重点耗能企业节能标准体系编制通则，指导和规范企业节能工作。

（三十三）加强烟气脱硫设施运行监管。燃煤电厂必须安装在线自动监控装置，建立脱硫设施运行台账，加强设施日常运行监管。2007 年底前，所有燃煤脱硫机组要与省级电网公司完成在线自动监控系统联网。对未按规定和要求运行脱硫设施的电厂要扣减脱硫电价，加大执法监管和处罚力度，并向社会公布。完善烟气脱硫技术规范，开展烟气脱硫工程后评估。组织开展烟气脱硫特许经营试点。

（三十四）强化城市污水处理厂和垃圾处理设施运行管理和监督。实行城市污水处理厂运行评估制度，将评估结果作为核拨污水处理费的重要依据。对列入国家重点环境监控的城市污水处理厂的运行情况及污染物排放信息实行向环保、建设和水行政主管部门季报制度，限期安装在线自动监控系统，并与环保和建设部门联网。对未按规定和要求运行污水处理厂和垃圾处理设施的城市公开通报，限期整改。对城市污水处理设施建设严重滞后、不落实收费政策、污水处理厂建成后一年内实际处理水量达不到设计能力 60% 的，以及已建成污水处理设施但无故不运行的地区，暂缓审批该地区项目环评，暂缓下达有关项目的国家建设资金。

（三十五）严格节能减排执法监督检查。国务院有关部门和地方人民政府每年都要组织开展节能减排专项检查和监察行动，严肃查处各类违法违规行为。加强对重点耗能企业和污染源的日常监督检查，对违反节能环保法律法规的单位公开曝光，依法查处，对重点案件挂牌督办。强化上市公司节能环保核查工作。开设节能环保违法行为和事件举报电话和网站，充分发挥社会公众监督作用。建立节能环保执法责任追究制度，对行政不作为、执法不力、徇私枉法、权钱交易等行为，依法追究有关主管部门和执法机构负责人的责任。

八、完善政策，形成激励和约束机制

（三十六）积极稳妥推进资源性产品价格改革。理顺煤炭价格成本构成机制。推进成品油、天然气价格改革。完善电力峰谷分时电价办法，降低小火电价格，实施有利于烟气脱硫的电价政策。鼓励可再生能源发电以及利用余热余压、煤矸石和城市垃圾发电，实行相应的电价政策。合理调整各类用水价格，加快推行阶梯式水价、超计划超定额用水加价制度，对国家产业政策明确的限制类、淘汰类高耗水企业实施惩罚性水价，制定支持再生水、海水淡化水、微咸水、矿井水、雨水开发利用的价格政策，加大水资源费征收力度。按照补偿治理成本原则，提高排污单位排污费征收标准，将二氧化硫排污费由目前的每公斤 0.63 元分三年提高到每公斤 1.26 元；各地根据实际情况提高 COD 排污费标准，国务院有关部门批准后实施。加强排污费征收管理，杜绝"协议收费"和"定额收费"。全面开征城市污水处理费并提高收费标准，吨水平均收费标准原则上不低于 0.8 元。提高垃圾处理收费标准，改进征收方式。

（三十七）完善促进节能减排的财政政策。各级人民政府在财政预算中安排一定资金，采用补助、奖励等方式，支持节能减排重点工程、高效节能产品和节能新机制推广、节能管理能力建设及污染减排监管体系建设等。进一步加大财政基本建设投资向节能环保项目的倾斜力度。健全矿产资源有偿使用制度，改进和完善资源开发生态补偿机制。开展跨流域生态补偿试点工作。继续加强和改进新型墙体材料专项基金和散装水泥专项资金征收管理。研究建立高能耗农业机械和渔船更新报废经济补偿制度。

（三十八）制定和完善鼓励节能减排的税收政策。抓紧制定节能、节水、资源综合利用和环保产品（设备、技术）目录及相应税收优惠政策。实行节能环保项目减免企业所得税及节能环保专用设备投资抵免企业所得税政策。对节能减排设备投资给予增值税进项税抵扣。完善对废旧物资、资源综合利用产品增值税优惠政策;对企业综合利用资源,生产符合国家产业政策规定的产品取得的收入,在计征企业所得税时实行减计收入的政策。实施鼓励节能环保型车船、节能省地环保型建筑和既有建筑节能改造的税收优惠政策。抓紧出台资源税改革方案,改进计征方式,提高税负水平。适时出台燃油税。研究开征环境税。研究促进新能源发展的税收政策。实行鼓励先进节能环保技术设备进口的税收优惠政策。

(三十九)加强节能环保领域金融服务。鼓励和引导金融机构加大对循环经济、环境保护及节能减排技术改造项目的信贷支持,优先为符合条件的节能减排项目、循环经济项目提供直接融资服务。研究建立环境污染责任保险制度。在国际金融组织和外国政府优惠贷款安排中进一步突出对节能减排项目的支持。环保部门与金融部门建立环境信息通报制度,将企业环境违法信息纳入人民银行企业征信系统。

九、加强宣传,提高全民节约意识

(四十)将节能减排宣传纳入重大主题宣传活动。每年制订节能减排宣传方案,主要新闻媒体在重要版面、重要时段进行系列报道,刊播节能减排公益性广告,广泛宣传节能减排的重要性、紧迫性以及国家采取的政策措施,宣传节能减排取得的阶段性成效,大力弘扬"节约光荣,浪费可耻"的社会风尚,提高全社会的节约环保意识。加强对外宣传,让国际社会了解中国在节能降耗、污染减排和应对全球气候变化等方面采取的重大举措及取得的成效,营造良好的国际舆论氛围。

(四十一)广泛深入持久开展节能减排宣传。组织好每年一度的全国节能宣传周、全国城市节水宣传周及世界环境日、地球日、水日宣传活动。组织企事业单位、机关、学校、社区等开展经常性的节能环保宣传,广泛开展节能环保科普宣传活动,把节约资源和保护环境观念渗透在各级各类学校的教育教学中,从小培养儿童的节约和环保意识。选择若干节能先进企业、机关、商厦、社区等，作为节能宣传教育基地，面向全社会开放。

（四十二）表彰奖励一批节能减排先进单位和个人。各级人民政府对在节能降耗和污染减排工作中做出突出贡献的单位和个人予以表彰和奖励。组织媒体宣传节能先进典型，揭露和曝光浪费能源资源、严重污染环境的反面典型。

十、政府带头，发挥节能表率作用

（四十三）政府机构率先垂范。建设崇尚节约、厉行节约、合理消费的机关文化。建立科学的政府机构节能目标责任和评价考核制度，制订并实施政府机构能耗定额标准，积极推进能源计量和监测，实施能耗公布制度，实行节奖超罚。教育、科学、文化、卫生、体育等系统，制订和实施适应本系统特点的节约能源资源工作方案。

（四十四）抓好政府机构办公设施和设备节能。各级政府机构分期分批完成政府办公楼空调系统低成本改造；开展办公区和住宅区供热节能技术改造和供热计量改造；全面开展食堂燃气灶具改造，"十一五"时期实现食堂节气20%；凡新建或改造的办公建筑必须采用节能材料及围护结构；及时淘汰高耗能设备，合理配置并高效利用办公设施、设备。在中央国家机关开展政府机构办公区和住宅区节能改造示范项目。推动公务车节油，推广实行一车一卡定点加油制度。

（四十五）加强政府机构节能和绿色采购。认真落实《节能产品政府采购实施意见》和《环境标志产品政府采购实施意见》，进一步完善政府采购节能和环境标志产品清单制度，不断扩大节能和环境标志产品政府采购范围。对空调机、计算机、打印机、显示器、复印机等办公设备和照明产品、用水器具，由同等优先采购改为强制采购高效节能、节水、环境标志产品。建立节能和环境标志产品政府采购评审体系和监督制度，保证节能和绿色采购工作落到实处。

附："十一五"时期淘汰落后生产能力一览表

行业	内容	单位	"十一五"时期	2007 年
电 力	实施"上大压小"关停小火电机组	万千瓦	5000	1000
炼 铁	300 立方米以下高炉	万吨	10000	3000
炼 钢	年产 20 万吨及以下的小转炉、小电炉	万吨	5500	3500
电解铝	小型预焙槽	万吨	65	10
铁合金	6300 千伏安以下矿热炉	万吨	400	120
电 石	6300 千伏安以下炉型电石产能	万吨	200	50
焦 炭	炭化室高度 4.3 米以下的小机焦	万吨	8000	1000
水 泥	等量替代机立窑水泥熟料	万吨	25000	5000
玻 璃	落后平板玻璃	万重量箱	3000	600
造 纸	年产 3.4 万吨以下草浆生产装置、年产 1.7 万吨以下化学制浆生产线、排放不达标的年产 1 万吨以下以废纸为原料的纸厂	万吨	650	230
酒 精	落后酒精生产工艺及年产 3 万吨以下企业（废糖蜜制酒精除外）	万吨	160	40
味 精	年产 3 万吨以下味精生产企业	万吨	20	5
柠檬酸	环保不达标柠檬酸生产企业	万吨	8	2

附录二："十二五"节能减排综合性工作方案

一、节能减排总体要求和主要目标

（一）总体要求。以邓小平理论和"三个代表"重要思想为指导，深入贯彻落实科学发展观，坚持降低能源消耗强度、减少主要污染物排放总量、合理控制能源消费总量相结合，形成加快转变经济发展方式的倒逼机制；坚持强化责任、健全法制、完善政策、加强监管相结合，建立健全激励和约束机制；坚持优化产业结构、推动技术进步、强化工程措施、加强管理引导相结合，大幅度提高能源利用效率，显著减少污染物排放；进一步形成政府为主导、企业为主体、市场有效驱动、全社会共同参与的推进节能减排工作格局，确保实现"十二五"节能减排约束性目标，加快建设资源节约型、环境友好型社会。

（二）主要目标。到 2015 年，全国万元国内生产总值能耗下降到 0.869 吨标准煤（按 2005 年价格计算），比 2010 年的 1.034 吨标准煤下降 16%，比 2005 年的 1.276 吨标准煤下降 32%；"十二五"期间，实现节约能源 6.7 亿吨标准煤。2015 年，全国化学需氧量和二氧化硫排放总量分别控制在 2347.6 万吨、2086.4 万吨，比 2010 年的 2551.7 万吨、2267.8 万吨分别下降 8%；全国氨氮和氮氧化物排放总量分别控制在 238.0 万吨、2046.2 万吨，比 2010 年的 264.4 万吨、2273.6 万吨分别下降 10%。

二、强化节能减排目标责任

（三）合理分解节能减排指标。综合考虑经济发展水平、产业结构、节能潜力、环境容量及国家产业布局等因素，将全国节能减排目标合理分解到各地区、各行业。各地区要将国家下达的节能减排指标层层分解落实，明确下一级政府、有关部门、重点用能单位和重点排污单位的责任。

（四）健全节能减排统计、监测和考核体系。加强能源生产、流通、消费统计，建立和完善建筑、交通运输、公共机构能耗统计制度以及分地区单位国内生产总值能耗指标季度统计制度，完善统计核算与监测方法，提高能源统计的准确性和及时性。修订完善减排统计监测和核查核算办法，统一标准和分析方法，实现监测数据共享。加强氨氮、氮氧化物排放统计监测，建立农业源和机动车排放统计监测指标体系。完善节能减排考核办法，继续做好全国和各地区单位国内生产总值能耗、主要污染物排放指标公报工作。

（五）加强目标责任评价考核。把地区目标考核与行业目标评价相结合，把落实五年目标与完成年度目标相结合，把年度目标考核与进度跟踪相结合。省级人民政府每年要向国务院报告节能减排目标完成情况。有关部门每年要向国务院报告节能减排措施落实情况。国务院每年组织开展省级人民政府节能减排目标责任评价考核，考核结果向社会公告。强化考核结果运用，将节能减排目标完成情况和政策措施落实情况作为领导班子和领导干部综合考核评价的重要内容，纳入政府绩效和国有企业业绩管理，实行问责制和"一票否决"制，并对成绩突出的地区、单位和个人给予表彰奖励。

三、调整优化产业结构

（六）抑制高耗能、高排放行业过快增长。严格控制高耗能、高排放和产能过剩行业新上项目，进一步提高行业准入门槛，强化节能、环保、土地、安全等指标约束，依法严格节能评估审查、环境影响评价、建设用地审查，严格贷款审批。建立健全项目审批、核准、备案责任制，严肃查处越权审批、分拆审批、未批先建、边批边建等行为，依法追究有关人员责任。严格控制高耗能、高排放产品出口。中西部地区承接产业转移必须坚持高标准，严禁污染产业和落后生产能力转入。

（七）加快淘汰落后产能。抓紧制定重点行业"十二五"淘汰落后产能实施方案，将任务按年度分解落实到各地区。完善落后产能退出机制，指导、督促淘汰落后产能企业做好职工安置工作。地方各级人民政府要积极安排资金，支持淘汰落后产能工作。中央财政统筹支持各地区淘汰落后产能工作，对经济欠发达地区通过增加转移支付加大支持和奖励力度。完善淘汰落后产能公告制度，对未按期完成淘汰任务的地区，严格控制国家安排的投资项目，暂停对该地区重点行业建设项目办理核准、审批和备案手续；对未按期淘汰的企业，依法吊销排污许可证、生产许可证和安全生产许可证；对虚假淘汰行为，依法追究企业负责人和地方政府有关人员的责任。

（八）推动传统产业改造升级。严格落实《产业结构调整指导目录》。加快运用高新技术和先进适用技术改造提升传统产业，促进信息化和工业化深度融合，重点支持对产业升级带动作用大的重点项目和重污染企业搬迁改造。调整《加工贸易禁止类商品目录》，提高加工贸易准入门槛，促进加工贸易转型升级。合理引导企业兼并重组，提高产业集中度。

（九）调整能源结构。在做好生态保护和移民安置的基础上发展水电，在确保安全的基础上发展核电，加快发展天然气，因地制宜大力发展风能、太阳能、生物质能、地热能等可再生能源。到2015年，非化石能源占一次能源消费总量比重达到11.4%。

（十）提高服务业和战略性新兴产业在国民经济中的比重。到2015年，服务业增加值和战略性新兴产业增加值占国内生产总值比重分别达到47%和8%左右。

四、实施节能减排重点工程

（十一）实施节能重点工程。实施锅炉窑炉改造、电机系统节能、能量系统优化、余热余压利用、节约替代石油、建筑节能、绿色照明等节能改造工程，以及节能技术产业化示范工程、节能产品惠民工程、合同能源管理推广工程和节能能力建设工程。到 2015 年，工业锅炉、窑炉平均运行效率比 2010 年分别提高 5 个和 2 个百分点，电机系统运行效率提高 2—3 个百分点，新增余热余压发电能力 2000 万千瓦，北方采暖地区既有居住建筑供热计量和节能改造 4 亿平方米以上，夏热冬冷地区既有居住建筑节能改造 5000 万平方米，公共建筑节能改造 6000 万平方米，高效节能产品市场份额大幅度提高。"十二五"时期，形成 3 亿吨标准煤的节能能力。

（十二）实施污染物减排重点工程。推进城镇污水处理设施及配套管网建设，改造提升现有设施，强化脱氮除磷，大力推进污泥处理处置，加强重点流域区域污染综合治理。到 2015 年，基本实现所有县和重点建制镇具备污水处理能力，全国新增污水日处理能力 4200 万吨，新建配套管网约 16 万公里，城市污水处理率达到 85%，形成化学需氧量和氨氮削减能力 280 万吨、30 万吨。实施规模化畜禽养殖场污染治理工程，形成化学需氧量和氨氮削减能力 140 万吨、10 万吨。实施脱硫脱硝工程，推动燃煤电厂、钢铁行业烧结机脱硫，形成二氧化硫削减能力 277 万吨；推动燃煤电厂、水泥等行业脱硝，形成氮氧化物削减能力 358 万吨。

（十三）实施循环经济重点工程。实施资源综合利用、废旧商品回收体系、"城市矿产"示范基地、再制造产业化、餐厨废弃物资源化、产业园区循环化改造、资源循环利用技术示范推广等循环经济重点工程，建设 100 个资源综合利用示范基地、80 个废旧商品回收体系示范城市、50 个"城市矿产"示范基地、5 个再制造产业集聚区、100 个城市餐厨废弃物资源化利用和无害化处理示范工程。

（十四）多渠道筹措节能减排资金。节能减排重点工程所需资金主要由项目实施主体通过自有资金、金融机构贷款、社会资金解决，各级人民政府应安排一定的资金予以支持和引导。地方各级人民政府要切实承担城镇污水处理设施和配套管网建设的主体责任，严格城镇污水处理费征收和管理，国家对重点建设项目给予适当支持。

五、加强节能减排管理

（十五）合理控制能源消费总量。建立能源消费总量控制目标分解落实机制，制定实施方案，把总量控制目标分解落实到地方政府，实行目标责任管理，加大考核和监督力度。将固定资产投资项目节能评估审查作为控制地区能源消费增量和总量的重要措施。建立能源消费总量预测预警机制，跟踪监测各地区能源消费总量和高耗能行业用电量等指标，对能源消费总量增长过快的地区及时预警调控。在工业、建筑、交通运输、公共机构以及城乡建设和消费领域全面加强用能管理，切实改变敞开口子供应能源、无节制使用能源的现象。在大气联防联控重点区域开展煤炭消费总量控制试点。

（十六）强化重点用能单位节能管理。依法加强年耗能万吨标准煤以上用能单位节能管理，开展万家企业节能低碳行动，实现节能 2.5 亿吨标准煤。落实目标责任，实行能源审计制度，开展能效水平对标活动，建立健全企业能源管理体系，扩大能源管理师试点；实行能源利用状况报告制度，加快实施节能改造，提高能源管理水平。地方节能主管部门每年组织对进入万家企业节能低碳行动的企业节能目标完成情况进行考核，公告考核结果。对未完成年度节能任务的企业，强制进行能源审计，限期整改。中央企业要接受所在地区节能主管部门的监管，争当行业节能减排的排头兵。

（十七）加强工业节能减排。重点推进电力、煤炭、钢铁、有色金属、石油石化、化工、建材、造纸、纺织、印染、食品加工等行业节能减排，明确目标任务，加强行业指导，推动技术进步，强化监督管理。发展热电联产，推广分布式能源。开展智能电网试点。推广煤炭清洁利用，提高原煤入洗比例，加快煤层气开发利用。实施工业和信息产业能效提升计划。推动信息数据中心、通信机房和基站节能改造。实行电力、钢铁、造纸、印染等行业主要污染物排放总量控制。新建燃煤机组全部安装脱硫脱硝设施，现役燃煤机组必须安装脱硫设施，不能稳定达标排放的要进行更新改造，烟气脱硫设施要按照规定取消烟气旁路。单机容量30万千瓦及以上燃煤机组全部加装脱硝设施。钢铁行业全面实施烧结机烟气脱硫，新建烧结机配套安装脱硫脱硝设施。石油石化、有色金属、建材等重点行业实施脱硫改造。新型干法水泥窑实施低氮燃烧技术改造，配套建设脱硝设施。加强重点区域、重点行业和重点企业重金属污染防治，以湘江流域为重点开展重金属污染治理与修复试点示范。

（十八）推动建筑节能。制定并实施绿色建筑行动方案，从规划、法规、技术、标准、设计等方面全面推进建筑节能。新建建筑严格执行建筑节能标准，提高标准执行率。推进北方采暖地区既有建筑供热计量和节能改造，实施"节能暖房"工程，改造供热老旧管网，实行供热计量收费和能耗定额管理。做好夏热冬冷地区建筑节能改造。推动可再生能源与建筑一体化应用，推广使用新型节能建材和再生建材，继续推广散装水泥。加强公共建筑节能监管体系建设，完善能源审计、能效公示，推动节能改造与运行管理。研究建立建筑使用全寿命周期管理制度，严格建筑拆除管理。加强城市照明管理，严格防止和纠正过度装饰和亮化。

（十九）推进交通运输节能减排。加快构建综合交通运输体系，优化交通运输结构。积极发展城市公共交通，科学合理配置城市各种交通资源，有序推进城市轨道交通建设。提高铁路电气化比重。实施低碳交通运输体系建设城市试点，深入开展"车船路港"千家企业低碳交通运输专项行动，推广公路甩挂运输，全面推行不停车收费系统，实施内河船型标准化，优化航路航线，推进航空、远洋运输业节能减排。开展机场、码头、车站节能改造。加速淘汰老旧汽车、机车、船舶，基本淘汰2005年以前注册运营的"黄标车"，加快提升车用燃油品质。实施第四阶段机动车排放标准，在有条件的重点城市和地区逐步实施第五阶段排放标准。全面推行机动车环保标志管理，探索城市调控机动车保有总量，积极推广节能与新能源汽车。

（二十）促进农业和农村节能减排。加快淘汰老旧农用机具，推广农用节能机械、设备和渔船。推进节能型住宅建设，推动省柴节煤灶更新换代，开展农村水电增效扩容改造。发展户用沼气和大中型沼气，加强运行管理和维护服务。治理农业面源污染，加强农村环境综合整治，实施农村清洁工程，规模化养殖场和养殖小区配套建设废弃物处理设施的比例达到50%以上，鼓励污染物统一收集、集中处理。因地制宜推进农村分布式、低成本、易维护的污水处理设施建设。推广测土配方施肥，鼓励使用高效、安全、低毒农药，推动有机农业发展。

（二十一）推动商业和民用节能。在零售业等商贸服务和旅游业开展节能减排行动，加快设施节能改造，严格用能管理，引导消费行为。宾馆、商厦、写字楼、机场、车站等要严格执行夏季、冬季空调温度设置标准。在居民中推广使用高效节能家电、照明产品，鼓励购买节能环保型汽车，支持乘用公共交通，提倡绿色出行。减少一次性用品使用，限制过度包装，抑制不合理消费。

（二十二）加强公共机构节能减排。公共机构新建建筑实行更加严格的建筑节能标准。加快公共机构办公区节能改造，完成办公建筑节能改造6000万平方米。国家机关供热实行按热量收费。开展节约型公共机构示范单位创建活动，创建2000家示范单位。推进公务用车制度改革，严格用车油耗定额管理，提高节能与新能源汽车比例。建立完善公共机构能源审计、能效公示和能耗定额管理制度，加强能耗监测平台和节能监管体系建设。支持军队重点用能设施设备节能改造。

六、大力发展循环经济

（二十三）加强对发展循环经济的宏观指导。研究提出进一步加快发展循环经济的意见。编制全国循环经济发展规划和重点领域专项规划，指导各地做好规划编制和实施工作。研究制定循环经济发展的指导目录。制定循环经济专项资金使用管理办法及实施方案。深化循环经济示范试点，推广循环经济典型模式。建立完善循环经济统计评价制度。

（二十四）全面推行清洁生产。编制清洁生产推行规划，制（修）订清洁生产评价指标体系，发布重点行业清洁生产推行方案。重点围绕主要污染物减排和重金属污染治理，全面推进农业、工业、建筑、商贸服务等领域清洁生产示范，从源头和全过程控制污染物产生和排放，降低资源消耗。发布清洁生产审核方案，公布清洁生产强制审核企业名单。实施清洁生产示范工程，推广应用清洁生产技术。

（二十五）推进资源综合利用。加强共伴生矿产资源及尾矿综合利用，建设绿色矿山。推动煤矸石、粉煤灰、工业副产石膏、冶炼和化工废渣、建筑和道路废弃物以及农作物秸秆综合利用、农林废物资源化利用，大力发展利废新型建筑材料。废弃物实现就地消化，减少转移。到2015年，工业固体废物综合利用率达到72%以上。

（二十六）加快资源再生利用产业化。加快"城市矿产"示范基地建设，推进再生资源规模化利用。培育一批汽车零部件、工程机械、矿山机械、办公用品等再制造示范企业，发布再制造产品目录，完善再制造旧件回收体系和再制造产品标准体系，推动再制造的规模化、产业化发展。加快建设城市社区和乡村回收站点、分拣中心、集散市场"三位一体"的再生资源回收体系。

（二十七）促进垃圾资源化利用。健全城市生活垃圾分类回收制度，完善分类回收、密闭运输、集中处理体系。鼓励开展垃圾焚烧发电和供热、填埋气体发电、餐厨废弃物资源化利用。鼓励在工业生产过程中协同处理城市生活垃圾和污泥。

（二十八）推进节水型社会建设。确立用水效率控制红线，实施用水总量控制和定额管理，制定区域、行业和产品用水效率指标体系。推广普及高效节水灌溉技术。加快重点用水行业节水技术改造，提高工业用水循环利用率。加强城乡生活节水，推广应用节水器具。推进再生水、矿井水、海水等非传统水资源利用。建设海水淡化及综合利用示范工程，创建示范城市。到 2015 年，实现单位工业增加值用水量下降 30%。

七、加快节能减排技术开发和推广应用

（二十九）加快节能减排共性和关键技术研发。在国家、部门和地方相关科技计划和专项中，加大对节能减排科技研发的支持力度，完善技术创新体系。继续推进节能减排科技专项行动，组织高效节能、废物资源化以及小型分散污水处理、农业面源污染治理等共性、关键和前沿技术攻关。组建一批国家级节能减排工程实验室及专家队伍。推动组建节能减排技术与装备产业联盟，继续通过国家工程（技术）研究中心加大节能减排科技研发力度。加强资源环境高技术领域创新团队和研发基地建设。

（三十）加大节能减排技术产业化示范。实施节能减排重大技术与装备产业化工程，重点支持稀土永磁无铁芯电机、半导体照明、低品位余热利用、地热和浅层地温能应用、生物脱氮除磷、烧结机烟气脱硫脱硝一体化、高浓度有机废水处理、污泥和垃圾渗滤液处理处置、废弃电器电子产品资源化、金属无害化处理等关键技术与设备产业化，加快产业化基地建设。

（三十一）加快节能减排技术推广应用。编制节能减排技术政策大纲。继续发布国家重点节能技术推广目录、国家鼓励发展的重大环保技术装备目录，建立节能减排技术遴选、评定及推广机制。重点推广能量梯级利用、低温余热发电、先进煤气化、高压变频调速、干熄焦、蓄热式加热炉、吸收式热泵供暖、冰蓄冷、高效换热器，以及干法和半干法烟气脱硫、膜生物反应器、选择性催化还原氮氧化物控制等节能减排技术。加强与有关国际组织、政府在节能环保领域的交流与合作，积极引进、消化、吸收国外先进节能环保技术，加大推广力度。

八、完善节能减排经济政策

（三十二）推进价格和环保收费改革。深化资源性产品价格改革，理顺煤、电、油、气、水、矿产等资源性产品价格关系。推行居民用电、用水阶梯价格。完善电力峰谷分时电价政策。深化供热体制改革，全面推行供热计量收费。对能源消耗超过国家和地区规定的单位产品能耗（电耗）限额标准的企业和产品，实行惩罚性电价。各地可在国家规定基础上，按程序加大差别电价、惩罚性电价实施力度。严格落实脱硫电价，研究制定燃煤电厂烟气脱硝电价政策。进一步完善污水处理费政策，研究将污泥处理费用逐步纳入污水处理成本问题。改革垃圾处理收费方式，加大征收力度，降低征收成本。

（三十三）完善财政激励政策。加大中央预算内投资和中央财政节能减排专项资金的投入力度，加快节能减排重点工程实施和能力建设。深化"以奖代补""以奖促治"以及采用财政补贴方式推广高效节能家用电器、照明产品、节能汽车、高效电机产品等支持机制，强化财政资金的引导作用。国有资本经营预算要继续支持企业实施节能减排项目。地方各级人民政府要加大对节能减排的投入。推行政府绿色采购，完善强制采购和优先采购制度，逐步提高节能环保产品比重，研究实行节能环保服务政府采购。

（三十四）健全税收支持政策。落实国家支持节能减排所得税、增值税等优惠政策。积极推进资源税费改革，将原油、天然气和煤炭资源税计征办法由从量征收改为从价征收并适当提高税负水平，依法清理取消涉及矿产资源的不合理收费基金项目。积极推进环境税费改革，选择防治任务重、技术标准成熟的税目开征环境保护税，逐步扩大征收范围。完善和落实资源综合利用和可再生能源发展的税收优惠政策。调整进出口税收政策，遏制高耗能、高排放产品出口。对用于制造大型环保及资源综合利用设备确有必要进口的关键零部件及原材料，抓紧研究制定税收优惠政策。

（三十五）强化金融支持力度。加大各类金融机构对节能减排项目的信贷支持力度，鼓励金融机构创新适合节能减排项目特点的信贷管理模式。引导各类创业投资企业、股权投资企业、社会捐赠资金和国际援助资金增加对节能减排领域的投入。提高高耗能、高排放行业贷款门槛，将企业环境违法信息纳入人民银行企业征信系统和银监会信息披露系统，与企业信用等级评定、贷款及证券融资联动。推行环境污染责任保险，重点区域涉重金属企业应当购买环境污染责任保险。建立银行绿色评级制度，将绿色信贷成效与银行机构高管人员履职评价、机构准入、业务发展相挂钩。

九、强化节能减排监督检查

（三十六）健全节能环保法律法规。推进环境保护法、大气污染防治法、清洁生产促进法、建设项目环境保护管理条例的修订工作，加快制定城镇排水与污水处理条例、排污许可证管理条例、畜禽养殖污染防治条例、机动车污染防治条例等行政法规。修订重点用能单位节能管理办法、能效标识管理办法、节能产品认证管理办法等部门规章。

（三十七）严格节能评估审查和环境影响评价制度。把污染物排放总量指标作为环评审批的前置条件，对年度减排目标未完成、重点减排项目未按目标责任书落实的地区和企业，实行阶段性环评限批。对未通过能评、环评审查的投资项目，有关部门不得审批、核准、批准开工建设，不得发放生产许可证、安全生产许可证、排污许可证，金融机构不得发放贷款，有关单位不得供水、供电。加强能评和环评审查的监督管理，严肃查处各种违规审批行为。能评费用由节能审查机关同级财政部门安排。

（三十八）加强重点污染源和治理设施运行监管。严格排污许可证管理。强化重点流域、重点地区、重点行业污染源监管，适时发布主要污染物超标严重的国家重点环境监控企业名单。列入国家重点环境监控范围的电力、钢铁、造纸、印染等重点行业的企业，要安装运行管理监控平台和污染物排放自动监控系统，定期报告运行情况及污染物排放信息，推动污染源自动监控数据联网共享。加强城市污水处理厂监控平台建设，提高污水收集率，做好运行和污染物削减评估考核，考核结果作为核拨污水处理费的重要依据。对城市污水处理设施建设严重滞后、收费政策不落实、污水处理厂建成后一年内实际处理水量达不到设计能力60%，以及已建成污水处理设施但无故不运行的地区，暂缓审批该城市项目环评，暂缓下达有关项目的国家建设资金。

（三十九）加强节能减排执法监督。各级人民政府要组织开展节能减排专项检查，督促各项措施落实，严肃查处违法违规行为。加大对重点用能单位和重点污染源的执法检查力度，加大对高耗能特种设备节能标准和建筑施工阶段标准执行情况、国家机关办公建筑和大型公共建筑节能监管体系建设情况，以及节能环保产品质量和能效标识的监督检查力度。对严重违反节能环保法律法规，未按要求淘汰落后产能、违规使用明令淘汰用能设备、虚标产品能效标识、减排设施未按要求运行等行为，公开通报或挂牌督办，限期整改，对有关责任人进行严肃处理。实行节能减排执法责任制，对行政不作为、执法不严等行为，严肃追究有关主管部门和执法机构负责人的责任。

十、推广节能减排市场化机制

（四十）加大能效标识和节能环保产品认证实施力度。扩大终端用能产品能效标识实施范围，加强宣传和政策激励，引导消费者购买高效节能产品。继续推进节能产品、环境标志产品、环保装备认证，规范认证行为，扩展认证范围，建立有效的国际协调互认机制。加强标识、认证质量的监管。

（四十一）建立"领跑者"标准制度。研究确定高耗能产品和终端用能产品的能效先进水平，制定"领跑者"能效标准，明确实施时限。将"领跑者"能效标准与新上项目能评审查、节能产品推广应用相结合，推动企业技术进步，加快标准的更新换代，促进能效水平快速提升。

（四十二）加强节能发电调度和电力需求侧管理。改革发电调度方式，电网企业要按照节能、经济的原则，优先调度水电、风电、太阳能发电、核电以及余热余压、煤层气、填埋气、煤矸石和垃圾等发电上网，优先安排节能、环保、高效火电机组发电上网。研究推行发电权交易。电网企业要及时、真实、准确、完整地公布节能发电调度信息，电力监管部门要加强对节能发电调度工作的监督。落实电力需求侧管理办法，制定配套政策，规范有序用电。以建设技术支撑平台为基础，开展城市综合试点，推广能效电厂。

（四十三）加快推行合同能源管理。落实财政、税收和金融等扶持政策，引导专业化节能服务公司采用合同能源管理方式为用能单位实施节能改造，扶持壮大节能服务产业。研究建立合同能源管理项目节能量审核和交易制度，培育第三方审核评估机构。鼓励大型重点用能单位利用自身技术优势和管理经验，组建专业化节能服务公司。引导和支持各类融资担保机构提供风险分担服务。

（四十四）推进排污权和碳排放权交易试点。完善主要污染物排污权有偿使用和交易试点，建立健全排污权交易市场，研究制定排污权有偿使用和交易试点的指导意见。开展碳排放交易试点，建立自愿减排机制，推进碳排放权交易市场建设。

（四十五）推行污染治理设施建设运行特许经营。总结燃煤电厂烟气脱硫特许经营试点经验，完善相关政策措施。鼓励采用多种建设运营模式开展城镇污水垃圾处理、工业园区污染物集中治理，确保处理设施稳定高效运行。实行环保设施运营资质许可制度，推进环保设施的专业化、社会化运营服务。完善市场准入机制，规范市场行为，打破地方保护，为企业创造公平竞争的市场环境。

十一、加强节能减排基础工作和能力建设

（四十六）加快节能环保标准体系建设。加快制（修）订重点行业单

位产品能耗限额、产品能效和污染物排放等强制性国家标准,以及建筑节能标准和设计规范,提高准入门槛。制定和完善环保产品及装备标准。完善机动车燃油消耗量限值标准、低速汽车排放标准。制(修)订轻型汽车第五阶段排放标准,颁布实施第四、第五阶段车用燃油国家标准。建立满足氨氮、氮氧化物控制目标要求的排放标准。鼓励地方依法制定更加严格的节能环保地方标准。

(四十七)强化节能减排管理能力建设。建立健全节能管理、监察、服务"三位一体"的节能管理体系,加强政府节能管理能力建设,完善机构,充实人员。加强节能监察机构能力建设,配备监测和检测设备,加强人员培训,提高执法能力,完善覆盖全国的省、市、县三级节能监察体系。继续推进能源统计能力建设。推动重点用能单位按要求配备计量器具,推行能源计量数据在线采集、实时监测。开展城市能源计量建设示范。加强减排监管能力建设,推进环境监管机构标准化,提高污染源监测、机动车污染监控、农业源污染检测和减排管理能力,建立健全国家、省、市三级减排监控体系,加强人员培训和队伍建设。

十二、动员全社会参与节能减排

(四十八)加强节能减排宣传教育。把节能减排纳入社会主义核心价值观宣传教育体系以及基础教育、高等教育、职业教育体系。组织好全国节能宣传周、世界环境日等主题宣传活动,加强日常性节能减排宣传教育。新闻媒体要积极宣传节能减排的重要性、紧迫性以及国家采取的政策措施和取得的成效,宣传先进典型,普及节能减排知识和方法,加强舆论监督和对外宣传,积极为节能减排营造良好的国内和国际环境。

(四十九)深入开展节能减排全民行动。抓好家庭社区、青少年、企业、学校、军营、农村、政府机构、科技、科普和媒体等十个节能减排专项行动,通过典型示范、专题活动、展览展示、岗位创建、合理化建议等多种形式,广泛动员全社会参与节能减排,发挥职工节能减排义务监督员队伍作用，倡导文明、节约、绿色、低碳的生产方式、消费模式和生活习惯。

（五十）政府机关带头节能减排。各级人民政府机关要将节能减排作为机关工作的一项重要任务来抓，健全规章制度，落实岗位责任，细化管理措施，树立节约意识，践行节约行动，作节能减排的表率。

附件：1.“十二五”各地区节能目标

　　　　2.“十二五”各地区化学需氧量排放总量控制计划

　　　　3.“十二五”各地区氨氮排放总量控制计划

　　　　4.“十二五”各地区二氧化硫排放总量控制计划

附件1：“十二五”各地区节能目标

地区	单位国内生产总值能耗降低率（%）		
	“十一五”时期	“十二五”时期	2006—2015 年累计
全国	19.06	16	32.01
北京	26.59	17	39.07
天津	21.00	18	35.22
河北	20.11	17	33.69
山西	22.66	16	35.03
内蒙古	22.62	15	34.23
辽宁	20.01	17	33.61
吉林	22.04	16	34.51
黑龙江	20.79	16	33.46
上海	20.00	18	34.40
江苏	20.45	18	34.77
浙江	20.01	18	34.41
安徽	20.36	16	33.10
福建	16.45	16	29.82
江西	20.04	16	32.83
山东	22.09	17	35.33
河南	20.12	16	32.90
湖北	21.67	16	34.20

续表

地区	单位国内生产总值能耗降低率（%）		
	"十一五"时期	"十二五"时期	2006—2015 年累计
湖南	20.43	16	33.16
广东	16.42	18	31.46
广西	15.22	15	27.94
海南	12.14	10	20.93
重庆	20.95	16	33.60
四川	20.31	16	33.06
贵州	20.06	15	32.05
云南	17.41	15	29.80
西藏	12.00	10	20.80
陕西	20.25	16	33.01
甘肃	20.26	15	32.22
青海	17.04	10	25.34
宁夏	20.09	15	32.08
新疆	8.91	10	18.02

注："十一五"各地区单位国内生产总值能耗降低率除新疆外均为国家统计局最终公布数据，新疆为初步核实数据。

附件2："十二五"各地区化学需氧量排放总量控制计划

单位：万吨

地区	2010 年		2015 年		2015 年比 2010 年（%）	
	排放量	其中：工业和生活	控制量	其中：工业和生活	增加或减少	其中：工业和生活
北京	20.0	10.9	18.3	9.8	－8.7	－9.8
天津	23.8	12.3	21.8	11.2	－8.6	－9.2
河北	142.2	45.6	128.3	40.7	－9.8	－10.8
山西	50.7	31.2	45.8	27.9	－9.6	－10.6
内蒙古	92.1	27.5	85.9	25.4	－6.7	－7.5
辽宁	137.3	47.0	124.7	42.1	－9.2	－10.4
吉林	83.4	28.8	76.1	26.1	－8.8	－9.4
黑龙江	161.2	47.8	147.3	43.4	－8.6	－9.3

续表

地区	2010 年		2015 年		2015 年比 2010 年（%）	
	排放量	其中：工业和生活	控制量	其中：工业和生活	增加或减少	其中：工业和生活
上海	26.6	22.5	23.9	20.1	-10.0	-10.5
江苏	128.0	86.3	112.8	75.3	-11.9	-12.8
浙江	84.2	61.4	74.6	53.7	-11.4	-12.5
安徽	97.3	55.6	90.3	52.0	-7.2	-6.5
福建	69.6	45.8	65.2	43.1	-6.3	-6.0
江西	77.7	51.9	73.2	48.3	-5.8	-7.0
山东	201.6	62.7	177.4	54.6	-12.0	-12.9
河南	148.2	62.0	133.5	55.8	-9.9	-10.0
湖北	112.4	62.1	104.1	59.0	-7.4	-5.0
湖南	134.1	71.8	124.4	66.8	-7.2	-7.0
广东	193.3	130.6	170.1	113.8	-12.0	-12.9
广西	80.7	58.1	74.6	53.6	-7.6	-7.8
海南	20.4	9.2	20.4	9.2	0	0
重庆	42.6	29.4	39.5	27.5	-7.2	-6.5
四川	132.4	75.0	123.1	71.3	-7.0	-5.0
贵州	34.8	28.1	32.7	26.4	-6.0	-6.1
云南	56.4	48.0	52.9	45.0	-6.2	-6.2
西藏	2.7	2.3	2.7	2.3	0	0
陕西	57.0	36.4	52.7	33.5	-7.6	-7.9
甘肃	40.2	25.5	37.6	23.7	-6.4	-6.9
青海	10.4	8.1	12.3	9.6	18.0	18.0
宁夏	24.0	13.3	22.6	12.5	-6.0	-6.3
新疆	56.9	26.2	56.9	26.2	0	0
新疆生产建设兵团	9.5	4.7	9.5	4.7	0	0
合计	2551.7	1328.1	2335.2	1214.6	-8.5	-8.5

　　注：全国化学需氧量排放量削减 8% 的总量控制目标为 2347.6 万吨（其中工业和生活 1221.9 万吨），实际分配给各地区 2335.2 万吨（其中工业和生活 1214.6 万吨），国家预留 12.4 万吨，用于化学需氧量排污权有偿分配和交易试点工作。

附件3："十二五"各地区氨氮排放总量控制计划

单位：万吨

地区	2010 年		2015 年		2015 年比 2010 年（%）	
	排放量	其中：工业和生活	控制量	其中：工业和生活	增加或减少	其中：工业和生活
北京	2.20	1.64	1.98	1.47	−10.1	−10.2
天津	2.79	2.18	2.50	1.95	−10.5	−10.4
河北	11.61	6.98	10.14	6.10	−12.7	−12.6
山西	5.93	4.66	5.21	4.08	−12.2	−12.4
内蒙古	5.45	4.19	4.92	3.79	−9.7	−9.5
辽宁	11.25	7.56	10.01	6.69	−11.0	−11.5
吉林	5.87	3.92	5.25	3.49	−10.5	−10.9
黑龙江	9.45	6.14	8.47	5.49	−10.4	−10.6
上海	5.21	4.83	4.54	4.21	−12.9	−12.9
江苏	16.12	11.98	14.04	10.40	−12.9	−13.2
浙江	11.84	8.96	10.36	7.84	−12.5	−12.5
安徽	11.20	7.07	10.09	6.38	−9.9	−9.8
福建	9.72	6.16	8.90	5.67	−8.4	−8.0
江西	9.45	6.18	8.52	5.57	−9.8	−9.8
山东	17.64	10.06	15.29	8.70	−13.3	−13.5
河南	15.57	8.80	13.61	7.66	−12.6	−12.9
湖北	13.29	8.25	12.00	7.43	−9.7	−9.9
湖南	16.95	10.15	15.29	9.16	−9.8	−9.8
广东	23.52	17.53	20.39	15.16	−13.3	−13.5
广西	8.45	5.63	7.71	5.13	−8.7	−8.9
海南	2.29	1.36	2.29	1.37	0	1.0
重庆	5.59	4.19	5.10	3.81	−8.8	−9.0
四川	14.56	8.50	13.31	7.78	−8.6	−8.5
贵州	4.03	3.19	3.72	2.94	−7.7	−7.8
云南	6.00	4.66	5.51	4.29	−8.1	−8.0

续表

地区	2010 年		2015 年		2015 年比 2010 年（%）	
	排放量	其中：工业和生活	控制量	其中：工业和生活	增加或减少	其中：工业和生活
西藏	0.33	0.28	0.33	0.28	0	0
陕西	6.44	4.80	5.81	4.34	-9.8	-9.6
甘肃	4.33	3.70	3.94	3.38	-8.9	-8.7
青海	0.96	0.87	1.10	1.00	15.0	15.0
宁夏	1.82	1.60	1.67	1.47	-8.0	-8.0
新疆	4.06	3.08	4.06	3.08	0	0
新疆生产建设兵团	0.51	0.25	0.51	0.25	0	0
合计	264.4	179.4	236.6	160.4	-10.5	-10.6

注：全国氨氮排放量削减10%的总量控制目标为238.0万吨（其中工业和生活161.5万吨），实际分配给各地区236.6万吨（其中工业和生活160.4万吨），国家预留1.4万吨，用于氨氮排污权有偿分配和交易试点工作。

附件4："十二五"各地区二氧化硫排放总量控制计划

单位：万吨

地区	2010 年排放量	2015 年控制量	2015 年比 2010 年（%）
北京	10.4	9.0	-13.4
天津	23.8	21.6	-9.4
河北	143.8	125.5	-12.7
山西	143.8	127.6	-11.3
内蒙古	139.7	134.4	-3.8
辽宁	117.2	104.7	-10.7
吉林	41.7	40.6	-2.7
黑龙江	51.3	50.3	-2.0
上海	25.5	22.0	-13.7
江苏	108.6	92.5	-14.8

续表

地区	2010 年排放量	2015 年控制量	2015 年比 2010 年（%）
浙江	68.4	59.3	−13.3
安徽	53.8	50.5	−6.1
福建	39.3	36.5	−7.0
江西	59.4	54.9	−7.5
山东	188.1	160.1	−14.9
河南	144.0	126.9	−11.9
湖北	69.5	63.7	−8.3
湖南	71.0	65.1	−8.3
广东	83.9	71.5	−14.8
广西	57.2	52.7	−7.9
海南	3.1	4.2	34.9
重庆	60.9	56.6	−7.1
四川	92.7	84.4	−9.0
贵州	116.2	106.2	−8.6
云南	70.4	67.6	−4.0
西藏	0.4	0.4	0
陕西	94.8	87.3	−7.9
甘肃	62.2	63.4	2.0
青海	15.7	18.3	16.7
宁夏	38.3	36.9	−3.6
新疆	63.1	63.1	0
新疆生产建设兵团	9.6	9.6	0
合计	2267.8	2067.4	−8.8

　　注：全国二氧化硫排放量削减 8% 的总量控制目标为 2086.4 万吨，实际分配给各地区 2067.4 万吨，国家预留 19.0 万吨，用于二氧化硫排污权有偿分配和交易试点工作。

参考文献

著作类

1. 李善同、何建武:《中国可计算一般均衡模型及其应用》,经济科学出版社 2010 年版。

2. 罗默:《高级宏观经济学》,上海财经大学出版社 2003 年版。

3. 杨邦杰:《我国耕地呈现"三少一差"特点亟须保护》,《经济日报》2013 年 8 月 26 日。

4. 袁庆明:《技术创新的制度结构分析》,经济管理出版社 2003 年版。

5. 赵细康:《引导绿色创新——技术创新导向的环境政策研究》,经济科学出版社 2006 年版。

6. 中华人民共和国国土资源部:《中国矿产资源报告》,地质出版社 2011 年版。

7.《中国耕地已到最危险时候,看数字背后的耕地国情》,《科学时报》2008 年 4 月 22 日。

期刊类

1. 安俊岭、张仁健、韩志伟:《北方 15 个大型城市总悬浮颗粒物的季节变化》,《气候与环境研究》2000 年第 1 期。

2. 陈卫平、郑风田:《中国的粮食生产力革命:1953—2003 年中国主要粮食作物全要素生产率增长及其对产出的贡献》,《经济理论与经济管理》2006 年第 4 期。

3. 程磊磊:《农业面源污染控制的经济激励政策》,博士论文,中国人民大学,2011 年。

4. 崔云:《中国经济增长中土地资源的"尾效"分析》,《经济理论与经济管理》2007 年第 11 期。

5. 丁岩、翟印礼等:《辽吉两省玉米全要素生产率的比较研究——基于莫氏指数的研究》《商业研究》2008 年第 12 期。

6. 董炳艳、靳乐山:《中国绿色技术创新研究进展初探》,《科技管理研究》2005 年第 2 期。

7. 董颖、石磊:《"波特假说"——生态创新与环境管制的关系研究述评》,《生态学报》2013 年第 3 期。

8. 甘建德、王莉莉:《绿色技术和绿色技术创新——可持续发展的当代形式》,《河南社会科学》2003 年第 2 期。

9. 郭琪:《中国节能政策演变及能源效应评价》,《经济前沿》2009 年第 9 期。

10. 韩学渊、韩洪云:《水资源对中国农业的"增长阻力"分析》,《水利经济》2008 年第 3 期。

11. 何小刚、王自力:《能源偏向型技术进步与绿色增长转型——基于中国 33 个行业的实证考察》,《中国工业经济》2015 年第 2 期。

12. 何小刚、赵耀辉:《技术进步、绿色与发展方式转型——基于中国工业 36 个行业的实证考察》,《数量经济技术经济研究》2012 年第 3 期。

13. 华锦阳:《制造业低碳技术创新的动力源探究及其政策涵义》,《科研管理》2011 年第 6 期。

14. 黄金波、周先波:《中国粮食生产的技术效率与全要素生产率增长:1978—2008》,《南方经济》2010 年第 9 期。

15. 姜天龙:《吉林省农户粮作经营行为和效率的实证研究》,博士论文,吉林农业大学,2012 年。

16. 蒋高明:《中国 60 年化肥施用量增百倍有毒物质危及食品安全》,2011 年 5 月 27 日,见 www.chinanews.com。

17. 亢霞、刘秀梅:《我国粮食生产的技术效率分析——基于随机前沿分析方法》,《中国农村观察》2005 年第 4 期。

18．雷鸣、杨昌明等：《我国经济增长中能源尾效约束的计量分析》，《能源技术与管理》2007 年第 5 期。

19．李谷成、范丽霞、闵锐：《资源、环境与农业发展的协调性——基于环境规制的省级农业环境效率排名》，《数量经济技术经济研究》2011 年第 10 期。

20．李谷成、冯中朝、范丽霞：《农户家庭经营技术与全要素生产率增长分解（1999—2003 年）——基于随机前沿生产函数与来自湖北省农户数据的分析》，《数量经济技术经济研究》2007 年第 8 期。

21．李光军、徐松、冯海波：《企业实施清洁生产政策激励机制研究》，《环境科学与技术》2004 年第 3 期。

22．李廉水、周勇：《技术进步能提高能源效率吗？——基于中国工业部门的实证检验》，《管理世界》2006 年第 10 期。

23．李巧华、唐明凤：《企业绿色创新：市场导向抑或政策导向》，《财经科学》2014 年第 2 期。

24．李秀兰、胡雪峰：《上海郊区蔬菜重金属污染现状及累积规律研究》，《化学工程师》2005 年第 5 期。

25．李影、沈坤荣：《能源结构约束与中国经济增长——基于能源"尾效"的计量检验》，《资源科学》2010 年第 11 期。

26．梁流涛、曲福田、冯淑怡：《基于环境污染约束视角的农业技术效率测度》，《自然资源学报》2012 年第 9 期。

27．林伯强、牟敦国：《能源价格对宏观经济的影响——基于可计算一般均衡（CGE）的分析》，《经济研究》2008 年第 11 期。

28．林毅夫、刘培林：《经济发展战略对劳均资本积累和技术进步的影响——基于中国经验的实证研究》，《中国社会科学》2003 年第 4 期。

29．刘桂平、周永春、方炎：《我国农业污染的现状及应对建议》，《国际技术经济研究》2006 年第 4 期。

30．刘金朋：《基于资源与环境约束的中国能源供需格局发展研究》，博士论文，华北电力大学，2013 年。

31．刘耀彬、杨新梅：《基于内生基尼增长理论的城市化进程中资源环境"尾效"分析》，《中国人口资源与环境》2011 年第 2 期。

32．刘战伟：《碳排放约束下河南省农业全要素生产率增长与分解》，《浙江农业学报》2014 年第 26 期。

33．路守彦：《中国石油和天然气生产峰值的研究现状》，《炼油技术与工程》2009 年第 8 期。

34．马林静、王雅鹏、王娟：《中国粮食生产技术效率的空间非均衡与收敛性分析》，《农业技术经济》2015 年第 4 期。

35．孟晓军：《西部干旱区单体绿洲城市经济增长中的水资源约束研究——以乌鲁木齐市为例》，博士论文，新疆大学，2008 年。

36．孟令杰：《中国农业产出技术效率动态研究》，《农业技术经济》2000 年第 5 期。

37．闵锐：《粮食全要素生产率：基于序列 DEA 与湖北主产区县域面板数据的实证分析》，《农业技术经济》2012 年第 1 期。

38．莫志宏、沈蕾：《全要素生产率单要素生产率与经济增长》，《北京工业大学学报（社会科学版）》2005 年第 4 期。

39．聂华林、杨福霞等：《中国农业经济增长的水土资源"尾效"研究》，《统计与决策》2011 年第 15 期。

40．聂英：《中国粮食安全的耕地贡献分析》，《经济学家》2015 年第 1 期。

41．潘丹、应瑞瑶：《中国农业生态效率评价方法与实证——基于非期望产出的 SBM 模型分析》，《生态学报》2013 年第 12 期。

42．庞丽：《经济增长中能源政策的计算分析》，博士论文，华东师范大学，2006 年。

43．全炯振：《中国农业全要素生产率增长的实证分析：1978—2007 年——基于随机前沿分析（SFA）方法》，《中国农村经济》2009 年第 9 期。

44．冉丹等：《论中国水污染物排放标准的现状及特点》，《环境科学与管理》2012 年第 12 期。

45. 沈斌、冯勤:《基于可持续发展的环境技术创新及其政策机制》,《科学学与科学技术管理》2004 年第 8 期。

46. 沈小波、曹芳萍:《技术创新的特征与环境技术创新政策——新古典和演化方法的比较》,《厦门大学学报 (哲学社会科学版)》2010 年第 5 期。

47. 石慧、孟令杰、王怀明:《中国农业生产率的地区差距及波动性研究——基于随机前沿生产函数的分析》,《经济科学》2008 年第 3 期。

48. 石敏俊等:《能源约束下的中国经济中长期发展前景》,《系统工程学报》2014 年第 5 期。

49. 史丹、李金隆:《产业结构变动对能源消费的影响》,《经济理论与经济管理》2003 年第 8 期。

50. 舒元、才国伟:《中国省际技术进步及其空间扩散分析》,《经济研究》2007 年第 6 期。

51. 宋海岩、刘淄楠:《改革时期中国总投资决定因素的分析》,《世界经济文汇》2003 年第 1 期。

52. 苏成国等:《农田氮素的气态损失与大气氮湿沉降及其环境效应》,《土壤》2005 年第 2 期。

53. 田银华、贺胜兵等:《环境约束下地区全要素生产率增长的再估算：1998—2008》,《中国工业经济》2011 年第 1 期。

54. 田云、张俊飚、吴贤荣等:《碳排放约束下的中国农业生产率增长与分解研究》,《干旱区资源与环境》2015 年第 11 期。

55. 万伦来、黄志斌:《绿色技术创新：推动我国经济可持续发展的有效途径》,《生态经济》2004 年第 6 期。

56. 汪恕诚:《资源水利的理论内涵和实践基础》,《中国水利》2000 年第 5 期。

57. 王班班、齐绍洲:《有偏技术进步、要素替代与中国工业能源强度》,《经济研究》2014 年第 2 期。

58. 王璐、杜澄、王宇鹏:《环境管制对企业环境技术创新影响研究》,

《中国行政管理》2009 年第 2 期。

59．王明利、吕新业：《我国水稻生产率增长，技术进步与效率变化》，《农业技术经济》2006 年第 6 期。

60．王延中：《我国能源消费政策的变迁及展望》，《中国工业经济》2001 年第 4 期。

61．魏丹、闵锐、王雅鹏：《粮食生产率增长，技术进步，技术效率——基于中国分省数据的经验分析》，《中国科技论坛》2010 年第 8 期。

62．吴丽丽、郑炎成、李谷成：《碳排放约束下我国油菜全要素生产率增长与分解——来自 13 个主产区的实证》，《农业现代化研究》2013 年第 1 期。

63．吴巧生、成金华：《论环境政策工具》，《经济评论》2004 年第 1 期。

64．吴巧生、王华：《技术进步与中国能源——环境政策》，《中国地质大学学报（社会科学版）》2005 年第 1 期。

65．吴贤荣、张俊飚、田云等：《中国省域农业碳排放：测算，效率变动及影响因素研究——基于 DEA – Malmquist 指数分解方法与 Tobit 模型运用》，《资源科学》2014 年第 36 期。

66．肖红波、王济民：《新世纪以来我国粮食综合技术效率和全要素生产率分析》，《农业技术经济》2012 年第 1 期。

67．谢书玲、王铮等：《中国经济发展中水土资源的"增长尾效"分析》，《管理世界》2005 年第 7 期。

68．徐盈之、周秀丽：《碳税政策下的我国低碳技术创新——基于动态面板数据的实证研究》，《财经科学》2014 年第 9 期。

69．许建、吕永龙等：《我国环境技术产业化的现状与发展对策》，《环境科学进展》1999 年第 2 期。

70．许庆瑞、吕燕、王伟强：《中国企业环境技术创新研究》，《中国软科学》1995 年第 5 期。

71．薛建良、李秉龙：《基于环境修正的中国农业全要素生产率度量》，

《中国人口资源与环境》2011 年第 21 期。

72. 薛俊波、王铮等:《中国经济增长的"尾效"分析》,《财经研究》2004 年第 9 期。

73. 颜鹏飞、王兵:《技术效率、技术进步与生产率增长:基于 DEA 的实证分析》,《经济研究》2004 年第 12 期。

74. 杨春、陆文聪:《中国玉米生产率增长、技术进步与效率变化:1990—2004 年》,《农业技术经济》2007 年第 4 期。

75. 杨发明、吴光汉:《绿色技术创新研究述评》,《科研管理》1998 年第 4 期。

76. 杨发庭:《绿色技术创新的制度研究——基于生态文明的视角》,博士论文,中共中央党校,2014 年。

77. 杨俊、陈怡:《基于环境因素的中国农业生产率增长研究》,《中国人口资源与环境》2011 年第 21 期。

78. 杨冕:《生产要素/能源品种替代对中国节能减排的影响研究》,博士论文,兰州大学,2012 年。

79. 杨杨、吴次芳等:《中国水土资源对经济的"增长阻尼"研究》,《经济地理》2007 年第 4 期。

80. 姚建仁:《点击农业污染》,《农药市场信息》2004 年第 17 期。

81. 叶裕民:《全国及各省区市全要素生产率的计算和分析》,《经济学家》2002 年第 3 期。

82. 于伟咏、漆雁斌、李阳明:《碳排放约束下中国农业能源效率及其全要素生产率研究》,《农村经济》2015 年第 8 期。

83. 袁凌、申颖涛等:《论绿色技术创新》,《科技进步与对策》2000 年第 9 期。

84. 岳书敬、刘朝明:《人力资本与区域全要素生产率分析》,《经济研究》2006 年第 4 期。

85. 张成、陆旸等:《环境规制强度和生产技术进步》,《经济研究》2011 年第 2 期。

86．张东升等：《城乡交错区蔬菜生态系统氮循环的数值模拟研究》，《土壤学报》2007 年第 3 期。

87．张军、吴桂英、张吉鹏：《中国省际物质资本存量估算：1952—2000》，《经济研究》2004 年第 10 期。

88．张曙光、程炼：《中国经济转轨过程中的要素价格扭曲与财富转移》，《世界经济》2010 年第 10 期。

89．张越杰、霍灵光、王军：《中国东北地区水稻生产效率的实证分析——以吉林省水稻生产为例》，《中国农村经济》2007 年第 5 期。

90．赵成柏、毛春梅：《碳排放约束下我国地区全要素生产率增长及影响因素分析》，《中国科技论坛》2011 年第 11 期。

91．赵芳：《基于 3E 协调的能源发展政策研究》，博士论文，中国海洋大学，2008 年。

92．赵其国：《现代生态农业与农业安全》，《科技与经济》2004 年第 1 期。

93．赵伟、马瑞永、何元庆：《要素生产率变动的分解——基于 Malmquist 生产力指数的实证分析》，《统计研究》2005 年第 7 期。

94．赵玉民、朱方明等：《环境规制的界定、分类与演进研究》，《中国人口·资源与环境》2009 年第 6 期。

95．郑京海、胡鞍钢、Arne Bigsten：《中国的经济增长能否持续？——一个生产率视角》，《经济学（季刊）》2008 年第 3 期。

96．钟晖、王建锋：《建立绿色技术创新机制》，《生态经济》2000 年第 3 期。

97．朱磊、范英：《中国燃煤电厂 CCS 改造投资建模和补贴政策评价》，《中国人口·资源与环境》2014 年第 7 期。

98．朱希刚：《我国粮食生产率增长分析》，《农业经济问题》1999 年第 3 期。

99．诸大建：《可持续发展呼唤循环经济》，《科技导报》1998 年第 9 期。

外文参考文献

1. Anselin L. , *Spatial Econometrics: Methods and Models*, Dordrecht: Kluwer Academic Publisher, 1988.

2. Arias A. D. , Beers C. V. , "Energy Subsidies, Structure of Electricity Prices and Technological Change of Energy Use", *Energy Economics*, No. 11, 2013.

3. Arundel A. , Kemp R. , Parto, S. , "Indicators for Environmental Innovation: What and how to Measure", *The International Handbook on Environmental Technology Management*, Cheltenham: Edward Elgar Publishing, 2007.

4. Bauman Y. , Lee M. , Seeley K. , "Does Technological Innovation really Reduce Marginal Abatment Costs? Some Theory, Algebraic Evidence, and Policy Implication", *Environmental and Resource Economics*, No. 4, 2008.

5. Bellas A. S. , "Empirical Evidence of Advances in Scrubber Technology", *Resource and Energy Economics*, No. 4, 1998.

6. Bjurek H. , *Essays on Efficiency and Productivity Change with Applications to Public Service Production*, Gothenburg: University of Gothenburg, 1994.

7. Bjurek H. , Førsund F. R. , Hjalmarsson L. , "Malmquist Productivity Indexes: an Empirical Comparison", in Färe R. , Grosskopf S. , Russell, R. R. (Eds.), *Index Numbers: Essays in Honour of Sten Malmquist*, Boston: Kluwer Academic Publishers, 1998.

8. Blackman A. , Bannister G. . J. , "Community Pressure and Clean Technology in the Informal Sector: An Econometric Analysis of the Adoption of Propane by Traditional Mexican Brickmakers", *Journal of Environmental Economics and Management*, No. 1, 1998.

9. Borghesi S. , Cainelli G. , Mazzanti M. , "Linking Emission Trading to Environmental Innovation: Evidence from the Italian Manufacturing Industry", *Research Policy*, No. 3, 2015.

10. Brandouy O. , Briec W. , Kerstens K. , Van de Woestyne, I. , "Portfolio Performance Gauging in Discrete Time Using a Luenberger Productivity Indicator", *Journal of Banking&Finance*, No. 8, 2010.

11. Brawn, E. , Wield, D. , "Regulation as a Means for the Social Control of Technology", *Technology Analysis and Strategic Management*, No. 3, 1994.

12. Briec W. , Kerstens K. , "The Luenberger Productivity Indicator: An Economic Specification Leading to Infeasibilities", *Economic Modelling*, No. 3, 2009.

13. Brunneimer S. , Cohen M. , "Determinants of Environmental Innovation in US Manufacturing Industries", *Journal of Environmental Economics and Management*, No. 2, 2003.

14. Carla D. L. , Philip C. , "Green Innovation and Policy: A Co – evolutionary Approach", DIME International Conference on Innovation, Sustainability and Policy, Gretha University Montesquieu Bordeaux IV, France, 2008.

15. Caves D. W. , Christensen L. R. , Diewert W. E. , "The Economic Theory of Index Numbers and the Measurement of Input, Output, and Productivity", *Econometrica*, No. 6, 1982.

16. Chambers R. G. , Färe R. , Grosskopf S. , "Productivity Growth in APEC Countries", *Pacific Economic Review*, No. 3, 1996.

17. Christiansen A. C. , "Climate Policy and Dynamic Efficiency Gains: A Case Study on Norwegian CO_2 – taxes and Technological Innovation in the Petroleum Sector", *Climate Policy*, No. 4, 2001.

18. Chung Y. H. , Färe R. , Grosskopf S. , "Productivity and Uundesirable Outputs: A Directional Distance Function Approach", *Journal of Environmental Management*, No. 3, 1997.

19. Coelli T. J. , Rao D. S. P. , O' Donnell C. J. , Battese, G. , *An Introduction to Efficiency and Productivity Analysis* (2nd Edition), Springer, 2005.

20. Del Rio Gonzalez P. , "The Empirical Analysis of the Determinants for

Environmental Technological Change: A Research Agenda", *Ecological Economics*, No. 3, 2009.

21. Demirel P. , Kesidou E. , "Stimulating Different Types of Eco – Innovation in the UK: Government Policies and Firm Motivations", *Ecological Economics*, No. 8, 2008.

22. Desmarchelier B. , Djellal F. , Gallouj, F. , "Environmental Policies and Eco – innovations by Service Firms: An Agent – based Model", *Technological Forecasting and Social Change*, No. 7, 2013.

23. Diewert W. E. , "Index Number Theory Using Differences Rather than Ratios", *American Journal of Economics and Sociology*, No. 1, 2005.

24. Downing P. B. , White L. J. , "Innovation in Pollution Control", *Journal of Environmental Economics and Management*, No. 1, 1986.

25. Du L. , He Y. , et al. , "The Relationship between Oil Price Shocks and China's Macro – Economy: An Empirical Analysis", *Energy Policy*, No. 8, 2010.

26. EIO, "Europe Intransition: Paving the Way to a Green Economy through Eco – innovation", Eco – Innovation Observatory, Funded by the European Comission, DG Environment, Brussels, 2013, Available at: http: //www. eco – innovation. eu/images/stories/Reports/EIO_ Annual_ Report_ 2012. pdf.

27. Epure M. , Kerstens K. , Prior D. , "Bank Productivity and Performance Groups: A Decomposition Approach Based upon the Luenberger Productivity Indicator", *European Journal of Operational Research*, No. 3, 2011.

28. Färe R. , Grosskopf S. , "Theory and Application of Directional Distance Functions", *Journal of Productivity Analysis*, No. 2, 2000.

29. Färe R. , Grosskopf S. , Lindgren B. , Roos P. , "Productivity Developments in Swedish Hospitals: A Malmquist Output Index Approach", in Charnes, A. , Cooper, W. W. , Lewin, A. Y. Seiford, L. M. (Eds.), *Data Envelopment Analysis Theory, Methodology and Applications*, Kluwer Academic Pub-

lishers, 1989.

30. Färe R. , Grosskopf S. , Norris M. Zhang Z. "Productivity Growth, Technical Progress, and Efficiency Change in Industrialized Countries", *American Economic Review*, No. 1, 1994.

31. Färe R. , Grosskopf S. , Pasurka C. A. , "Accounting for Air Pollution Emissions in Measures of State Manufacturing Productivity Growth", *Journal of Regional Science*, No. 3, 2001.

32. Färe R. , Grosskopf S. , Pasurka J. C. A. , "Environmental Production Functions and Environmental Directional Distance Functions", *Energy*, No. 7, 2007.

33. Färe R. , Grosskopf S. , Roos P. , "On Two Definitions of Productivity", *Economics Letters*, No. 3, 1996.

34. Färe R. , Primont D. , *Multi – output Production and Duality: Theory and Applications*, Dordrecht: Kluwer Academic Publishers, 1995.

35. Farrell M. J. , "The Measurement of Productive Efficiency", *Journal of the Royal Statistical* Society, Series A (General), No. 3, 1957.

36. Fischer C. , Parry I. W. H. , Pizer W. A. , "Instrument Choice for Environmental Protection when Technological Innovation is Endogenous", *Journal of Environmental Economics and Management*, No. 3, 2003.

37. Fleiter T. , Worrell E. , Eichhammer W. , "Barriers to Energy Efficiency in Industrial Bottom – up Energy Demand Model – A Review", *Renewable and Sustainable Energy Reviews*, No. 6, 2011.

38. Fowlie M. ," Emissions Trading, Electricity Restructuring, and Investment in Pollution Abatement", *American Economic Review*, No. 3, 2010.

39. Francis J. , *The Politics of Regulation: A Comparative Perspective*, Blackwell, 1993.

40. Frondel M. , Horbach J. , Rennings K. , "End – of – Pipe or Cleaner Production? An Empirical Comparision of Environmental Innovation Decisions

Across OECD Countries", *Business Strategy and the Environment*, No. 8, 2007.

41. Fukuyama H., Weber W. L., "A Directional Slacks – based Measure of Technical Inefficiency", *Socio – economic Planning Sciences*, No. 4, 2009.

42. Fussler C., James P., *Driving Eco – innovation: A Break thorough Discipline for Innovation and Sustainablity*, Pitman, 1996.

43. Gans J. S., "Innovation and Climate Change Policy", *American Economic Journal: Economic Policy*, No. 4, 2011.

44. Gillingham K., Newell R. G., Pizer W. A., "Modeling Endogenous Technological Change for Cimate Policy Analysis", *Energy Economics*, No. 30, 2008.

45. Gitto S., Mancuso P., "Bootstrapping the MalmquistIndexes for Italian Airports", *International Journal of Production Economics*, No. 1, 2012.

46. Greene D. L., "CAFE or Price? An Analysis of the Effects of Gasoline Price on New Car MPG, 1978 – 89", *The Energy Journal*, No. 3, 1990.

47. Grilliches Z., "Issues in Assessing the Contribution of Research and Development to Productivity Growth", *Journal of Economics*, No. 3, 1979.

48. Hall B., Van Reenen, J., " How Effective are Fiscal Incentives for R&D? A Review of the Evidence", *Research Policy*, No. 4 – 5, 2000.

49. Hamamoto M., "Environmental Regulation and the Productivity of Japanese Manufacturing Industries", *Resource and Energy Economic*, No. 4, 2006.

50. Hascic I., Johnstone N., Michel, C., "Environmental Policy Stringency and Technological Innovation: Evidence from Patent Counts", Paper Presented at the European Association of Environmental and Resource Economists 16th Annual Conference, Gothenburg, Sweden, No. 6, 2008.

51. Hassett K. A., Metcalf G. E., "Energy Tax Credits and Residential Conservation Investment: Evidence from Panel Data", *Journal of Public Economics*, No. 2, 1995.

52. Hicks J. R., *The Theory of Wages*, Macmillan, 1932.

53. Hoang V – N. , Coelli T. , "Measurement of Agricultural Total Factor Productivity Growth Incorporating Environmental Factors: A Nutrients Balance Approach", *Journalof Environmental Economics and Management*, No. 3, 2011.

54. Hoffmann V. H. , "EU ETS and Investment Decisions: The Case of the German Electricity Industry", *European Management Journal*, No. 6, 2007.

55. Horbach J. , "Determinants of Environmental Innovation – New Evidence from German Panel Data Sources", *Research Policy*, No. 1, 2008.

56. Horbach J. , Rammer C. , Rennings K. , "Determinants of Eco – Innovations by Type of Environmental Impact—The Role of Regulatory Push/Pull, Technology Push and Market Pull", *Ecological Economics*, No. 4, 2012.

57. Howarth R. B. , Haddad B. M. , Paton B. , "The Economics of Energy Efficiency: Insights from Voluntary Participation Programs", *Energy Policy*, No. 6, 2000.

58. Isaksson H. L. , "Abatement Costs in Response to the Swedish Charge on Nitrogen Oxide Emissions", *Journal of Environmental Economics and Management*, No. 1, 2005.

59. Jaffe A. B. , "The Importance of Spillovers' in the Policy Mission of the Advanced Technology Program", *Journal of Technology Transfer*, No. 2, 1998.

60. Jaffe A. B. , Newell R. , Stavins R. N. , "Environmental Policy and Technological Change", *Environmental and Resource Economics*, No. 1, 2002.

61. Jaffe A. B. , Palmer K. , "Environmental Regulation and Innovation: A Panel Data Study", *Review of Economics and Statistics*, No. 4, 1997.

62. Jaffe A. B. , Stavins R. N. , "Dynamic Incentives of Environmental Regulations: The Effects of Alternative Policy Instruments on Technology Diffusion", *Journal of Environmental Economics and Management*, No. 3, 1995.

63. Jaffe A. B. , Newell R. , Stavins R. N. , "Environmental Policy and Technological Change", *Environmental and Resource Economics*, No. 1, 2002.

64. Jaffe, A. B. , Newell R. G. , Stavins R. N. , "A Tale of Two Market

Failures: Technologyand Environmental Policy ", *Ecological Economics*, No. 2 – 3, 2005.

65. Johnstone N. , Hascic I. , Popp D. , "Renewable Energy Policies and Technological Innovation: Evidence Based on Patent Counts", *Environment and Resource Economics*, No. 1, 2010.

66. Johnstone N. , Haščicl Poirier J. , Hemar M. , Michel, C. , "Environmental Policy Stringencyand Technological Innovation: Evidence from Survey Data and Patent Counts", *Applied Economics*, No. 17, 2012.

67. Kammerer D. , "The Effects of Customer Benefit and Regulation on Environmental Product Innovation: Empirical Evidence from Appliance Manufacturers in Germany", *Ecological Economics*, No. 8 – 9, 2009.

68. Kemp R. , Arundel A. , "Survey Indicators for Environmental Innovation", *IDEA Paper Series*, 1998, 8.

69. Kemp R. , Pearson P. , "Policy Brief about Measuring Eco – innovation and Magazine/Newsletter Articles", Measuring Eco – innovation Project, 2008.

70. Kemp R. , Pontoglio, S. , "The Innovation Effects of Environmental Policy Instruments—A Typical Case of the Blind Men and the Elephant?", *Ecological Economics*, No. 15, 2011.

71. Keohane N. O. , *Essays in the Economics of Environmental Policy*, Harvard University, 2001.

72. Klemmer P. , Lehr U. , *Environmental Innovation, Incentives and Barriers*, German Ministry of Research and Technology (BMBF), Analytica – Verlag, 1999.

73. Knox – Lovell C. A. , "The Decomposition of Malmquist Productivity Indexes", *Journal of Productivity Analysis*, No. 3, 2003.

74. Krysiak F. , "Environmental Regulation, Technological Diversity, and the Dynamics of Technological Change", *Journal of Economic Dynamics and Control*, No. 4, 2011.

75. Kumar S. , "Environmentally Sensitive Productivity Growth: A Global A-nalysis Using Malmquist—Luenberger Index", *Ecological Economics*, No. 2, 2006.

76. Kumar S. , Managi S. , "Energy Price – induced and Exogenous Tech-nological Change: Assessing the Economic and Environmental Outcomes", *Resource and Energy Economics*, No. 4, 2009.

77. Lambert D. K. , Parker E. , "Productivity in Chinese Provincial Agri-culture", *Journal of Agricultural Economics*, No. 49, 1998.

78. Lanjouw J. O. , Mody A. , "Innovation and the International Diffusion of environmentally Responsive Technology", *Research Policy*, No. 4, 1996.

79. Lanoie P. , Laurent – Lucchetti, J. , Johnstone N. , Ambec S. , "Environmental Policy, Innovation and Performance: New Insights", GAEL Working Paper, 2007 – 07.

80. LeSage J. P. , Pace R. K. , *Introduction to Spatial Econometrics*, Bo-caRaton, FL: CRC Press, 2009.

81. Liao H. , Fan Y. , Wei Y. M. , "What Induced China's Energy Inten-sity to Fluctuate: 1997—2006?", *Energy Policy*, No. 6, 2007.

82. Lin Boqiang, Li Aijun, "Impacts of Removing Fossil Fuel Subsidies on China: how Large and how to Mitigate", *Energy*, No. 1, 2012。

83. Luenberger D. G. , "Benefit Functions and Duality", *Journal of Math-ematical Economics*, No. 5, 1992.

84. Mac Cracken C. , Edmonds, J. , Kim S. , Sands R. , "The Econom-ics of the Kyoto Protocol", *The Energy Journal*, No. SI, 1999.

85. Magat W. , "Pollution Control and Technological Advance: A Model of the Firm", *Journal Environmental Economics and Management*, No. 5, 1978.

86. Magat W. , "The Effects of Environmental Regulation on Innovation", *Law Conremporary Problems*, No. 1, 1979.

87. Mahlberg B. , Sahoo B. H. , "Radial and Non – radial Decompositions of Luenberger Productivity Indicator with an Illustrative Application", *Interna-

tional Journal Production Economics, No. 2, 2011.

88. Majone G., "Choice among Policy Instruments for Pollution Control", *Policy Analysis*, No. 4, 1976.

89. Malmquist S., "Index Numbers and Indifference Surfaces", *Trabajos de Estadistica*, 1953.

90. Manne A., Richels R., *Buying Greenhouse Insurance: The Economic Costs of CO₂ Emission Limits*, Cambridge: MIT Press, 1992.

91. Mansfield E., Schwartz M., Samuel W., "Imitation Costs and Patents: An Empirical Study", *The Economic Journal*, No. 364, 1981.

92. Mao W. N., Koo W. W., "Productivity Growth, Technological Progress, and Efficiency Change in Chinese Agriculture after Rural Economic Reforms: A DEA Approach", *China Economic Review*, No. 8, 1997.

93. Martin N., Worrell E., et al., "Emerging Energy – efficient Industrial Technologies", Working Paper, 2000.

94. Milliman S. R., Prince R., "Firm Incentives to Promote Technological Change in Pollution Control", *Journal of Environmental Economics and Management*, No. 3, 1989.

95. Montero J. P., "Market Structure and Environmental Innovation", *Journal of Applied Economics*, No. 2, 2002.

96. Newell R. G., Jaffe A. B., Stavins R. N., "The Effects of Economic and Policy Incentives on Carbon Mitigation Technologies", *Energy Economics*, No. 5—6, 2006.

97. Newell R. G., Jaffe A. B., Stavins R. N., "The Induced Innovation Hypothesis and Energy – Saving Technological Change", *Quarterly Journal of Economics*, No. 3, 1999.

98. Noailly J., "Improving the Energy Efficiency of Buildings: The Impact of Environmental Policy on Technological Innovation", *Energy Economics*, No. 3, 2012.

99. Nordhaus W. , *Managing the Global Commons: The Economics of Climate Change*, MIT Press, 1994.

100. Nordhaus W. D. , *Lethal Model 2: The Limits to Growth Revisited*, The Brookings Institution, 1992.

101. Odeck J. , "Assessing the Relative Efficiency and Productivity Growth of Vehicle Inspection Services: An Application of DEA and Malmquist Indices", *European Journal of Operational Research*, No. 3, 2000.

102. OECD, *Sustainable Manufacturing and Eco – Innovation: Framework, Practices and Measurement – synthesis Report*, OECD, 2009.

103. OECD, "Taxation, Innovation and the Environment", Working Paper, 2010.

104. Oh D. H. , Heshmati A. , "A Sequential Malmquist – Luenberger Productivity Index: Environmentally Sensitive Productivity Growth Considering the Progressive Nature of Technology", *Energy Economics*, No. 9, 2010.

105. Oliveira M. M. , Gaspar M. B. , Paixão J. P. , Camanho, A. S. , "Productivity Change of the Artisanal Fishing Fleet in Portugal: A Malmquist Index Analysis", *Fisheries Research*, No. 2 – 3, 2009.

106. Olmstead S. M. , "Applying Market Principles to Environmental Policy", in: Vig N. J. , Kraft M. E. (Eds.), *Environmental Policy: New Directions for the Twenty – First Century*, CQ Press, 2010.

107. Orr L. , "Incentive for Innovation as the Basis for Effluent Charge Strategy", *American Economic Review*, No. 2, 1976.

108. Otto V. M. , Reilly J. , "Directed Technical Change and the Adoption of CO_2 Abatement Technology: The Case of CO_2 Capture and Storage", *Energy Economics*, No. 6, 2008.

109. Picazo – Tadeo A. J. , Gómez – Limón J. A. , Beltrán – Esteve M. , "An Intertemporal Approach to Measuring Environmental Performance with Directional Distance Functions: Greenhouse Gas Emissions in the European Union",

Ecological Economics, No. 2, 2014.

110. Popp D., "Induced Innovation and Energy Price", *The American Economic Review*, No. 1, 2002.

111. Popp D., "International Innovation and Diffusion of Air Pollution Control Technologies: The Effects of NOx and SO$_2$ Regulation in the U. S., Japan, and Germany", *Journal of Environmental Economics and Management*, No. 1, 2006.

112. Popp D., "Pollution Control Innovations and the Clean Air Act of 1990", *Journal Policy Analysis and Management*, No. 4, 2003.

113. Popp D., Hascic I., Medhi, N., "Technology and the Diffusion of Renewable Energy", *Energy Economics*, No. 7, 2011.

114. Raa T. T., Shestalova V., "The Solow Residual, Domar Aggregation, and Inefficiency: A Synthesis of TFP Measures", *Journal of Productivity Analysis*, No. 1, 2011.

115. Rehfeld K., Rennings K., Ziegler A., "Integrated Product Policy and Environmental Product Innovation: An Empirical Analysis", *Ecological Economics*, No. 1, 2007.

116. Rennings K., "Redefining Innovation—Eco – innovation Research and the Contribution from Ecological Economics", *Ecological Economics*, No. 2, 2000.

117. Rennings K., Andreas Z., et al., "The Influence of Different Characteristics of the EU Environmental Management and Auditing Scheme on Technical Environmental Innovations and Economic Performance", *Ecological Economics*, No. 1, 2006.

118. Rennings K., Zwick T., "Employment Impacts of Cleaner Production", *ZEW Economic Studies* 21, Heidelberg, 2003.

119. Requate T., "Dynamic Incentives by Environmental Policy Instruments—A Survey", *Ecological Economics*, No. 2 – 3, 2005.

120. Rosenberg N. , *Inside the Black Box*, Cambridge University Press, 1982.

121. Schmidt T. S. , Schneider M. , Rogge K. S. , Schuetz M. J. A. , Hoffmann V. H. , "The Effects of Climate Policy on the Rate and Direction of Innovation: A Survey of the EU ETS and the Electricity Sector", *Environmental Innovation and Societal Transitions*, No. 2, 2012.

122. Schmookler J. , *Invention and Economic Growth*, Harvard University Press, 1966.

123. Shephard R. W. , *Cost and Production Functions*, Princeton: Princeton University Press, 1953.

124. Shrivastava P. , "Environmental Technologies and Competitive Advantage", *Strategic Management Journal*, No. SI, 1995.

125. Simar L. , Wilson P. W. , "Statistical Inferencein Nonparametric Frontier Models: Recent Developments and Perspectives", in Fried, H. O. , Knox – Lovell, C. A. , Schmidt S. S. (Eds.), *The Measurement of Productive Efficiency and Productivity Growth*, NewYork: Oxford University Press, 2008.

126. Skea J. , "Environmental Technology: Principles of Environmental and Resource Economics", in: Folmer, H. , Cheltenham, H. G. (Eds.), *A Guide for Students and Decision – Makers (Second Edition)*, Edward Elgar, 1995.

127. Stoneman P. , *The Economic Analysis of Technological Change*, Oxford University Press, 1983.

128. Tone K. A. , "Slacks – based Measure of Efficiency in Data Envelopment Analysis", *European Journal of Operational Research*, No. 3, 2001.

129. Triguero A. , Moreno – Mondéjar L. , Davia M. A. , "Drivers of Different Types of Eco – innovation in European SMEs", *Ecological Economics*, No. 8, 2013.

130. Veugelers R. , "Which Policy Instruments to Induce Clean Innova-

ting?", *Research Policy*, No. 10, 2012.

131. Wagner M. , "Empirical Influence of Environmental Management In-novation: Evidence from Europe", *EcologicalEconomics*, No. 2 – 3, 2008.

132. Wu S. , Walker D. , Devadoss S. , et al. , "Productivity Growth and Its Components in Chinese Agriculture after Reforms", *Review of Development E-conomics*, No. 3, 2001.

133. Yang F. X. , Yang M. , "Analysis on China' s Eco – innovations: Regulation Context, Intertemporal Change and Regional Differences", *European Journal of Operational Research*, No. 10, 2015.

134. Yang M. , Hu Z. , Yuan J. , "The Recent History and Successes of China's Energy Efficiency Policy", *WIREs Energy Environment*, doi: 10. 1002/wene. 213, 2016.

135. Yarime M. , "From End – of – Pipe to Clean Technology: Effects of Environmental Regulation on Technological Change in the Chlor – Alkali Industry in Japan and Western Europe", Maastricht: United Nations University Institute for New Technologies, 2003.

136. Yörük B. K. , Zaim O. , "Productivity Growth in OECD Countries: A Comparison with Malmquist Indices ", *Journal of Comparative Economics*, No. 4, 2005.

137. Zhang C. , Liu H. , et al. , "Productivity Growth and Environmental Regulations – Accounting for Undesirable Outputs: Analysis of China's Thirty Provincial Regions Using the Malmquist – Luenberger Index", *Ecological Economics*, No. 12, 2011.

138. Zhang N. , Lior N. , Jin H. , "The Energy Situation and Its Sustain-able Development Strategy in China", *Energy*, No. 6, 2011.

139. Zofío J. L. , Knox – Lovell C. A. , "Graph Efficiency and Productivity Measures: An Application to US Agriculture", *Applied Economics*, No. 11, 2001.

后　记

作为一个发展中大国，中国在未来很长一段时期内需要以绿色技术进步作为实现可持续发展的重要抓手。中国人口众多、地域广阔、自然环境多样、经济发展迅速。然而，长期以来，过多地依靠扩大投资规模和增加物质投入的粗放型的增长方式，导致经济增长与资源供给的矛盾日益尖锐。尤其是，随着中国步入城镇化与工业化加速发展时期，对水、土地以及能源等各类资源的刚性需求不断增加，经济增长对资源消耗与环境破坏的潜在威胁依然存在。因此，依靠技术进步的偏向性发展，在增加经济产出的同时，尽可能减少资源损耗和环境破坏是中国实现可持续发展的重要途径。

在意识到绿色技术进步对中国未来经济发展具有重要意义的同时，我们也关注到由于外部性等市场失灵现象存在，经济主体对先进绿色技术进行自主创新及推广使用缺乏足够的动力，因此需要政府采取适当措施加以积极引导。在此背景下，越来越多的环境经济学家开始聚焦于绿色技术进步驱动因素的探究，尤其关注资源环境政策与绿色技术进步之间的关系。但是，由于新中国成立以后的很长一段时期内，中国经济发展战略过多关注单纯的经济增长，学术界及政策制定者对绿色技术的发展关注相对较少，以至于目前有关中国绿色技术进步的研究相对滞后。

本书尝试对国内外环境政策与绿色技术进步相关理论和实证研究进行系统梳理。在此基础上，清晰界定绿色技术进步的丰富内涵，并在前沿分析框架内，基于全要素生产率视角构建绿色技术进步的测度指标。最后分别使用中国省际以及粮食生产的投入产出数据，系统评估中国绿色技术进步的时空分异规律，重点探讨节能减排政策实施前后我国绿色技术进步率的变动情况。基于上述研究结论，提出相关政策建议，为未来我国资源环境政策的制定以及绿色技术进步的发展提供一定的参考依据。

本书是在本人博士学位论文基础上进一步修订而形成的。在此，首先感谢母校兰州大学，衷心感谢恩师聂华林教授。聂老师学识渊博、平易近人。在整个研究生阶段，您从学术研究、为人处事以及生活等方面给予我无尽的帮助和关怀。您严谨的学术态度一直是我学习的榜样；您为人处事的方式以及乐观的生活态度一直影响着我未来的生活。其次，感谢国家留学基金委的大力资助，让我有幸到美国名校康奈尔大学进行为期14个月的联合培养学习。其学习经历不仅拓宽了我的学术视野，同时也让我对环境经济学的前沿研究有了更为深入的理解。

最后，特别感谢我的家人。感谢年迈父母长期默默的付出和支持，感谢丈夫杨冕先生的始终陪伴与温暖呵护。最后，祝愿我家一岁多宝宝健康、快乐！

杨福霞

2016 年 7 月

责任编辑:吴炤东
封面设计:肖　辉

图书在版编目(CIP)数据

环境政策与绿色技术进步/杨福霞 著. —北京:人民出版社,2016.8
ISBN 978－7－01－016559－2

Ⅰ.①环…　Ⅱ.①杨…　Ⅲ.①环境政策-研究 ②无污染技术-研究
　Ⅳ.①X-01②X38

中国版本图书馆 CIP 数据核字(2016)第 184388 号

环境政策与绿色技术进步
HUANJING ZHENGCE YU LÜSE JISHU JINBU

杨福霞　著

人民出版社 出版发行
(100706　北京市东城区隆福寺街 99 号)

北京中科印刷有限公司印刷　新华书店经销

2016 年 8 月第 1 版　2016 年 8 月北京第 1 次印刷
开本:710 毫米×1000 毫米 1/16　印张:16.75
字数:250 千字

ISBN 978－7－01－016559－2　定价:46.00 元

邮购地址 100706　北京市东城区隆福寺街 99 号
人民东方图书销售中心　电话 (010)65250042　65289539